빛은 얼마나 깊이 스미는가

기적적이고, 초월적이다. 이토록 우아하고, 능숙하고, 지혜롭게 쓴다는 것은
그 자체로 인상적인 일이다. 그것도 데뷔작에서 이렇게 한다는 것은 경이로운 일이다.
임블러는 바다 생물의 경이로움과 인간 경험의 절실함 사이에서 은유의 춤을 춘다.
놀랍고 심오한 방식으로 둘 사이를 오가며 서로를 풍요롭게 한다.
그는 세대를 대표하는 재능을 지녔고, 이 책은 우리 모두에게 주어진 값진 선물이다.
— 에드 용(Ed Yong), 『이토록 굉장한 세계』 저자

임블러의 반짝이는 문장은 문어처럼 유연하고, 바다 생물에 대해 쓰든
자신의 변화무쌍한 영혼에 관해 쓰든, 모든 주제가 바다처럼 원초적이다.
심오하고, 놀랍다. 짜릿하리만치 이상하고 낯설다. 나는 이 책을 너무나 사랑한다.
— 사이 몽고메리(Sy Montgomery), 『문어의 영혼』 저자

그 누구와도 다른 자신만의 지적 소통 방식을 만들어 낸, 놀라운 작가가 등장했다!
그 안에서 고래와 야생 금붕어가 인간 삶의 매혹, 고통, 황홀함 사이를 헤엄친다.
— 메가 마줌다르(Megha Majumdar), 『콜카타의 세 사람』 저자

일단 한번 잡으면 눈을 뗄 수 없을 만큼 잘 읽히고, 아름답고도 서정적이며,
놀랍도록 다정하다. 독자는 임블러가 어둠 속에서 길을 안내해 줄 것을 믿고서
풍덩 뛰어들고, 슬쩍 미끄러지고, 활짝 팔 벌려 헤엄치게 된다.
저자는 신체가 어떤 방향으로든 변형되고 성장하는 존재임을 말한다.
우리는 자신을 어떻게 보는가? 우리는 보지 않는 법을 배울 수 있을까?
엄청난 재능을 지닌, 놀랍고도 매혹적인 데뷔작이다.
— 크리스틴 아넷(Kristen Arnett), 『이빨을 지닌(With Teeth)』 저자

바다 생물들의 삶과 육지에서의 우리 존재 사이, 심해와 그에 비견되는 신비로운 내면의
광활함 사이, 이 둘 사이에서 저자는 놀랍고도 감동적인 연결 고리를 그려 냈다. 자연에 대한
탐구, 회고록의 교차점에서 사브리나 임블러는 두 장르 모두를 아름답게 재창조한다.
— 앤절라 첸(Angela Chen),
 『에이스: 무성애로 다시 읽는 관계와 욕망, 로맨스』 저자

이 책은 촉수로 당신을 움켜쥐고 새로운 깊이로 끌어당길 것이다.
이 책을 읽고서 변화하지 않기란 불가능하다.
— 레이철 E. 그로스(Rachel E. Gross), 『버자이너』 저자

'와우' 그다음 또다시 '와우'를 내뱉게 만드는 경탄의 바람개비 같은 책.
— 수반캄 탐마봉사(Souvankham Thammavongsa),
 『나이프를 발음하는 법』 저자

환하게 일렁이는 선물 같은 이 책은 능수능란하게 활공하고 엮어 낸다. 임블러는 독자에게
자연의 경이를 소개하는 동시에 독자의 마음을 미어지게 만든다. 그의 글은 독자를 반드시
변화시킨다. 이 뛰어난 데뷔작에 수록된 모든 글이, 보물처럼 소중하다.
— 니콜 정(Nicole Chung), 『내가 알게 된 모든 것』 저자

우리가 흔히 볼 수 없는 세계에 대한 도발적인 탐험을 극대한 부드러움과 세심함으로 표현한
작품이다. 저자는 기록과 회고록을 능숙하게 결합해, 불완전한 인간의 삶과 바다의 심연을
연결하고, 우리가 주변 세계를 이해하는 방식을 영원히 바꿀 새로운 틀을 제시한다.
— 캣 차우(Kat Chow), 『유령 보기(Seeing Ghosts)』 저자

빛은 얼마나 깊이 스미는가

사브리나 임블러 지음
Sabrina Imbler
김명남 옮김

열 가지 바다 생물로 본 삶
How Far the Light Reaches

How Far the Light Reaches:
A Life in Ten Sea Creatures
Copyright © 2022 by Sabrina Imbler
All rights reserved.

Korean translation
copyright © 2025 by
Book21 Publishing Group
Korean edition is published by
arrangement with Ayesha Pande Literary
through Duran Kim Agency.

이 책의 한국어판 저작권은
Duran Kim Agency를 통해
Ayesha Pande Literary와 독점계약한
(주)북이십일에 있습니다.
저작권법에 의해 한국 내에서
보호를 받는 저작물이므로
무단 전재 및 복제를 금합니다.

빛은 무엇을 원할까?

더 많은 자기편?

맞다.

맞고, 또한

어둠을 뒤흔들고 싶다는 마음.

기미코 한(Kimiko Hahn),
「눈부신 민달팽이(Resplendent Slug)」 중에서

일러두기

1. 국립국어원의 한글맞춤법과 외래어표기법을 따르되, 일부는 현실발음과 관용을 고려하여 표기했다.
2. 책은 겹낫표(『 』), 정기간행물은 겹화살괄호(《 》), 단편소설, 보고서, 논문 등 짧은 글은 홑낫표(「 」), 영화, 연극, 음악, 텔레비전 프로그램 등은 홑화살괄호(〈 〉)로 묶었다.
3. 각주는 모두 옮긴이의 주이다.
4. 원문에서 이탤릭으로 강조한 부분은 고딕체로 옮겼다.
5. 원문에서는 지은이 자신을 포함해 넌바이너리(기존의 이분법적인 성별 구분을 벗어난 성정체성을 지닌 이)를 나타내는 대명사로 "he"나 "she" 대신 "they"를 사용했다. 이 책에서는 저자의 의도를 반영해 넌바이너리를 비롯한 인칭대명사를 "그"로 옮겼다.

1장   금붕어를 내다 버리면 … 09
2장   어머니와 굶는 문어 … 33
3장   할머니와 철갑상어 … 55
4장   향유고래 그리는 법 … 69
5장   순수한 삶 … 93
6장   모래 공격자를 조심하라 … 113
7장   잡종 … 143
8장   우리는 떼 짓는다 … 163
9장   갑오징어처럼 변신하기 … 189
10장 영원한 우리 … 213

감사의 말 … 234
옮긴이의 말 … 240
참고 문헌 … 243

금붕어를 내다 버리면

1장

사실 나는 펫코*에서 나가 달라고 부탁받은 것뿐이었지만, 사람들에게 이야기할 때는 출입 금지를 당했다고 말했다. 그 표현에는 열세 살인 내가 전에는 느끼지 못한 무게, 대담함, 드라마가 담겨 있었다. 나는 펫코의 특정 지점, 정확하게는 내 고향 도시 근처 매립지에 지어진 쇼핑센터 내 지점에서 나가 달라고 부탁받은 것뿐이었지만, 사람들에게 이야기할 때는 체인점 전체를 넌지시 암시하면서 그냥 펫코에서 출입 금지 당했다고 말했다. 사람들이 체인점 전체가 나를 자기네 사업에 위협으로 간주했다고 여기기를 바라서였다.

내가 펫코에 간 것은 수족관 코너에서 항의 시위를 하기 위해서였다. 내 시위는 이런 식이었다. 나는 수조 옆에 서서 가끔 찾아오는 손님에게 물고기를 사지 말라고 설득하려고 했다. 내가 고른 펫코는—우리 집에서 가장 가까운 지점이었다—거의 비어 있었으므로, 시위는 언뜻 내가 조용히 쇼핑하는 것처럼 보일 수 있었다. 진짜 손님, 그중에서도 금붕어 어항을 사러 온 손님 극소수는 나를 무시하는 듯했다. 가끔 누가 나를 펫코 직원으로 착각하면 나는 더듬더듬 사과하고 파충류 통로로 숨었다. 통로가 비었다면 그곳에서 금붕어 수조를 관찰했다. 수조는 거의 욕조만큼 컸고 그 안의 오렌지색 물고기들은 시퀸*처럼 반짝거렸다. 수조 전체가 물이라기보다 물고기로 보였다. 반짝이는 비늘들은 아마도 더 넓은 공간을 찾아서 이리저리 홱홱 움직였다. 죽었거나 죽어 가는 물고기는 가장자리로 떼밀렸다. 그들은 퉁퉁 부은 채 수면에서 까딱거리거나, 반쯤 먹힌 채 바닥에

---

* Petco, 반려동물과 관련 용품을 판매하는 미국 체인점.
* sequin, 금속 또는 합성수지로 만든 얇은 장식 조각. 빛을 받으면 반짝이는 성질이 있다.

늘어져 있거나, 몸이 꺾인 채 필터에 반쯤 빨려 들어갔다.

조용히 시간이 흐르다가, 내가 망보고 있는 코너로 한 여성이 다가와서 유리 어항을 집었다. 아마도 혼자 딴 데로 구경 간 아들을 위해서 사려는 것 같았다. 내가 빈틈없이 연습해 온 설득의 말(금붕어를 작은 어항에서 키우는 건 비인도적인 짓이라는 주장이었다)은 산발적으로 떠올린 사실을 툭툭 내뱉는 것으로 퇴화하고 말았다. "금붕어는 어항 속에 죽도록 오줌을 싸요! 금붕어는 30센티미터까지 자랄 수 있어요! 금붕어는 스무 살까지 살 수 있어요!" 그러고 있으니 결국 파란색 폴로셔츠를 입은 펫코 판매원이 와서 내게 나가 달라고 말했다. 나는 엄마에게 전화해 여기 주차장에 와서 나를 데려가 달라고 부탁해야 했다. 다른 펫코 판매원이 나와 함께 주차장에서 엄마의 베이지색 SUV가 나타날 때까지 기다려 주었다.

펫코 판매원과 내가 선 곳은 샌프란시스코만으로부터 겨우 1.5킬로미터 떨어져 있었다. 평소에 내가 바다라 할 만한 것에 가장 가까이 다가가는 게 그 정도였다. 눈을 감으면 공기에서 소금기가 느껴졌다. 바람이 잠잠해져서 톡 쏘는 바다 냄새가 사라지면 그보다 더 묵직한 다른 냄새를 맡을 수 있었다. 쓰레기 냄새였다. 워낙 희미한 냄새라서 만약 그것이 거듭 풍겨 오지 않았다면 내가 잘못 맡았나 보다 생각했겠지만, 분명히 그것은 어디서 뭔가 썩어 가는 악취였다.

우리가 소금과 쓰레기 냄새를 맡으면서 기다리는 동안, 나는 내 무능에 신물이 났다. 나는 내가 소중히 여기는 대상을 도우려고 한 첫 시도에서 실패한 것이었다. 죽을 운명에 처해 죽어 가는 금붕어들. 개중 운 좋은 놈은 수족관으로 갈 수도 있다. 나머지는 작은 어항에서 죽을 텐데, 그렇다고 해서 당장 죽지는 않을 것이다. 금붕어가 사방 벽이 푹신한 안전실이나 다름없는 곳에서 살 때는 자해조차 거의 불가능하다. 모서리 없이 매끈한 유리 어항에서는 비늘 하나 긁을 수 없다. 하지만 결국 금붕어는 한 마리도 빠짐없이, 아마도 제명을 못 채우고 죽을 것이다. 금붕어는 누군가 보살피기를 깜박 잊어서, 아니면 제대로 보살피기가 너무 번거롭다고 여겨서 죽을 것이다. 어항의 더러운 물을 신선한 물로 갈아 주는 일이 너무 번거롭다고 여겨서. 금붕어가 살고 자랄 공간을 충분히 제공하는 것이 너무 귀찮다고 여겨서.

당시에 내가 금붕어를 위해서 상상할 수 있었던 최선의 미래는 용량이 무려 100리터쯤 되는 큰 수조에서 신선한 물과 플라스틱 식물 약간과 함께 사는 것이었다. 좀 더 안락한 감금 생활인 셈이었다. 그때까지 나는 펫코의 수조에서 여러 마리가 바글거리거나 작은 어항에 혼자 고립된 금붕어만 보았기 때문에, 금붕어가 수조 유리벽 밖에서 어떻게 사는지는 전혀 알지 못했다. 금붕어가 야생에서 어떻게 변할 수 있는지 전혀 상상하지 못했다.

나는 펫코 옆 쇼핑센터에서 쓰레기 냄새가 나는 것이 쇼핑센터가 매립지에 지어졌기 때문인 줄 알았다. 엄마에게 도시 전체가 매립지에 지어졌다고 들은 적 있었기에, 차곡차곡 다져진 쓰레기 바닥 위에 건물들이 올라앉은 모습을 상상했다. 하지만 사실 펫코 밑 땅은 한때 샌프란시스코만을 둘러싸고 있었던 방대한 습지의 일부에 해당하는 염습지였다. 요즘 위성 사진으로 샌프란시스코만을 보면 초록색과 파란색이 선명하게 나뉘어 있지만, 수백 년 전에는 이곳에서 육지와 바다가 선명하게 나뉘어 있지 않았다. 만은 바닷물과 민물이 갈마들어 기

수(汽水)를 형성하는 하구였다. 찰싹대는 파도와 드나드는 조수가 매일 육지를 삼켰다가 드러내기를 반복했다. 질척하고 소금기 있는 저지대 토양은 식물 대부분이 살기에 부적합했다(지금도 그렇다). 하지만 고지대에서는 토착종 식물이 번성했다. 태평양갯끈풀이 10대 아이 키만큼 자랐고, 그 사이사이에 장밋빛 손가락처럼 생긴 퉁퉁마디가 자랐다. 원주민들이, 예컨대 해안 미워크(Coast Miwok) 부족이나 무웨크마(Muwekma), 라마이투시(Ramaytush), 타미엔(Tamien), 초체뇨(Chochenyo), 카르킨(Karkin) 같은 여러 올로니(Ohlone) 부족이 습지에서 채집하며 살았던 1만 년간 샌프란시스코만은 그런 모습이었다.

1700년대에 이곳에 당도한 스페인인은 올로니 부족에게 세례를 주고, 그들을 노예로 삼고, 질병을 옮김으로써 간접적으로 학살했다. 그보다 최근에, 약 150년 전부터 이곳에 와서 정착한 사람들은 만을 농장과 마을로 개발하려는 야심을 품었다. 하지만 염습지에는 작물을 기르거나 집을 지을 수 없다. 사람들은 습지를 쓸모없는 것이자 없애도 되는 것으로 간주했고, 그래서 망가뜨렸다. 사람들이 제방으로 바다를 막자, 물에 잠겨 있던 땅이 말라서 실트*로 된 진흙땅이 되었다. 그 땅은 소들과 목초장과 염전을 갖춘 낙농장이 되었다. 1960년대에는 이곳이 단독주택 지구로 지정되었는데, 건물이 부드러운 실트에 잠겨서 바다에 빠지면 안 되니까 사람들이 모래와 진흙 수백만 세제곱미터를 옛 개펄에 쏟아부었다. 그러고는 이곳을 간척지라고 불렀으며, 땅에 숙숙 그어 만든 도로에 자신들이 쫓아낸 야생동식물 이름을 붙였다. 오이스터코트(Oyster Court, 굴 골

---

* silt, 모래와 찰흙의 중간 굵기인 흙.

목), 폼파노서클(Pompano Circle, 폼파노* 원형 도로), 플라잉 피시레인(Flying Fish Lane, 날치 거리). 어릴 때 나는 매립지란 단어에 두 가지 뜻이 있다는 것을 몰랐다. 포스터시티(Foster City)시 펫코 주차장의 악취가 바다 자체에서 왔을지도 모른다는 것, 정유시설이나 하수처리장 여럿과 매연을 쿨럭쿨럭 뿜는 검은 선박 굴뚝들 때문에 더러워진 물에서 왔을지도 모른다는 것을 몰랐다.

내가 태어날 무렵, 샌프란시스코만은 한때 바다를 옷깃처럼 둘러쌌던 습지와 염습지의 95퍼센트를 잃은 뒤였다. 8만 헥타르에 달했던 갯고랑, 개펄, 모래톱, 개울, 범람 시에만 나타나던 웅덩이가 싹 포장되어 농장, 도시, 공장, 군사기지, 관광마을, 고속도로, 그리고 펫코로 바뀌었다. 요컨대 이런 이야기다. 나는 고향 도시를 교외 도시로만 알았고, 그곳이 예전에 무엇이 었을지는 한 번도 생각해 보지 않았다. 그저 한시바삐 그곳을 떠나고만 싶었다.

만약 내가 그 일을 다시 할 수 있다면, 펫코에서 만난 여성에게 이렇게 말할 것이다.

아주머니도 금붕어가 어항 크기에 비례해 자란다는 말을 어디서 읽어 봤을 거예요. 그런데 인간과는 달리 금붕어는 무한 생장 생물이에요. 조건만 맞는다면 죽을 때까지 계속 자란다는 뜻이죠. 여러 금붕어 종들은 다양한 크기와 형태로 자라요. 야생에서 금붕어 성체는 무게가 파인애플만큼 나갈 수 있어요.

아주머니는 금붕어가 기껏해야 1년, 길면 2년까지 산다고 생각하는지도 모르겠어요. 사실 금붕어는 그보다 훨씬 오래 살

---

* Pompano, 빨판매가리속으로, 병어와 비슷하게 생긴 물고기.

수 있어요. 운이 좋다면 스무 살까지도 살아요. 금붕어가 작은 어항에서 몇 년을 사는 것은 그들이 거의 초자연적인 수준으로 튼튼해서 다른 물고기 대부분이 금세 죽고 말 환경도 견뎌 내기 때문이에요. 어항은 작고 고립되고 산소가 부족한 환경이죠. 이것은 곧 물의 화학 성분이 약간만 변해도 치명적일 수 있다는 뜻이에요. 제가 굳이 이 점을 지적하는 것은 금붕어가 앞뒤 가리지 않고 배설하는 놈들이라서예요. 금붕어는 여느 수족관 물고기보다 암모니아를 많이 배출하는데, 이 독성물질은 연못이나 강에서는 희석되어 버리겠지만 어항에서는 물고기를 죽일 수 있어요. 그래서 작은 어항이 물고기가 살기에 불가능한 환경이라는 거예요. 나는 또 그에게 이렇게 말할 것이다. 하지만 금붕어가 그 환경에서 어찌어찌 살아남더라도, 사람들은 아무도 그것을 대단한 업적이라고 생각하지 않죠.

마지막으로 나는 덧붙일 것이다. 아주머니는 금붕어가 기억력이 겨우 3초라는 말을 들어 봤을지도 모르겠어요. 하지만 금붕어는 색깔 있는 작대기가 나타나면 곧 먹이가 주어진다는 사실을 기억할 줄 알고, 더구나 작대기와 먹이의 연합이 형성된 지 몇 달이 지나서까지 기억할 줄 알아요. 금붕어는 그물을 탈출하거나 미로를 빠져나가는 것 같은 복잡한 작업을 수행할 줄 알아요. 어떻게 이렇게 작은 물고기가 미로를 빠져나가는 구불구불한 길을 석 달이나 기억할까요? 아주머니는 그럴 수 있겠어요? 3개월짜리 기억력을 지닌 생물체에게 고작 무쇠 냄비만 한 유리에 갇혀서 살다가 죽는 건 어떤 느낌일까요?

나는 새로 인턴 과정을 밟거나 새 일을 시작할 때마다 사람들에게 10대 때 펫코에서 쫓겨난 적 있다는 이야기를 들려준다. 이 일화는 일종의 '탄생 설화'이자 스스로 지정한 내 개성이 되었다. 내가 이 이야기를 하도 자주 했기 때문에 원래 기억의 세부는 지워졌고, 진짜였던 경험은 암기한 내러티브로 변했다. 그때 내가 엄마에게 뭐라고 둘러대면서 거기 데려다 달라고 했는지는 기억나지 않는다. 학교에서 나를 괴롭히던 놈들에게 차마 맞서지 못하고 놈들의 시시하고 모방적인 잔인함 때문에 오히려 나 자신을 미워하는 단계를 벗어나지 못했던 내가, 어떻게 낯선 사람에게 적대적으로 굴 용기를 낼 수 있었는지도 기억나지 않는다.

내가 8학년이었던 것은 기억한다. 내가 열세 살이었던 것도 기억한다. 끔찍한 해였다. 그때 다녔던 사립 중학교의 교장실 문 위에 "배움 없는 여흥은 죽음이다(Otium sine litteris mors)"라는 뜻의 라틴어 문구가 새겨져 있던 것도 기억한다. 처음 그 학교 친구들을 만난 날, 그 꼬맹이들은 가슴팍에 "STANFORD(스탠퍼드)"라고 적힌 스웨트셔츠를 입고 나타났다. 나도 후드티셔츠를 입고 갔는데, 내 가슴팍에는 "GAP(갭)"이라고 적혀 있었다. 우리는 열 살이었다. 친목회에서는 한 학생의 엄마가 다른 엄마에게 "여기가 스탠퍼드로 애들을 보내는 피더(feeder) 학교잖아요"라고 말하는 걸 엿들었다. 다른 엄마는 동의의 뜻으로 끄덕였다. 나는 "피더"라는 단어가 학교에 적용되는 것을 처음 들었다. 이전에는 그 단어가 금붕어나 거피 수조에 붙은 것만 봤는데, 그것은 그들이 싸고 별 볼 일 없는 물고기라서 어류 사육가가 더 크고 귀한 애완 물고기에게 산 먹이로 주려고 구입하는 종류라는 뜻이었다.

많은 학교 친구가 스탠퍼드 이사회 이사나 교수, 실리콘밸리나 모건 스탠리의 중역, 재벌 상속녀 같은 유력 인사의 자녀였던 것을 기억한다. 그 아이들의 성은 패커드나 잡스나 그런

거였다. 오리엔테이션을 겸한 수영장 파티는 그중 한 아이 집에서 열렸는데, 수영장이 두 개일뿐더러 분수가 있는 에메랄드색 잔디밭 건너편에 테니스장까지 갖춘 집은 내게 성처럼 보였다. 나는 부모님이 나를 그 학교에 보낸 이유 중 하나는 내가 가능한 한 최고의 대학에 진학하기를 바라서라는 것, 부모님에게는 그것이 곧 내가 가능한 한 최고의 삶을 살 수 있다는 뜻이라는 걸 알았다. 그래서 금요일 휴식 시간에 체육관의 폭신한 벽 근처에서 어느 컴퓨터 기술 기업의 상속자가 플라스틱으로 된 줄넘기 줄을 채찍처럼 휘두르면서 자꾸 나를 뒤쫓을 때, 나는 애써 그 사실을 떠올렸다.

나는 그 학교에서 몇 블록 떨어진 곳에 살았다. 그래서 그 부자 꼬맹이들이 자신은 결코 죽을 리 없다는 듯이 차로 우리 집 앞길을 내달리던 것을 기억한다. 타이어가 끼익 하면서 가까운 진입로나 산울타리로 차가 뛰어드는 소리가 들렸고, 이내 내빼는 모습이 보였다. 금속 색깔의 고급 SUV가 학교 진입로를 달려 나와서 우리 집 우편함을 들이박았던 것을 기억한다. 차는 쌩 달아났고, 뒤에는 빨간 깃발을 부러진 팔처럼 대롱대롱 매단 채 팔목처럼 꺾인 흰색 금속 우편함만 남았다. 우리 학교를 비롯한 근처 여러 학교 아이들이 압박에 시달리다가 더러 자살한 것, 연방 질병예방통제센터가 그 죽음을 "집단 발생" 사건으로 간주할 만큼 그 수가 적지 않았던 것을 기억한다. 한 남학생의 부고에 그의 수학능력시험 점수가 적혀 있던 것을 기억하고, 다른 여학생의 부고에 그의 페이스북 친구 수가 적혀 있던 것을 기억한다. 죽고 싶다는 친구에게 그러지 말라고 설득하느라 내가 AOL(에이오엘) 온라인 메신저를 붙들고 밤을 지샜던 것을 기억한다.

그때 나는 불면증을 심하게 앓았다. 밤에 누워서 말똥말똥 깬 채로 내 최선의 미래를 상상해 보려고 애썼던 것이 기억난다. 그 미래들은 늘 어슷비슷했다. 나는 대학을 졸업한 뒤에 블레이저와 펜슬스커트*를 입어야 하는, 막연히 중요한 직장을 얻을 것이다. 남부끄럽지 않은 수인 남자 친구를 사귄 뒤에 (바라건대 섹시한) 남편을 얻을 것이다. 마지막으로 깨끗한 피부를 얻을 것이다. 하지만 만약 이처럼 판에 박은 듯 분별 있는 미래 너머를 몽상하려고 해 보면, 생각은 늘 나의 죽음으로 흘러갔다. 구체적으로, 나는 내 장례식을 상상했다. 그것이 어떤 모습일지, 누가 참석할지, 장례식장 앞을 지키는 경비원이 누구를 퇴짜 놓을지 (이걸 보면 알겠지만 나는 장례식에 가 본 적이 없었다) 상상했다. 엄밀하게 따지자면, 죽기를 바란 것은 아니었다. 그렇다기보다는 내가 마땅히 원해야 한다고들 하는 미래보다 내가 더는 존재하지 않는 (그리하여 엄숙하게 애도되는) 미래가 내게는 더 와닿았기 때문이었다.

나는 처음이자 마지막으로 기른 금붕어를 그 중학교에서 얻었다. 과학 수업에 쓰인 금붕어였는데, 늘 대마초 냄새를 풍기던 여자 생물 선생님이 우리에게 금붕어를 집에 데려가고 싶은 사람은 누구든 데려가도 좋다고 말했다. 선생님은 만약 우리가 데려가지 않으면 금붕어가 어떻게 되는지는 말해 주지 않았고, 우리도 물어볼 생각을 하지 못했다. 나는 금붕어에게 퀸시라는 이름을 지어 주고 내 서랍장 위 어항에서 키웠다. 퀸시는 가끔 헤엄쳤다. 하지만 보통은 그냥 둥둥 떠 있었다. 퀸시의 몸은 마치 끈에 매달려 있는 듯했고, 덧없이 하느작거리는 지느러미

* pencil skirt, 길고 폭이 좁은 치마.

는 내가 어항 바닥 구슬 속에 묻어 준 싸구려 성 모형과 허니듀 멜론색 해초 주변을 맴돌았다. 나는 하염없이 퀸시를 구경하곤 했다. 그러다가 문득 이 공간이 물고기가 움직이고 자라기에는 너무 좁다는 생각이 들었고 그러자 내가 잔인한 짓을 하는 게 아닌가 하는 의문이 들었다.

그래서 나는 아빠에게 동네 공원에 있는 일본풍 정원까지 차로 데려다 달라고 부탁했다. 작은 병에 담은 퀸시를 갭 스웨트셔츠의 넉넉한 주머니에 숨겨서 데려간 뒤, 잉어 연못의 으슥한 구석으로 가서 병을 뒤집었다. 퀸시의 오렌지색 몸이 어두운 물속으로 꿈틀꿈틀 들어갔다. 그제야 나는 안도감이 들었다.

몇 달 뒤에 다시 그 정원에 갔을 때, 나는 퀸시를 찾아보았지만 그림자도 보지 못했다.

사람들은 자신이 금붕어를 죽이고 있다는 것을 깨달으면, 혹은 애완 금붕어에게 질리면 가끔 그것을 내다 버린다. 일본풍 정원의 연못에 버리는 사람도 있지만 그보다는 호수나 개울이나 강처럼 더 큰 물에 버리는 경우가 더 많다. 어항에서 금붕어가 죽기만을 기다리는 운명이었다면, 강에서 금붕어는 그 누구도 막을 수 없는 존재다. 금붕어는 겨우 살아남는 것을 넘어서 그 장소를 통째 제 것으로 차지한다. 한때 자기 오줌에서 나온 암모니아에 쏘여 붉어졌던 아가미가 이제 신선하게 밀어닥치는 물속 산소를 마신다. 조류(藻類), 벌레, 달팽이, 다른 물고기 알을 양껏 먹고 몸이 풍선처럼 부풀기 시작한다. 이런 금붕어들은 코니시 육계, 캔털루프 멜론, 대용량 우유 통만큼 커진다.

이들은 야생 금붕어다. 당신은 아마 이런 금붕어를 보더라도 알아보지 못할 것이다. 이름대로 진짜 금색이었던 금붕어는 몇 세대 만에 타고난 색으로 돌아간다. 밝은 오렌지색 개체는 포식자에게 잡아먹혀서 사라지고, 더 칙칙한 색을 지닌 개체가 뒤를 잇는다. 이들은 다른 잉어류 물고기와 거의 구별되지 않는다. 이들은 풀 속에 숨으면 안 보인다.

야생 금붕어는 워낙 생존에 능하기 때문에 심지어 생태계를 위협하는 존재가 되었다. 물론 이것은 금붕어 잘못이 아니다. 우리가 금붕어를 내다 버려도 되는 것으로 여기지 않았다면, 금붕어가 강에 들어가는 일은 없었을 것이다. 야생 금붕어는 알래스카를 제외한 미국 모든 주에서 발견된다. 수계에 방류된 금붕어는 이전에 생명이 그곳에 어떤 균형을 구축해 두었든 그것을 망쳐 놓는다. 소란스러운 그 존재는 토착종을 몰아낸다. 금붕어는 땅파기를 좋아해 호수 바닥에서 자라는 것을 모조리 뽑아내면서 먹이를 찾는다. 만약 금붕어가 혼탁한 구름 같은 남세균(藍細菌)을 삼키면 금붕어의 장이 세균 성장을 북돋움으로써 조류 대증식의 인큐베이터처럼 기능한다. 금붕어는 이르면 한 살부터 알을 낳을 수 있고, 돌이든 식물이든 들러붙을 수 있는 곳이라면 어디든 들러붙는 끈끈한 알을 수백 개씩 낳는다.

일단 금붕어가 연못이나 호수나 강에 들어가면, 우리가 그들을 제거할 방법은 없다. 낚싯줄이나 그물로 그들을 모조리 잡는 것은 불가능하고, 아무리 많이 건져 내더라도 그들이 다시 번식하면 그 정도는 금세 보충될 것이다. 금붕어를 죽이는 방법은 그 물에서 사는 모든 물고기를 죽이면서 금붕어도 함께 죽이는 것, 어류에게 해로운 살생제인 로테논을 수십 리터 쏟아부어서 아무것도 살 수 없도록 만드는 것뿐이다. 하지만 이 방법도 연못이나 호수처럼 단단한 테두리가 있어서 독이 빠져나가지 않는 곳에서만 가능하다.

호주 남서부의 한 강은 야생 금붕어에게 점령당했다. 그 금붕어들은 모두 20년 전에 누가 그곳에 내버린 한 줌 애완 금붕어들의 후손이다. 바스(Vasse)강이라고 불리는 그곳의 훈훈한 환경은 금붕어에게 낙원이어서, 그곳 금붕어는 다른 어떤 야생 개체군보다 빨리 자란다. 바스강 금붕어는 대부분 흙색이다. 즉, 갈색이거나 올리브색이거나 암록색이다. 하지만 가장 큰 개체들 중 일부는 누가 봐도 선명한 오렌지색이다. 무게가 한 마리당 땅콩호박 한 덩이만큼 나가는 그 거물들은 처음 바스강에 버려졌던 개체 아니면 그 직계 후손일 것이다. 그 금붕어들은 어항 속 삶을 희미하게나마 기억하고 있을까?

바스강 야생 금붕어를 추적하던 한 과학자는 이들이 놀라운 일을 해낼 수 있다는 것을 발견했다. 이 금붕어 떼가 하루에 300미터 가까이 이동하는 것을 확인한 것이었다. 한 개체는 한 해에 225킬로미터 넘게 이동했다. 야생 금붕어 집단 전체가 계절에 따라 이주했는데, 번식기가 되면 큰 무리를 지어서 먼 습지를 향해 헤엄쳐 가는 식이었다. 그 금붕어들은 포획 상태로 자랐거나 애당초 고향이 될 인연이 없는 강에서 태어났는데도 어떤 타고난 지식을 품고 있는 듯했고, 그 지식은 어항 속에서 수 세대를 거치면서도 보존된 것이었다.

과학자들은 또 하구에서도 야생 금붕어를 발견했다. 원래 과학자들은 민물과 짠물이 섞이는 습지에는 금붕어가 침투하지 못한다고 생각했지만, 더 많은 장소를 찾아볼수록 점점 더 바다에서 가까운 지점에서도 금붕어가 발견되었다. 심지어 바스강에서 생겨난 한 개체군은 세상의 어느 금붕어 개체군보다도 소금기를 잘 견디는 능력을 발달시킨 듯했다. 과학자들은 이 개체군이 어떤 가능성의 신호인지도 모른다고 생각한다. 짠

물을 견딜 줄 아는 금붕어가 하구를 염다리처럼 활용해 새 강이나 호수로 이주할지도 모른다는 것이다. 바스강 야생 금붕어는 우리가 아는 어느 금붕어보다도 부지불식간에 바다에 가까이 다가갔다. 그들은 살 수 없을 것처럼 보이는 물을 만났고, 그곳에서 살아남았다.

벗어나고 싶은 마음이란 어쩌면 보편적인 것인지도 모른다. 나는 그 금붕어들이 자기 앞에 놓인 바다의 존재를 조금이라도 감지하는지 궁금하다.

부모님이 나를 다른 고등학교로 전학시키기로 결정했을 때, 나는 울고 분노했다. 나는 피를 팔아서, 생체 실험에 참가해서, 난자를 팔아서 수업료를 갚겠다고 부모님에게 제안했다. "말도 안 되는 소리 하지 마." 엄마는 기겁하며 말했다. "넌 아직 난자를 팔 수 있는 나이도 아니야."

새 학교에서 나는 마땅히 내가 원해야 한다고들 하는 미래의 가능성을 지키기 위해서 지나치게 열심히 벌충했다. 수업을 가외로 들었고, 가외 활동에 가외로 참여했다. 스탠퍼드를 위해서라면 정말 뭐든지 했다. 생물학 과제 때문에 오전 일곱 시까지 등교했다가 신문부 활동 때문에 오후 열한 시까지 남았다. 주말에는 풋볼 시합에 자원봉사자로 참여해 나초 위에 황금색 치즈로 뱅글뱅글 달팽이를 쌓거나 납작하고 끔찍한 햄버거를 조립했다. 깨어 있는 매 순간을 뭐가 됐든 활동으로 채웠다. 누구도 내게 충분히 애쓰지 않았다, 충분히 노력하지 않았다, 쏟아야 할 것을 다 쏟지 않았다고 말할 수 없었다. 적어도 이제 나는 잠은 쉽게 들었고, 짧고 꿈 없는 잠은 첩첩이 쌓인 알람으로 끝났다. 더는 내가 누구인지 알 수 없었고, '행복한' 상태가 어떤 것인지도 알 수 없었는데, 왜냐하면 늘 그것 말고 생각해야 할 일이 있기 때문이었다. 해석하자면, 나는 징글징글한 아이였고, 아마 당신도 나를 싫어했을 것이며, 나도 내가 싫었다는 의미이다.

대학 진학을 앞둔 여름, 나는 샌프란시스코만의 연구용 배에 자원했다. 운전면허증을 딴 뒤여서, 엄마의 베이지색 SUV 창문을 내려 소금기 어린 공기를 맞으면서 만까지 가는 드라이브를 즐겼다. 전장 7.4미터에 깊은 바다색 선체의 배에서 나는 네 시간 교대근무를 했다. 우리가 진흙과 물 샘플을 뽑아 올릴 수 있도록 선장은 하구를 한 바퀴 빙 돌아 주었다. 항해 중에 우리는 간간이 뱃고물 너머로 저인망을 던졌고, 그것을 10분간 끈 뒤에 건져서, 그물에 걸린 것들을 갑판에 독버섯처럼 돋아 있는 미색 수조에 쏟아부었다.

내 일은 우리가 잡은 생물들을 빠짐없이 측정하고 동정(同定)하는 것이었다. 배에서 첫 며칠 동안 나는 가늘게 뜬 눈으로 흩날리는 비말을 쳐다보기만 할 뿐 하등 쓸모없는 존재였다. 내 팔은 안개가 담요처럼 바다를 뒤덮고 있는데도 뻘겋게 익었다. 갑판 위의 모든 것이 미끄러웠고, 나는 계속 클립보드를 떨어뜨렸다. 나는 수조에서 물고기를 한 마리씩 떠내어, 수조 옆 탁자에 부착된 투명 줄자 옆에 놈을 반듯이 눕혔다. 몸부림치는 점액질 몸을 반듯하게 펴면서 놈을 말로 설득하면 가만히 있게 만들 수 있기라도 한 듯이 말을 걸었는데, 성공한 적은 없다. 내 손안의 물고기는 내가 생전 처음 보는 방식으로 몸을 움직였다. 그 몸은 몇 초간 완벽하게 가만히 있었다. 눈알만이 미친 듯이 데굴거릴 뿐이었다. 그러다 곧 물고기가 자신을 공중으로 내던지기라도 한 듯이 몸 전체가 휘었다. 물고기는 공중에서 높이뛰기를 했고, 발레 하듯 회전했고, 공중제비를 넘었다. 나는 바닥에 착지한 그 몸을 쫓아 허둥지둥 달려가서 두 손으로 감싼 뒤에 난간 너머로 상체를 기울여 다시 물속에 던져 넣었다.

어느 날은 멸치와 정어리만 잡혔다. 그러면 나는 거의 동일한 개체 500, 600, 700마리를 구별하느라 머리가 핑핑 돌았다. 하지만 가끔 그물은 우리에게 놀라운 것을 안겨 주었다. 이를테면 얼룩덜룩한 서대라든가. 놈은 내가 놈을 측정하는 동안 두 사팔눈으로 나를 정면으로 보았다. 캘리포니아매가오리도 있었다. 놈들은 비행이 무엇인지 알고 그것을 시도해 보고 싶은 양 날개를 퍼덕여 수조 가장자리로 향했다. 한번은 새끼 까치상어 두 마리가 잡혀서, 나는 그 물고기를 붙잡는 법을 배웠다. 왼손으로는 꼬리를 감싸 쥐고 오른손으로는 작고 뾰족뾰족한 입 밑의 한 지점을 동그랗게 받쳐야 했다. 상어는 뱀처럼 꿈틀거렸지만, 나는 놈을 보내 줘야 할 순간까지 단단히 붙들고 있었다. 샌프란시스코만은 하구이므로, 우리가 잡는 물고기는 기수에서 살 수 있는 종류였다. 도다리, 두줄망둑, 내가 너무 꽉 쥐면 가시를 세워서 그것으로 나를 찌르는 사슴뿔둑중개. 한번은 누가 흰철갑상어를 잡았다. 그 살갗은 진주빛이었고, 몸무게는 45킬로그램이 넘게 나갔다.

우리는 물론 토착종이 아닌 종도 잡았다. 샌프란시스코만은 세계에서 침입종이 가장 많은 하구 중 하나로, 종종 '심하게 침입된 생태계'라고 불린다. 어떤 서식지에서는 이렇게 도입된 종이 개체수에서 토착종을 능가하고, 총 누적 질량으로 따져도 토착종을 능가한다.

물고기의 몸 치수를 잰 뒤에 그놈을 배 밖으로 던져 주는 것까지가 내 일이었다. 처음에 나는 물고기를 배 옆으로 내던지고는 놈이 입수하는 것을 보지 않고 곧장 돌아섰다. 놈의 비늘에 물이 차갑게 가닿고, 아가미에 산소가 채워지는 것을 상상했다. 놈은 잠시 방향감각을 잃겠지만 이내 안도하겠지. 나는 며칠이 지나고서야 내가 배 밖으로 던진 물고기 중 절반은 물로 돌아가지 못한다는 것, 대신 배 주변에서 호시탐탐 두리번거리던 갈매기와 물수리 일당에게 낚아채인다는 것을 깨달았다. 물수리는 희게 칠해진 난간을 발톱으로 쥐고 앉아서 내가 일하는 모습을 지켜보다가, 내가 물고기를 담은 손을 배 밖으로 내밀면 물을 향해 날아들었다. 물고기가 든 수조에 새들이 너무 바짝 다가오면, 나는 미끌미끌한 클립보드를 새들에게 휘둘렀다. 수조를 뛰쳐나가서 갑판에 뻐끔거리며 누운 물고기를 물수리보다 먼저 주우려고 달려가면서 새들에게 침을 튀기며 고함치기도 했다. 이제 물고기를 배 밖으로 던질 때는 난간에 상체를 걸쳐서 간신히 떨어지지 않을 만큼 물에 다가갔고, 물고기의 비늘이 반짝이며 사라질 때까지 지켜보았다.

뭍으로 돌아가는 길에, 나는 배의 플라스틱 벽 안쪽에 설치된 컴퓨터에 멸치 수백 마리의 치수를 입력해 넣었다. 그다음에는 갑판에 나가 앉아서 피부의 소금기를 말리고 벗겨 냈다. 그물질을 한 뒤에는 피부가 늘 비늘로 뒤덮였다. 나는 팔을 들어서, 송글송글 땀 맺힌 무지갯빛 물고기 피부를 햇빛에 비추어 감상했다. 배가 바다 한가운데에 나가 있고 하늘이 맑을 때, 지구가 수평선 너머에서 굽은 모습을 상상하다 보면 꼭 지구의 굴곡을 내 눈으로 볼 수 있을 것만 같았다. 꼭 나의 가능한 미래들을 모두 볼 수 있을 것만 같았다.

무언가가 야생에서 살아남는다는 것은 무슨 뜻일까? 그 답은 그 무언가가 몸소 야생으로 돌아가 보지 않고서는 알 수 없다. 우리는 누구나 더 야생적인 상태로 회귀할 능력이 있는 존재다. 고양이나 개에게 야생은 굶주리는 삶이나 이른 죽음을 선고할지도 모른다. 하지만 금붕어에게 야생은 풍요를 약속한다. 우리가 금붕어를 풀어 주면, 놈은 절대로 뒤돌아보지 않을 것이다. 작은 어항에서는 아무것도 충만하게 살아갈 수 없다. 그저 살아남는 법을 익힐 뿐이다.

나는 야생 금붕어에게 언제까지나 조금 반해 있을 것이다. 지금까지 한 이야기로부터 이 결론을 얻는 것이 잘못임은 나도 안다. 야생 금붕어가 돌이킬 수 없는 파괴 행위를 벌이고 있다는 것을 안다. 야생 금붕어들은 바닥 거주 생물을 뿌리 뽑고, 생태계를 초토화하고, 다른 물고기의 살에 기생생물을 옮긴다. 나도 일단 놈들이 연못을 점령하면 우리가 근절하기는 불가능하다는 것을 안다. 금붕어가 패권을 장악한 세상, 캔털루프 멜론만 한 물고기가 연약한 생태계를 건물 철거용 쇳덩이처럼 휘젓고 다니는 세상은 원하지 않는다. 하지만 3리터들이 통만 한 금붕어가 우글거리는 연못을 떠올리면, 나는 모종의 승리감이 든다. 아무도 살아남으리라고 기대하지 않았던 존재가 그냥 사는 걸 넘어서 보란 듯이 번성하고, 게다가 이제 혼자가 아닌 모습을 보기 때문이다. 현재의 존재가 그 자신에게도 틀림없이 놀랍게 느껴질 생명을 보기 때문이다.

내게 적대적인 모든 것을 극복할 힘을 내가 갖고 있다고 상상해 보자. 감금, 고독, 자신이 배설한 유독물질. 소금기, 파도, 나를 한입에 삼킬 수 있는 몸무게 45킬로그램의 철갑상어. 난생처음 어떤 공간을 만나고 그것을 차지하는 자유를 상상해 보자. 고등학교 동창회에 참석해 과거에 나를 위축시켰던 사람들을 모두 만나는데, 단 이제는 내가 과거의 나보다 백 배 더 커진 상태라고 상상해 보자. 버려진 금붕어에게는 예전과 다르고 더 나은 삶을 상상할 때 참고할 모델이 없지만, 그래도 그것은 어떻게든 길을 찾아낸다. 나도 상상할 수 없는 존재가 되는 것, 아무도 내게 기대하지 않은 미래를 만들어 내는 것이 어떤 기분인지 알고 싶다.

포스터시티의 펫코는 매립지에 지어졌기 때문에 현재 가라앉는 중이다. 그 매립지는 캘리포니아를 통틀어 거의 가장 빠른 속도로 가라앉으며, 서서히 지구 핵에 가까워지고 있다. 도시는 매년 최대 10밀리미터씩 가라앉고, 바다는 매년 최대 3밀리미터씩 높아진다. 승산 없는 싸움이다. 지금까지는 돌 제방이 포스터시티를 바다로부터 보호해 주었다. 지금은 제방에 부딪친 파도가 둑길과 대문 앞까지 날아든다. 곧 파도가 제방을 넘어서 농장, 도시, 공장, 군사기지, 관광마을, 고속도로, 펫코를 침수시킬 것이다. 개, 새장에 든 새, 표범도마뱀붙이, 토끼, 햄스터, 기니피그가 물 때문에 죽을지도 모른다. 하지만 나는 물고기만은 수조를 스르르 빠져나와서 알 수 없는 수평선을 향해 나아가는 모습을 상상하기를 좋아한다.

고등학교를 졸업한 지도 한참 지나서 내가 아는 사람이 거의 없고 날씨가 흐린 도시로 새로 옮겨서 살 때, 명절을 끼고 한 달간 본가로 돌아갔다. 본가에 그렇게 길게 머문 적은 처음이었는데, 막상 가 있으니 너무 금세 옛 일상으로 복귀하게 된다는 점이 놀라웠다. 나는 흠집투성이 베이지색 차로 식료품을 사러 갔고, 조부모님을 쇼핑몰에 데려다주었고, 여동생을 학교까지 태워 주었다. 부모님이 내 침실을 창고로 썼기에, 나는 서

류함과 음반 무더기에 둘러싸인 싱글베드에서 자야 했다. 오후에 조깅할 때면 옛 학교 정문에서 우리 집 앞길로 우당탕 달려 나오는 고급 SUV를 피해서 본능적으로 점프했다.

나는 일주일을 참은 뒤에야 틴더*를 열었다. 그러면서 스스로에게 이건 옛 학교 친구들을 보기 위해서, 누가 새로 섹시해졌고 새로 게이가 되었는지, 혹은 둘 다가 되었는지 보기 위해서 여는 것뿐이라고 다짐했다. 걸스카우트에서 같은 반이었던 친구 두 명이 앱에 있었다. 수줍음이 많고 아스파라거스 알레르기가 있던 친구, 그리고 키가 작았으며 우리가 부추기는 바람에 공벌레를 먹은 적 있던 친구였다. 다 납득이 되었다. 나는 또 함께 즉흥극 팀을 했던 친구 하나가 트랜스젠더임을 알게 되었고, 우리는 인스타그램에서 서로 폴로(follow)하기 시작했다. 그다음에 나는 낯익은 얼굴을 보았다. 처음엔 오싹하게 닮은 얼굴이라고 생각했지만, 계정에 들어가서 자세히 보니 나와 함께 고등학교를 다닌 친구가 맞았다. 우리는 말 한마디 나눈 적 없는 사이였지만, 그래도 나는 그가 누구인지 정확히 알았다. 나는 걸어서 하교할 때 가끔 학교 테니스장에서 테니스 치는 그를 보곤 했다. 그는 늘 머리카락을 포니테일로 묶었고 흰 선캡으로 잔머리를 싹 넘겼다. 그가 서브하려고 점프하면, 나는 눈으로 그를 좇았다. 그러다 보면 해를 쳐다보게 되었고, 그 모든 밝음에 잠시 앞이 보이지 않았다. 당시에는 왜 내가 그를 계속 보고 싶어 하는지 스스로도 잘 이해하지 못했다.

우리는 대화 상대로 연결되었고, 메시지를 주고받았으며,

---

* Tinder, 온라인 데이팅 앱. 위치 기반으로, 주변에 있는 사용자들을 보여 준다. 두 사용자가 서로 상대를 마음에 들어 하면 대화가 연결되고, 연결이 되면 메시지를 보내 이야기를 나눌 수 있다.

어느 날 나는 차를 몰고 그의 집으로 갔다. 그곳은 하구 매립지에 지어진 많은 집 중 하나였다. 도로명에 "바다" 같은 단어가 들어 있어서, 주소를 구글 지도에 입력할 때마다 꼭 차를 몰고 바다로 곧장 들어가라는 안내를 들을 것 같은 기분이 들었다. 내가 노크하자 그가 나를 집 안으로 맞아들였다. 우리 둘 다 중국인 엄마를 두었기 때문에 나는 부츠를 벗어서 문 옆에 단정하게 두었고, 우리는 살금살금 그의 방으로 갔다. 우리는 다음 열두 시간 동안 그의 싱글베드 끝과 끝에 앉아 있었다. 깨어 있기 위해서 계속 녹차를 마셨다. 번갈아서 그의 고양이를 쓰다듬었다. 자정에 내가 배고프다고 말하자 그가 네이처밸리 그래놀라 바를 주었고, 그것을 한입 물었더니 꼭 현장학습에 온 기분이었다. 그가 차를 더 끓이려고 나갈 때마다, 나는 그의 방을 둘러보면서 어쩌면 이렇게 내 방과 닮았을까 하고 경이로워했다. 똑같은 학교 앨범들, 우리가 AP* 영어 수업을 위해서 읽어야 했던 똑같은 판본의 『내가 죽어 누워 있을 때(As I Lay Dying)』. 바더만이 죽은 어머니를 물고기라고 부르는 장면, 그것이 그 아이가 죽음을 이해할 수 있는 유일한 방법이기 때문에 그러는 장면이 기억났다.

우리는 푸른빛 속에서, 몇 시간 동안 대화한 탓에 갈라진 목소리로, 각자 한 팔로 머리를 받친 채, 오싹할 정도의 관심으로 서로를 쳐다보았다. 어쩌면 우리는 각자 자신에게는 꿈처럼 느껴지는 순간을 잘못 해석할까 봐 걱정되어, 상대에게서 그날 밤의 의미를 알려 주는 단서를 찾기를 바랐는지도 모른다. 어

---

* Advanced Placement, 미국 고등학생들이 대학 수준의 과목을 수강하고 시험을 치를 수 있는 프로그램을 가리키며, 일정 점수 이상을 받으면 많은 미국 대학에서 학점으로 인정받을 수 있다.

쩌면 우리는 상대의 얼굴이 어떻게 변했는지, 어떻게 성장했는지 확인하려고 뜯어보았는지도 모른다. 우리는 고등학교 때 모습과는 전혀 달랐다. 이제 화장은 하지 않았고, 길던 머리카락은 짧게 자른 데다가 옆통수를 밀었고, 팔에는 문신을 잔뜩 새겼다. 둘 다 딸이 되리라고 예상된 존재였지만 결국 다른 것이 되었다. 우리는 그사이에 피부를 벗었다. 뱀이 아니라 곤충처럼 벗었다. 둘 다 작아진 외골격을 연거푸 벗으면서 변형해 온 유충이었다. 어느 탈피가 마지막이 될지는 알 수 없었다. 우리가 아직 그 단계에 도달하지 않았을지도 모른다는 것, 우리가 둘 다 바다를 향해 흘러가는 강이라는 것을 알 뿐이었다. 그날 밤으로부터 몇 년 후, 그는 이름과 대명사*를 바꿨다. 그리고 더 나중에 나도 바꿨다.

새벽에 그가 내게 키스했다. 블라인드 틈으로 해가 가늘게 비쳐 들 무렵이었다. 우리는 둘 다 기대감으로 밤을 꼴딱 새운 뒤라서 반쯤 잠든 상태였고, 서로를 만질 때 나는 내가 내 몸 밖으로 빠져나가는 것처럼 느껴졌다. 우리는 여태 싱글베드 발치에서 잠들어 있는 고양이를 방해하지 않겠다는 결의에서, 쌓인 베개만 온통 흐트러뜨렸다. 둘의 머리가 나무 블라인드에 닿아서 달가닥거렸다. 나는 너무 피곤했고, 그래서 아마도 울기 시작했던 것 같은데, 하지만 사방에 소금물이 있었기 때문에 내가 정말 운 것인지는 알 수 없었다. 소금물은 우리 손과 얼굴을 덮었고, 우리 겨드랑이에서 떨어졌으며, 우리 몸이 우리로부터 새어 나갔다. 그가 내 손을 잡았을 때, 나는 "믿을 수가 없어"라고 계속 중얼거렸다. 그가 내 몸에 밀착했을 때도, 나는

* 스스로를 "she/her"가 아니라 넌바이너리라는 의미의 "they/them"으로 지칭하기 시작했다는 뜻.

"믿을 수가 없어"라고 중얼거렸다. 그가 내게 무슨 뜻이냐고 물었을 때, 나는 뭐라고 말해야 할지 알 수 없었다. 우리가 그렇게 오래, 그렇게 가까이 같은 복도를 오가며 지냈으면서도 말 한마디 나누지 않았던 것을 믿을 수가 없다는 것. 우리가 그 후 각자 변해 온 모습을 믿을 수가 없고, 우리 둘의 변화가 모두 상상할 수 없는 승리처럼 느껴진다는 것. 내가 정말 얼마나 졸린지 믿을 수가 없다는 것. 우리 둘 다 상대가 관심 있는지 확신하지 못해서 밤의 대부분을 침대에 앉아 고양이를 쓰다듬으며 보낸 게 얼마나 웃기고 너무너무 게이 같은지 믿을 수가 없다는 것. 그래서 나는 거듭 "믿을 수가 없어"라고만 말했고, 그도 "믿을 수가 없어"라고 말했다. 그러고서 나는 떠났고, 우리는 서로를 떠나보냈다.

2장

어머니와 굶는 문어

오래전에, 내가 7학년이었을 때, 문어 한 마리가 바다 밑바닥을 떠나서 캘리포니아 앞바다의 어느 바위 절벽에 몸을 붙였다. 문어는 해수면으로부터 약 1.4킬로미터 아래에 있었고, 태양의 촉수가 조금이라도 닿는 곳으로부터 수백 미터 아래에 있었다. 하지만 잠수정의 밝은 빛줄기를 받자 문어의 윤곽이 우메보시* 처럼 불그스름한 자줏빛으로 빛났다.

내가 그 자줏빛 문어를 아는 것은 그 문어가 해저 절벽을 향해 미끄러지듯이 나아가는 모습을 어느 원격 조종 잠수정이 목격했기 때문이다. 몬터레이베이수족관연구소가 파견한 잠수정은 그 특정 문어를 관찰하려고 간 것이 아니라 그와 같은 그라넬레도네 보레오파키피카(Graneledone boreopacifica) 종 개체들이 그 절벽에 많이 달라붙는다는 사실을 알고 보러 간 것이었다. 하지만 그때 그곳에는 바위를 향해 천천히 나아가는 그 문어 한 마리뿐이었다.

잠수정이 한 달여 후에 다시 그곳에 가 보니, 똑같은 문어가—몸에 난 상처로 알아볼 수 있었다—바위 측면에 달라붙은 채 고사리순처럼 돌돌 말린 팔로 제 몸을 껴안아서 갓 낳은 알들이 빠져나가지 못하도록 보듬고 있었다. 문어가 그렇게 제 몸을 바짝 껴안을 때 그 크기는 일인용 피자만 했다. 문어의 크고 검은 눈은 제 몸 아래 협곡의 심연을 응시하고 있었다.

잠수정은 그 어미 문어를 몇 번이나 다시 찾아갔는데, 그때마다 문어는 같은 자세로 불침번을 서고 있었다. 문어는 움직이지 않았다. 먹지 않았다. 몸은 쪼그라들었다. 잠수정이 찾아갈 때마다 문어는 우유에 담기기라도 한 듯 색깔이 점점 더 옅어져 있었다. 검은 눈동자에는 엷은 구름 같은 소용돌이가 꼈

---

* 梅干し, 매실을 소금에 절이고 소엽(차즈기)으로 붉게 물들인 일본 저장음식.

다. 자갈 무늬 피부는 축 늘어졌다. 잠수정은 계속 찾아가서 4년 반 동안 열여덟 번 문어를 보았고, 그러다 어느 날 가 보니 문어가 사라지고 없었다. 문어가 있던 자리에는 바람 빠진 풍선처럼 너덜너덜해진 채 여태 바위에 매달린 난낭들이 문어의 실루엣처럼 남아 있을 뿐이었다. 과학자들이 이해하기에 이것은 알들이 성공적으로 부화해 어미 문어가 자유롭게 죽을 수 있게 되었다는 증거였다. 암컷 문어는 대부분 평생 단 한 번 알을 낳고, 그 알들이 부화하고 나면 죽는다.

문어를 관찰했던 과학자들은 4년 반이라는 그 문어의 알 품기 기간을 동물계 최장 기록으로 선언했다. 지구의 다른 어떤 생물체도 그 문어만큼 오래 알을 끌어안고 보호한 예가 없다는 뜻이었다. 로이터통신 기사는 그 문어를 동물계의 "올해의 어머니"로 명명했다. 이전에 문어 최고 기록을 보유했던 바티폴리푸스 아크티쿠스(*Bathypolypus arcticus*) 문어는 포획 상태에서 14개월 동안 알을 품은 것이 관찰되었는데, 당시에는 그것만 해도 충격적인 기록이었다.

나는 이 문어 이야기를 읽었을 때 어머니에게도 기사를 보여 드릴까 생각했지만, 그러면 너무 정곡을 찌르는 일이 될까 봐 걱정되었다. 나는 그 어미 문어에 대해서 알 수 있는 한 모든 것을 알고 싶었다. 문어가 어떻게 그 바위를 골랐는지 알고 싶었고, 그곳으로 가려고 얼마나 먼 거리를 이동했는지 알고 싶었다. 낳기 직전의 알은 어떤 느낌이었는지, 알들이 무거웠는지, 알들이 그의 몸에 흔적을 남겼는지 알고 싶었다. 문어가 그 전까지 바다의 다른 어떤 부분을 구경했는지 알고 싶었고, 그가 어떻게 이제 자신이 잘 알던 무한한 심해를 떠날 때라는 사실을 깨달았는지 알고 싶었다. 심해에서 문어의 몸은 3차원으로 움직일 수 있다. 인간이 압력과 추위에 짜부라지고 말 심해에서 문어는 어슬렁어슬렁 노닐 수 있다. 여기저기 쏘다니고, 사냥하고, 여덟 개 다리를 마치 피어나는 꽃처럼 펼칠 수 있다.

암컷 문어들은 자신이 알을 품을 때 어떻게 될지 알고 있을까? 어미 문어들은 각자 불침번을 몸소 겪으면서 매일 이 일을 얼마나 더 오래 해야 하나 궁금해할 때에야 비로소 이 운명을 알게 될까? 절벽을 수놓듯이 점점이 붙어서 제각기 혼자, 제각기 굶주리는 수백 마리의 어미 문어. 아니면 이 자줏빛 문어는 젊을 때 절벽에 붙어서 색이 바래 가는 문어 옆을 지나가다가 언젠가 자신도 그렇게 될 운명임을 깨달았을지도 모른다.

무엇보다도 나는 왜 이렇게 크고 신기한 뇌를 가진 문어가 알을 품는 동안 먹지 않는지 알고 싶었다. 문어는 분명 배고팠을 것이다. 문어는 자신이 사냥하거나, 먹거나, 스트레칭이라도 하려고 불침번 장소를 벗어났다가는 새끼들이 부화하지 못할지도 모른다는 것을 어렴풋이나마 알았을까? 이것이 의인화임은 알지만, 그래도 나는 의식을 가진 생명체가 희망과 비슷한 무엇 없이 4년 반을 굶을 수 있다고는 도저히 상상할 수 없었다. 요컨대 이런 말이다. 나는 문어가 한순간이라도 후회했는지 알고 싶었다.

내가 기억하기로, 내가 처음 내 몸을 의식한 것은 중학교 때 크리스마스 선물을 열어 본 뒤였다. 선물은 실제로는 한 겹인데 꼭 두 겹을 겹쳐 입은 것처럼 보이는 트롱프뢰유*티셔츠였다. 거울 앞에서 옷을 입어 본 순간, 말랑하고 동그란 배가 옷을 밀

---

* trompe l'oeil, 실제가 아닌 것을 실제로 착각하게 할 만큼 사실적으로 그린 그림.

고 튀어나오고 옷 밑으로 삐져나온 것이 눈에 띄었다. 그것을 더 일찍 못 본 것, 그동안 신경 쓰지 않은 것이 창피했다.

어머니가 기억하기로, 내가 처음 내 몸을 의식한 것은 중학교 때 어느 날 부엌에서였다. 어머니에 따르면, 내가 부엌으로 들어와서 어머니에게 다가오더니 티셔츠를 걷고 배를 드러내면서 난 뚱뚱하다고 말했다고 한다. 어머니는 오랜 시간이 흐른 지금도 그 대화가 뇌리에 새겨져 있다고 말한다.

키 160센티미터인 내 어머니는 52킬로그램 넘게 나간 적이 거의 없었다. 만약 그 몸무게를 넘으면 자신이 뚱뚱하다고 말했다. 내가 어릴 때, 어머니는 자신이 더 젊었을 때는 44킬로그램이었다고 말해 주곤 했다. 그때가 날씬한 시절이었다는 것이다. 어머니가 50킬로그램일 때 나는 52킬로그램이었고, 그다음에 54킬로그램이었고, 그다음에 56킬로그램이었다. 이것을 어떻게 아는가 하면, 내가 매일 어머니의 욕실에 몰래 들어가서 어머니의 디지털 체중계로 몸무게를 재 보았기 때문이다. 나는 옷을 다 벗어서 체중계 옆에 쌓아 두었다. 숫자가 정렬되는 동안에는 눈을 감고 있었다. 필요한 것보다 더 오래 감고 있었던 것 같은데, 그 모름의 상태를 벗어나기가 두려워서였다. 자주 그랬지만 만약 숫자가 실망스러우면, 몸무게를 다시 재 보되 그러면 내 몸의 질량 분포가 달라지기라도 하는 양 쓸데없이 발 위치를 바꿔 보았다. 하지만 체중계는 변하지 않았다. 그러면 나는 내려갔고, 구석으로 물러났고, 도로 옷을 입었다. 그때부터도 나는 어머니가 생각하는 어머니 최악의 상태만큼이라도 내가 날씬해지는 일은 영영 없으리란 걸 알고 있었다.

내가 고등학생일 때, 어머니와 나는 일종의 의례를 발전시켰다. 어머니는 나를 자기 옷장으로 데려가서 차곡차곡 개어 둔 옷 가방을 열고, 내게 갖고 싶은 옷이 있느냐고 물었다. 이제 어머니에게 안 맞는 바지들, 이제 유행이 지난 셔츠들. 그러면 나는 옷 꾸러미를 안고 내 방으로 가서 하나하나 입어 보며 내 엉덩이가 삐져나오는 모습, 허리 졸린 몸이 숨 쉴 공간을 찾는 모습을 바라보았다. 그러고는 꾸러미를 돌려 드리면서 "내 스타일이 아냐" 같은 말을 중얼거렸는데, 그로부터 1년이 지나면 우리는 그 일을 처음부터 반복해 나는 다시 용감하게 몸을 구겨 넣었고, 어머니와 나는 다시 서로 다른 방식으로 스스로를 속였다.

동물계에는 어머니가 되는 방법이 두 가지 있다. 어떤 동물은 일생 동안 여러 번 번식할 수 있고, 어떤 동물은 딱 한 번만 할 수 있다. 인간은 식물과 척추동물 대부분과 마찬가지로 한 번 이상 새끼를 낳을 수 있다. 우리는 아기를 보살피며 지켜볼 수 있고, 그럼으로써 아기가 무사히 성인으로 자랄 가능성을 높인다. 심지어 자식과 함께 나이 들어 갈 수도 있다. 하지만 문어 같은 생물에게는 그런 모성적 특권이 없다. 문어는 번식 기회 단 한 번으로 새끼 수백 혹은 수만 마리를 생산함으로써 개중 소수라도 무사히 살아남을 확률을 높인다.

문어는 전 세계 바다에서 알을 품는다. 큰태평양문어는 얕은 물에 마련한 은신처에서 작은 알을 수만 개 낳고, 알들은 바위에 대롱대롱 매달린 히아신스처럼 늘어진다. 우리의 자줏빛 문어는 그보다 큰 알, 하나의 크기가 굵직한 블루베리만 한 알을 그보다 적게 낳는다. 만약 당신이 알을 160개만 낳는다면, 달리 말해 당신의 새끼가 생존할 기회가 160번뿐이라면 당신은 당연히 가능한 한 오래 알을 보살펴야 할 것이다. 당신의 모든 것을 쏟아부어서라도 새끼를 최대한 튼튼하게 만들어 주어야 할 것이다. 알을 낳은 뒤에 어미 문어는 산소가 풍부하고 모래나 쓰레기가 없는 물로 계속 알을 씻겨 준다. 알은 숨을 쉬어야 하므로 이 목욕은 끝이 없다. 이 목욕은 알이 부화하는 순간까지 계속된다. 몬터레이베이의 자줏빛 어미 문어는 해저로부터 불과 몇 미터 위, 협곡 벽이 벽감처럼 움푹 파인 곳에 알을 낳기로 선택했다. 과학자들은 문어의 몸 위로 선반처럼 튀어나온 바위가 알을 달갑지 않은 모래로부터 막아 준다는 점에 주목했다. 그 장소는 완벽해 보였다. 어미 문어는 틀림없이 그 사실을 알았을 것이다.

망망대해에서 문어 알은 다른 생물들에게 귀중한 영양분일 테니, 어미 문어는 제자리를 이탈해 사냥하러 갈 수가 없다. 따라서 몸에 저장해 둔 에너지로 버텨야 한다. 어미 문어는 다른 장소는 영영 보지 못할 것이다. 이곳은 그가 보는 마지막 경치이고, 이따금 얼음장 같은 물을 헤치고 옆을 지나가는 더 자유로운 생물들만이 그 경치에 재미를 더해 준다. 심해의 방문객은 다들 외계 생물 같다. 투명한 얼굴과 황금색 눈알을 가진 물고기, 유령상어, 붉은 혀를 가진 벌레.

내 어머니는 7학년 때 미국으로 이주했다. 대만을 떠나서 미국에서 눈이 제일 많이 오는 주에서도 눈이 제일 많이 오는 도시 중 하나로 꼽히는 미시간주 행콕으로 왔다. 6월에도 눈이 온다고 알려진 미시간주 행콕. 어머니의 모든 이웃이 키가 크고, 피부가 창백하고, 금발인 미시간주 행콕. 어머니가 행콕으로 온 것은 이모와 함께 지내기 위해서였다. 어머니의 이모는 먹물 같은 머리채를 등에 곧게 늘어뜨리고, 가냘픈 손가락에 딱정벌레만큼 큼직하고 화려한 장신구를 착용하는 사람이었다.

어머니는 표준 중국어만 할 줄 알았으므로, 학교에서 아이들은 매일 어머니가 알아듣지 못하는 말로 어머니에게 너는 다르다고 일깨워 주었다. 자신들과 같지 않다고 일깨워 주었다. 그 순간 어머니는 처음으로 자신이 최대한 미국인이 되고 싶어 해야 한다는 것을 배웠다. 급우들처럼 금발을 갖기를 바라야 하고, 급우들처럼 파란 눈과 오버올과 긴 다리를 갖기를 바라야 한다는 것을. 어머니는 내게 그때 자신은 새 행성에 떨어진 외계인 같은 기분이었다고 말해 주었다. "살아남으려면 해야 할 일을 하는 수밖에 없지." 어머니는 말했다.

어머니는 나를 가졌을 때 몸무게가 18킬로그램 늘었는데, 그것은 어머니의 예상 혹은 바람을 넘어선 수치였다. 어머니가 불어난 18킬로그램과 나를 품고 정기검진에 가자, 의사는 어머니에게 그놈의 중국 음식 좀 그만 먹으라고 말했다. "그 의사는 못된 년이었어." 어머니는 말했다.

어머니가 백인이 되고 싶어 하면서 자랐다면, 나는 날씬해지고 싶어 하면서 자랐다. 가끔은 만약 내가 반만 중국인이 아니라 전부 중국인이었다면 날씬함은 자연히 따라오지 않았을까 하고 생각하곤 했다. 이 집착을 병이라고 여긴 적은 없었다. 섭식장애는 백인 여성의 문제라는 것이 모든 영화와 잡지와 임상 논문이 말하는 바였으니까. 나는 내 뼈가 얼마나 굵은지 보려고 거울 앞에서 허벅지 뒤쪽 살을 움켜잡았고, 내 뼈가 어머니 뼈보다 굵으면 내 백인성을 탓했다. 내게는 핑곗거리가 필요했다. 주말에 조부모를 만날 때마다 그분들이 내 몸을 보고 실망하는 것을 보았기 때문이다. 할머니가 해먹처럼 늘어진 내 팔뚝살을 꼬집으면서 살쪘느냐고 물을 때, 할아버지가 나를 쓱 보고는 "애가 커, 너무 커!" 하고 놀릴 때, 나는 내가 왜 이 모양인지, 왜 이렇게 뒤웅스러운지 설명할 수 있는 구체적인 이유가 필요했다. 그것이 내 탓일 리는 없었다. 나는 별별 시도를 다 해 보았으니까. 아침마다 달리기. 간식 대신 탄산수 마시기. 내 몸이 자비롭게도 즉각 비워지는 걸 느끼고 싶을 만큼 절박할 때는 설사약. 하지만 아무리 몸을 굶기려고 시도해 봐도 나는 굶을 수 없었다. 나는 너무 게걸스러웠고, 너무 충동적이었다.

우리의 어미 문어가 처음 심해 협곡을 향해 기어 왔을 때, 그 몸은 자줏빛이었다. 주름진 피부에는 혹 같은 무늬가 있었다. 하지만 알을 품는 동안 색은 옅어졌고 피부는 핼쑥해졌다. 문어는 원래 갖고 있던 상처와 같은 색이 되었다. 문어가 알을 품는 동안, 그 몸은 무엇이 되었든 지나가는 생물에게 어둠 속에서 어슴푸레 빛나는 봉화처럼 보였다.

자줏빛이었다가 흰색으로 바뀐 우리의 문어가 53개월의 불침번 기간에 정말 아무것도 안 먹었는지 알 길은 엄밀히 따지자면 없지만, 아무튼 문어가 뭐라도 먹었다는 흔적은 없다. 잠수정은 어미 문어를 다시 찾아갔을 때 심해 문어의 흔한 먹잇감인 거미 같은 왕게와 주홍색 새우가 알 품는 문어 근처로 살금살금 다가와 있는 것을 목격했다. 하지만 문어는 이렇게 대담해진 먹잇감을 제 새끼들에게 위협이 되는 존재 이상으로 여기지 않는 듯 보였다. 그런 갑각류가 연약한 알 무더기에 너무 가까이 다가오면, 문어는 한 팔을 휙 휘둘러서 놈을 밀어냈다.

잠수정은 여러 차례 방문 중에서 한번은 어미 문어에게 잘게 자른 게를 줘 보았다. 1000여 미터 위 배에 탄 과학자들이 원격으로 조작하는 로봇 팔로 건넨 것이었다. 하지만 문어는 그것을 거부했다. 맛도 보지 않으려고 했다. 알 품는 그라넬레도네 보레오파키피카 개체를 조사해 본 한 연구 결과, 그 문어의 장은 티끌 한 점 없을 만큼 비어 있었다고 한다.

달리기가 효과가 없자, 나는 어머니에게 다이어트를 시켜 달라고 부탁했다. 그것은 비만을 21세기 최악의 "연쇄살인범"으로 규정한 의사 피에르 뒤캉(Pierre Dukan)의 이름을 딴 프랑스식 다이어트였다. 뒤캉은 자기 이름을 딴 식이요법을 상업화한 일로 의사 면허를 취소당했을 뿐 아니라 수백 명의 목숨을 앗았다고 여겨지는 암페타민 계열 식욕억제제를 한 환자에게 처방한 일로 고소당한 사람이었다.

여름방학이었다. 굶는 것 말고 딱히 할 일도 없었다. 다이어트의 첫 단계에는 오직 기름기 없는 단백질만 먹을 수 있었고, 거기에 더해 매일 귀리 기울 1.5큰술과 물 여섯 컵이 허락되었다. 나는 아침으로는 계란 흰자를 숟가락으로 떠 먹었다. 점심으로는 엘리자베스풍 칼라처럼 주름 잡힌 얇디얇은 칠면조 고기를 몇 조각 먹었다. 자기 전에는 귀리 기울 한 큰술을 탈지우유에 타서 마셨는데, 그러면 곡물 가루가 목구멍에 들러붙었다. 그다음에는 비(非)전분 채소도 먹을 수 있었다. 케일, 양배추, 당근은 되지만 옥수수나 감자는 안 되는 식이었다. 그 식이요법을 몸무게가 50킬로그램이 될 때까지 고수해야 했다. 50킬로그램은 내가 정한 목표 체중이었다. 그것은 완벽한 대칭에 염원의 0이 덧붙은 숫자였으며,* 나는 스스로에게 그 숫자를 달성할 수 있다고 고집부렸다. 누가 뭐래도 다른 모든 측면에서 과잉 성취자를 자처하는 내가 아닌가. 매일 아침 깰 때마다 전날보다 더 약해진 느낌이었고, 그것을 나는 뒤캉 요법의 마법이 순조롭게

* 원서에는 110파운드라고 적혀 있어, 대칭이 되는 11에 0이 하나 붙었다는 뜻이다.

작동하고 있다는 신호로 여겼다. 가끔 허기에 너무 도취되어서 책도 읽을 수 없는 오후에는 눈을 감고 팔다리를 불가사리처럼 벌린 채 잔디에 몸을 뉘였다. 내가 눈을 감고 상상한 것은 음식이 아니었다. 나는 내 살이 땅으로 녹아드는 것을 상상했다. 그러면 고래 낙하*처럼, 결국엔 내 뼈만 남을 것이었다.

나는 뒤캉 다이어트를 한 달간 지속했다. 이제 그만두겠다고 엄마에게 말했을 때, 엄마는 시도해 봐서 기쁘냐고 물었다. 그랬다, 물론 그랬다. 엄마가 방을 나가자 나는 통밀빵 두 조각을 방에 몰래 가져와서 맛을 느낄 새도 없이 허겁지겁 먹어 치웠다. 통밀빵 두 조각, 그것이 내 상상력의 한계였다. 나는 다시 잔디에 누웠다. 하지만 이제 몽롱한 백일몽에 빠져들 수가 없었다. 내 피가 내달리고 심장이 뛰는 것이 느껴졌다. 이제 수치심이 나의 새로운 생명력이었다. 풀잎이 피부에 깔끄럽게 느껴졌다. 내 몸은 뭔가 살아 있고 미끄러운 것, 내가 붙잡을 수 없는 것이 되어 있었다.

깊은 바다에서는 모든 것이 굶주린다. 그곳에서 공간은 깊이를 알 수 없고 황량하며, 생명은 희귀하고, 식사는 드물고 간격이 넓다. 수온은 평균 4.4도여서 대사 활동이 겨우 명맥을 잇는 수준으로 느려지고, 덕분에 동물은 체지방을 최대한 오래 간직할 수 있다. 큰 생물체는 먹이를 찾아 정처 없이 돌아다니면서 몇 주, 심지어 몇 달씩 굶는다. 캐서롤 냄비만 한 라벤더색 쥐며느리처럼 보이는 거대 등각류는 식사 사이 간격이 두 달이어도 버틴다. 사과만 한 흰 고둥인 넵투네아 아미안타(*Neptunea amianta*)는 석 달을 버틴다. 자줏빛 문어만큼 대단하진 않아도,

* whale fall, 죽은 고래의 사체가 해저로 떨어져 심해동물들의 먹이가 되는 현상.

이렇게 오래 굶는 것은 그들 고유의 삶의 방식이다.

이렇게 굶다 보면 몸집이 작아진다. 따라서 물속으로 깊이 들어갈수록 생물체가 작아진다. 수심 4킬로미터를 넘으면 요각류라고 불리는 갑각류와 단세포 유공충 같은 극소 생물이 심해를 장악한다. 세균도 바글거린다. 북대서양 서부의 심해 복족류를 연구하는 어느 과학자 두 명은 자신들이 그동안 수집한 컬렉션이—즉, 2만 개가 넘는 복족류 껍데기가—주먹만 한 물레고둥 껍데기 하나에 다 들어갈 만큼 작다는 사실을 깨달았다고 한다.

햇빛과 광합성의 힘으로부터 이토록 멀리 떨어진 심해 생물들은 바닷속에 끊임없이 내리는 눈을 먹고 산다. 그것은 위쪽 세상으로부터 눈송이처럼 떨어지는 코딱지, 똥, 분해된 살점이다. 어떤 눈송이는 해저에 도달하는 데 몇 주가 걸리고, 그동안 서로 뭉쳐서 흰 덩어리로 커진다. 도중에 먹히지 않은 눈송이는 분해되어서 심해 바닥의 4분의 3을 덮은 개흙에 떨어진다. 이렇게 깊은 곳에서는 늘 바다 눈이 내린다. 심해는 늘 겨울이다.

하지만 이 사실만으로는 심해 먹이사슬의 계산이 맞아 들지 않는다. 끊임없이 내리는 유기물의 눈만으로는 심해에서 살아가는 거대한 공동체를 다 먹일 수 없기 때문이다. 2013년, 캘리포니아 중부 앞바다의 심해 평원에 내리는 바다 눈을 수십 년간 관찰해 온 과학자들은 그 데이터가 폭등한 구간이 세 군데 있다는 것을 확인함으로써 이 수수께끼를 풀었다. 그 폭등 구간은 심해의 먹이치고 최고로 신선한 먹이가 횡재처럼 갑자기 쏟아진 사건을 뜻했다. 첫 번째는 바늘처럼 생긴 식물성플랑크톤인 규조류가 해수면에서 급증식한 뒤 해저로 추락한 사건이었다. 두 번째는 젤라틴으로 이뤄진 살파라는 피낭동물이 급증식했다가 추락해 해저를 은색으로 뒤덮은 사건이었다. 세 번째는 조류가 급증식했다가 역시 큰 파도에 가라앉아서 해저에 갈색 얼룩을 남긴 사건이었다. 이런 만찬은 그 장소까지 이동해 온 생물들의 입속으로 눈 깜짝할 사이에 사라졌다. 그 생물들은 아마 배 터지게 먹는다는 게 무엇인지 평생 처음 알았을 것이다. 과학자들은 심해 공동체가 이처럼 대부분의 시간에는 가까스로 연명하다가 간헐적으로 뜻밖의 횡재를 흥청망청 즐기며 살아가는 게 틀림없다고 추론했다.

트림웨이(Trimm-Way) 체중감량 센터는 스테이트팜 보험회사 지점과 드라이클리닝 세탁소가 자랑스럽게 입주해 있는 어느 말쑥한 쇼핑몰 2층에 있었다. 어머니와 내가 일찍 도착했더니 접수원이 우리에게 손짓으로 소파에 앉아 있으라고 일렀는데, 흰색 소파 위에는 급강하하는 학과 황금색 갈대가 그려진 매끈한 검은색 목판화가 걸려 있었다. 그 목판화는 확연히 아시아풍이었으므로, 나는 영양사가 까만 머리카락과 모공이 보이지 않는 피부와 풀잎 같은 몸매를 가진 사람이리라고 상상했다. 하지만 접수원의 손짓에 따라 상담실로 들어가 보니, 영양사는 백인이었고 이름은 캐런이었다. 캐런의 염색한 머리카락은 바나나색이었고, 앞에 벽돌 같은 플랫폼 굽이 달린 검은색 스틸레토 힐*에서 솟아난 다리는 가늘었다.

 어머니가 캐런에게 내가 살을 빼고 싶어 한다고 설명했다. 캐런은 나를 위아래로 훑어보면서 끄덕였다. "운이 좋네요. 많이 빼지 않아도 되겠어요." 캐런은 이를 빛내면서 내게 말했다. 나는 안도감과 뜻밖의 괴로움이 동시에 들었다. 스스로도 깨닫지 못했지만, 내 안의 작은 일부는 사실 영양사가 당신은 괜찮

* stiletto heels, 앞코가 뾰족하고 굽이 길면서 가느다란 하이힐의 일종.

다고 말해 주기를 바라고 있었다. 사실 당신은 현재의 몸으로 존재해도 괜찮고, 진짜 할 일은 그 몸을 사랑하는 일이라고 말해 주기를 바라고 있었다.

하지만 캐런은 영양사가 아니었다. 캐런은 체중감량 코치였고, 나는 캐런의 지시에 따라 체중계에 올라갔다. 캐런은 내 몸무게를 작은 검은색 공책에 적어 넣었다. 슬쩍 넘겨보았더니 공책에는 캐런의 다른 고객들 이름도 적혀 있었고, 모두가 비극적인 격자 속에 도표화되어 있었다. 나는 또 다른 체중계에 올라갔다. 이것은 더 정밀한 체중계로, 캐런의 설명에 따르면 내 다리와 골반을 가로질러 전류를 보냄으로써 체지방을 측정하는 기기였다. 캐런은 나에 관한 모든 사실을 컴퓨터에 입력한 뒤에 그것을 인쇄해서 종이 뭉치를 건넸다. 첫 페이지에 내 이름이 사비르나(Sabirna)라고 잘못 적혀 있었다. 나는 그 이름을 읽으면서 나보다 날씬한 내 도플갱어를 상상했다.

캐런은 내게 앞으로 매일 각 300칼로리씩 세 끼와 100칼로리짜리 간식을 먹을 수 있다고 말했다. 나는 아침으로 칠면조 고기 소시지 세 개(100칼로리), 우유 한 잔(90칼로리), 사과 하나(100칼로리)를 먹었다. 점심으로는 코티지치즈(100칼로리)와 포도(100칼로리)를 먹었다. 저녁으로는 닭가슴살(200칼로리)과 가령 브로콜리(100칼로리) 같은 야채를 먹었다. 나는 하루 종일 끔찍하게 간식을 갈망했다. 어느 정도냐면 가끔 어머니가 사다 준 100칼로리짜리 간식을 먹기 위해서 저녁을 거를 정도였다. 바스락거리는 봉지에 든 종잇장처럼 얇은 칩스아호이, 마분지 같은 오레오, 쪼그라든 휘트신.* 나는 과자가 입안에서 곤죽이 될 때까지 씹었다. 그것을 삼키면 더는 먹을 게 없다는

* Wheat Thins, 미국 몬델리즈사의 통곡물 크래커.

걸 알았기 때문이다.

언론매체가 우리의 자줏빛 문어를 보도할 때, 그들은 그 문어의 삶에 연관된 숫자들에 집착했다. 53개월, 4.5년, 수심 1.4킬로미터. 죽은 문어는 그리하여 통계적으로 중요한 존재, 바이럴*의 총아가 되었다. 그 문어에 관해서 글을 쓴 기자들은 자발적으로 굶으면서 죽을 때까지 버틴 그 몸의 위대하고 끔찍한 능력에 경탄했다. 그라넬레도네 보레오파키피카는 북태평양 동부에서 가장 흔한 문어 중 한 종이다. 그 말인즉, 바다에는 4.5년 혹은 그보다 더 오래 알을 품고 앉았지만 우리가 모르는 문어가 더 있을 것이다. 어쩌다 보니 우리가 그들의 희생을 못 봤을 뿐이다.

몬터레이협곡에서, 검은눈오징어라고도 불리는 고나투스 오닉스(*Gonatus onyx*)는 알 수천 개를 안은 채 헤엄친다. 서로 들러붙어서 한 덩어리가 된 알들은 디스코볼처럼 반짝거린다. 이 와인색 오징어는 30초마다 한 번씩 팔을 펼쳐서 알 덩어리에 물을 끼얹음으로써 새끼들에게 산소를 공급해 준다. 검은눈오징어는 혼자서는 날렵해 고래나 코끼리물범처럼 깊게 잠수하는 포식자로부터 쏜살같이 달아날 줄 안다. 하지만 반짝거리는 알 덩어리는 묵직하기 때문에, 그것을 품은 어미는 느려지고 덩치가 커진다. 그래도 어미는 새끼들이 부화할 때까지 6개월에서 9개월가량 알을 안고 다닌다. 그리고 새끼들이 부화하면, 어미 오징어는 죽는다. 자줏빛 문어처럼, 오징어는 몇 달 동안 아무것도 먹지 않은 터다.

깊은 바닷속 또 다른 곳에서, 새우를 닮았으며 보통 대왕붉

* viral, 온라인, 특히 소셜네트워크서비스에서 사람들이 연쇄적으로 소문을 내어 전달되는 정보, 이 경우에는 이 문어 이야기가 입소문을 탔다는 뜻이다.

은곤쟁이라고 불리는 그나토파우시아 잉겐스(*Gnathophausia ingens*)는 알을 1년 반쯤 지니고 다닌다. 그동안 어미 곤쟁이도 다른 어미들처럼 아무것도 먹지 않는다. 어미는 암흑 속을 떠다니면서 차츰 체질량을 잃어서 결국 원래 몸피의 몇 분의 일로 쪼그라든다. 알들은 어미가 평생 축적한 에너지의 61퍼센트를 필요로 하는데, 그렇다면 어미가 자신보다 새끼들에게 자기 자신을 더 많이 내준다는 뜻이다. 알이 부화하고 유생(幼生)들이 헤엄쳐 떠나면, 어미는 죽는다.

과학자들이 자줏빛 문어, 검은눈오징어, 대왕붉은곤쟁이의 알 품기 행태를 아는 것은 그들을 직접 보았기 때문이다. 잠수정은 종종 심해에서 우연히 어떤 생물체를 마주침으로써 그것의 이상하고 비밀스러운 삶의 한순간을 포착하곤 한다. 아마도 이런 식으로 어미가 되는 생물은 더 많이 있을 것이다. 또 다른 문어와 오징어와 곤쟁이 수천 마리가 심해에서 자발적으로 굶고 있을 것이다.

트림웨이에 다녔던 여름에, 허기가 너무 강해서 내가 그만 음식을 흡입하고 마는 날이 있었다. 그럴 때 나는 시리얼 다섯 그릇, 팝콘 세 봉지, 휘트신 한 상자를 먹어 치웠다. 그러고는 마당에 누워서, 눈을 감고, 배가 아픈 것을 느끼면서, 일주일에 한 번 몸무게 재러 가는 자리에서 거짓말해야 할 것을 걱정했다. 가끔은 아예 쓰레기통을 밑에 대고 음식을 씹다가 삼키진 않고 입안의 오렌지색 곤죽이 목구멍에 닿기 전에 뱉었다.

어떤 주에는 트림웨이까지 30분을 걸어가기 전에 한동안 물을 끊었다. 그러고는 천천히, 현기증을 느끼면서, 터벅터벅 걸어갔다. 하루는 시야가 흐려진다 싶더니 쓰러졌다. 나는 벤치까지 겨우 걸어가서 눈을 감고 앉아 있었다. 내가 약하다고 느껴졌고, 그 허약함이 기분 좋았다. 나는 체중 재는 시간에 15분 늦었지만 몸무게가 2킬로그램 줄었다. 내가 뺀 체중이 물이라는 것을 까맣게 모르는 캐런은 기도하듯이 손을 맞잡으면서 얼굴을 빛냈다. 나는 트림웨이를 나서자마자 드러그스토어에서 대용량 치토스를 사서 집에 가는 길에 한 봉지를 다 먹었다.

고등학교 1학년 때, 알렉스라는 여자아이가 친구에게 이렇게 말하는 걸 옆에서 들었다. "거식증에 걸릴 수만 있다면 뭐든지 하겠어." 알렉스는 카페테리아 전자레인지에서 부리토를 꺼내면서 한숨이었다. "하지만 난 절제력이 없단 말이야." 나는 격통을 느낄 만큼 강하게 동의했는데, 어쩌면 그것은 그냥 허기였을지도 모른다.

서사적으로 말할 때, 암컷 문어의 일생에서 어미 됨은 이야기의 절정이자 대단원인 듯 보인다. 그것이 암컷 문어가 죽기 전에 마지막으로 하는 일이기 때문이다. 수컷 문어는 짝짓기 직후에 죽으니 섹스가 말 그대로 생의 절정이지만, 암컷 문어는 더 오래 살아남아서 알을 품는다. 알 품기는 생의 연장이다. 하지만 또한 노동의 연장이다. 진화적으로 타협이라고 말할 만한 이 상황이 나는 부당 계약처럼 느껴진다.

포획 상태의 어미 문어를 돌보는 사람들이 목격한 이 동물의 마지막 순간은 종종 '죽음의 회오리'라고 불린다. 어떤 개체는 수조 벽에 제 몸을 던진다. 어떤 개체는 제 피부를 잡아 뜯는다. 어떤 개체는 심지어 자신을 먹기 시작한다. 게를 잡아먹을 때처럼 제 촉수 끝을 물어뜯는 것이다. 이 마지막 이미지는 내 머릿속에 새겨졌다. 나는 그 문어들이 몇 달을 굶은 끝에 처음으로 먹는 식사인 제 몸을 맛있어 하는지 궁금하다. 그들은 그 먹이를 즐길까?

어미 문어의 이런 죽음 충동을 조사하던 과학자들은 문어들이 두 눈 사이에 있는 시각샘이라는 기관의 명령을 따르는 것뿐임을 발견했다. 1977년, 한 심리학자가 암컷 카리브해두점박이문어 열네 마리를 대상으로 머리 양옆에 위치한 붓꽃색 두 눈 사이의 시각샘을 제거해 보았다. 시각샘이 제거된 채 수술에서 깨어난 어미 문어들은 대부분 알을 포기했다. 모두가 다시 먹기 시작했고, 알을 품느라 줄었던 몸무게가 두 배로 불었다. 대부분은 수명이 두 배로 늘어서, 과학자들이 예측한 사망 시점을 넘겨서 몇 달을 더 살았다.

이 발견은 우연이었다. 앞서 말한 과학자가 암컷 문어의 시각샘을 제거해 본 것은 진짜 중요한 연구, 즉 수컷 문어의 그 시각샘을 수술로 제거해 보는 연구를 수행하던 중이라서였다. 그가 원래 알고 싶었던 것은 섹스와 번식 통제에 기여하는 시각샘이 사라진 뒤에 수컷 문어가 어떻게 행동하는가였다. 암컷 문어는 모두 알 품기를 마친 뒤에 죽는다는 것을 알고 있었으므로, 그는 만에 하나 수술로 문제가 생기더라도 자신이 더 살 수 있었던 생명체를 죽이는 건 아니리라고 판단했다. 자, 그렇다면 이제 우리는 자줏빛 문어를 또 다른 시각으로 볼 수 있다. 만약 어미 문어가 알이 부화하자마자 죽을 운명이라면, 알을 오래 품을수록 오래 살 수 있는 셈이다. 우리의 자줏빛 문어가 알 품기 기간에서 기록을 세운 것은 사실이다. 그런데 만약 그 문어가 알을 품은 기간이 다른 대다수 문어처럼 수명의 4분의 1에 해당했다면, 그 문어는 우리가 아는 한 가장 오래 산 두족류였을지도 모른다. 세상에서 제일 오래 산 문어. 이 동물은 초

자연적이리만치 영리하고, 짧고 눈부시게 뿜어내면서 살며, 어떤 종은 1년도 채 못 사는데, 그중에서도 제일 오래 산 개체. 세상을 너무나 많이 감각할 수 있는 이 동물이 세상 속에 이렇게 짧게 머문다는 것, 더군다나 그 시간의 전부를 바다 밑에서, 어둠 속에서, 영하에 가까운 온도에서 보낸다는 것은 너무한 일 같다. 그래도 그 문어는 삶을 살았다.

대학생 때, 내가 '더 나은' 상태를 향해 비틀비틀 나아가기 시작했을 때, 내 어머니는 그렇지 않다는 것을 알아차렸다. 어머니는 여전히 자신을 뚱뚱한 돼지라고 부르곤 했다. 하지만 나는 이 문제를 어머니와 이야기하는 것을 늘 겁냈다. 자식이 과연 어떤 방식으로 굶는 어머니에게 개입할 수 있을까? 더구나 스스로도 여전히 굶고 싶은지도 모르겠다고 걱정하는 마당에?

내가 처음이자 마지막으로 어머니에게 섭식 문제를 물었을 때, 어머니는 소파에서 PBS 방송의 〈마스터피스 시어터(Masterpiece Theatre)〉를 시청하고 있었다. 나는 나 자신에 관한 이야기로 운을 뗐다. 내가 아주 오래 내 몸을 역겹게 느꼈다는 것, 지금도 완전히 나아졌는지는 모르겠다는 것, 그럴 수 있기를 바란다는 것. 긴 침묵이 흐른 뒤에 어머니가 내게 물었다. "네가 이런 게 내 탓이라는 거니?"

"아니, 그게 아냐. 난 그냥…… 그냥 엄마한테 말해 주고 싶어. 내 생각에 엄마는 좀 너무 마른 것 같아. 엄마는 뚱뚱한 돼지가 아니야." 나는 사과하듯이 어물쩍 얼버무렸다.

어머니는 이 대화를 기억하지 못한다고 말한다.

이제는 나도 안다. 어머니가 내가 마르기를 바란 것은 어떤 면에서 사랑의 행위였다. 내가 날씬하기를 바란 것은 그러면 내 삶이 더 쉬울 것 같아서였다. 내가 백인이기를 바란 것은 그러면 삶이 더 쉬울 것 같아서였다. 내가 이성애자이기를 바란 것은 그러면 삶이 쉽고, 쉽고, 쉬울 것 같아서였다. 그러면 자신이 겪었던 것과는 달리 누구도 내가 여기 미국에 있을 권리를 의심하지 않을 것 같아서였다. 어머니에게 나는 그런 것들이 없어도 괜찮다고, 사실은 그런 것들이 없어서 더 좋다고 말해 줄 수 있었다면 좋았을 텐데. 어머니도 그런 것들을 그만 원한다면 좋을 텐데.

내가 내 몸을 편하게 느끼기 시작한 어떤 전환점, 어떤 뚜렷한 순간은 없었다. 다만 나는 시스젠더 남성이 아닌 사람과 데이트하면서부터 퀴어의 몸들을 즐기게 되었고, 우리가 이처럼 무한히 창의적인 방식으로 자신을 빚어낸다는 사실을 즐기게 되었다. 그런 몸들과 그 속에 담긴 사람들을 욕망하면서부터 내 몸도 그렇게 욕망될 수 있다는 것, 남들로부터만이 아니라 나 자신으로부터도 그럴 수 있다는 것을 깨달았다. 그로부터 한참 시간이 흐른 뒤에 나는 퀴어성의 뒤틀린 반전을 겪는데, 내 가슴과 엉덩이가 작아졌으면 좋겠다고 바라기 시작하자 오래된 혐오가 다시 예전과는 다른 각도로 보글보글 솟아오르는 것이 아닌가. 이번에는 이 희망이 내게도 볼썽사납게 느껴진다. 왜냐하면 나는 중성적인 몸이 다양한 사이즈로 존재한다는 것을 알고, 좁은 엉덩이가 보편적 목표는 아니라는 것을 알기 때문이다. 그래도 유치한 부러움이 새어 나오는 것은 어쩔 수 없다. 아마도 나는 언제나 내 몸과, 내 몸이 바라는 바와, 내가 내 몸에게 바라는 바와 타협하면서 살아갈 것이다.

1998년, 또 다른 암컷 그라넬레도네 보레오파키피카 문어가 오리건주 앞바다의 해저 화산에서 수집되었다. 칼데라 옆면에 붙어 있던 그 문어를 발견한 잠수정은 기계 팔을 뻗어서 문어의 외투막을 붙잡고 20리터들이 양동이에 집어넣었다. 문어는 반격했다. 연구자들에 따르면, "격렬하게 반응했다". 아마도 촉수를 휘두르고, 부리를 벌리고, 딱딱한 플라스틱 양동이 벽을 빨판으로 붙잡았을 것이다.

실험실에서 과학자들은 문어 몸속에 손을 넣었다가 안이 찢어진 것을 발견했다. 문어의 창자 일부인 소화샘과 난소가 포획 과정에서 파열되어 창자 내용물이 새어 나와 있었다. 문어가 잡아먹은 먹이의 단단한 부분들이 색종이 조각처럼 쏟아져 있었다. 참갯지렁이의 센털과 턱, 으스러진 달팽이의 소용돌이 껍데기, 퍼즐 조각처럼 산산조각 난 열수분출공 삿갓조개. 이런 위장 내용물에 연구자들은 깜짝 놀랐으니, 그렇게 깊은 바다를 헤엄치는 문어가 탄산칼슘으로 이뤄진 껍데기를 으스러뜨려서 삼킬 수 있을 줄은 몰랐던 것이다. 연구자들은 연체동물인 문어가 마찬가지로 몸이 연한 동물만 잡아먹는다고 생각하고 있었다. 문어가 딱딱하거나 날카로운 것도 잡아먹을 줄 안다는 것을 전혀 몰랐다. 헤아려 보니 문어가 먹은 먹이는 최소 26마리였다. 그 문어는 죽기 전에 진수성찬을 즐겼다.

내가 달리기하던 시기와 다이어트하던 시기 사이의 어느 시점에, 어머니가 나와 여동생을 데려가서 자신이 나온 대학을 구경시켜 주었다. 차로 30분밖에 안 걸리는 거리인데 이제서야 너희를 데려오다니 믿기지 않는다고 어머니는 말했다. 차창에서 캠퍼스가 흐릿하게 흘러갔고, 우리는 푸른 잔디밭과 그림 같은 도서관과 브루털리즘 양식 건물을 지나쳤다. 우리가 차를 세운 곳은 파란색과 금색 간판에 말쑥한 프랑크푸르트 소시지가 지팡이를 짚고 선 모습이 그려진 핫도그 매점이었다. 옛날에 여기서 매주 음식을 사 먹었다고 어머니가 말할 때, 나는 어머니가 농담하는 줄 알았다. 메뉴는 핫도그, 기름진 소시지, 탄산음료, 그러니까 나는 어머니가 손대는 것을 한 번도 못 본 음식뿐이었다. 어머니는 우리에게 원하는 것을 뭐든 시키라고 말했다. 나는 옛날에 어머니가 먹던 것을 먹고 싶다고 말했다. 그러자 어머니는 거대한 소시지에 자우어크라우트, 렐리시, 겨자 소스까지 듬뿍 끼얹은 핫도그를 주문해 주었다. 핫도그는 우리 입안에서 해체되었고, 기름과 소스가 턱에 흘러내렸다. 나는 어머니에게 한입 들겠느냐고 물었고, 어머니는 고개를 저었다. 어머니는 우리가 다 먹을 때까지 지켜보고, 지저분한 얼굴을 냅킨으로 닦아 준 뒤, 같은 블록에 있는 프로즌 요거트 매점으로 우리를 데려갔다. 역시 어머니가 옛날에 사 먹던 곳이라는 그곳에서 우리는 플레인 요거트를 뱅글뱅글 쌓아 올리고 스프링클을 잔뜩 뿌린 메뉴를 주문했다. 동생과 나는 그것을 차에서 맛보았는데, 어찌나 아껴 먹었던지 끝에는 대리석 무늬 웅덩이처럼 녹아 버린 설탕을 홀짝거리게 되었다. 숟가락을 핥으면서, 나는 귓갓길 교각에서 깜박거리며 흘러가는 빛들을 보았다. 눈을 감았다. 그러고는 내가 어머니라고, 내 배가 어머니 배라고 상상해 보았다. 어머니가 젊고 원하는 것은 뭐든지 맛보던 때, 어머니가 맘껏 먹던 때를.

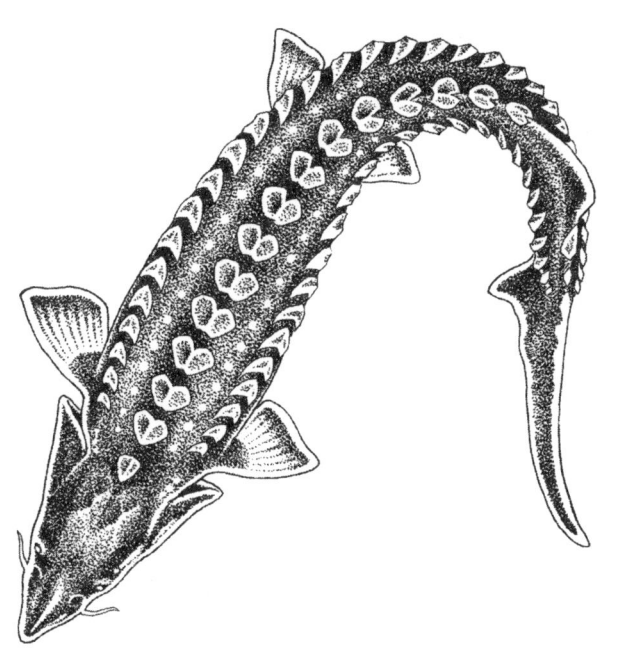

3장

할머니와 철갑상어

중국철갑상어는 과거 세계에서 온 존재처럼 보인다. 비늘 덮인 거인들이 땅 위를 어슬렁거리고 대륙들이 아직 하나로 붙어 있던 때. 이 물고기는 어떻게 봐도 못생겼다. 가죽 같은 몸통에 진흙색 장갑판이 줄줄이 덮여 있고, 턱 가장자리에 두툼한 수염이 네 가닥 매달려 있다. 하지만 가까이에서 보면 철갑상어의 피부는 아름답기까지 하다. 오팔*처럼 빛나는 노란색, 녹색, 회색이 근육질 몸을 얼룩덜룩 덮고 있다.

최초의 철갑상어는 약 2억 년 전에 등장했다. 판게아*를 둘러싼 바다에 암모나이트가 바글거리고 80톤 공룡의 발걸음에 땅이 흔들리던 때였다. 소행성이 공룡을 쓸어 냈을 때도 이 거대한 물고기는 살아남았다. 어떤 과학자들은 철갑상어를 살아 있는 화석이라고 부른다. 과거에 몸길이 5미터, 몸무게 500킬로그램에 육박하는 개체가 있었다는 기록도 있다. 오늘날 이 물고기가 더 이상 그만큼 자라지 않는 것은 그들이 바뀌어서가 아니라 세상이 바뀌어서다.

이번 세기에 나는 한 줌의 관광객과 함께 바닥에 앉아서 뉴욕시 코니아일랜드의 유리벽 너머에서 나른하게 헤엄치는 철갑상어를 구경하고 있다. 이곳 보드워크* 상점가는 이 큰 물고기를 볼 수 있으리라고 기대할 만한 장소가 아니다. 이곳 수족관은 롤러코스터와 핸드볼 경기장과 고급 샤워실 문 전문점 사이에 끼어 있다. 하지만 여기 그들이 있다. 선사시대 동물처럼 보이는

* opal, 비결정질이나 그에 가까운 함수 규산염 광물. 표면은 콩팥 또는 종 모양이고 진주 광택을 낸다.

* Pangea, 판구조론에 따르면 2억 년 전에는 지구에 거대한 대륙 하나만 존재했고 그것이 이후 현재의 여러 대륙으로 쪼개져 이동했는데, 그 초대륙을 판게아라고 부른다.

* boardwalk, 해변이나 호숫가 등에 널빤지를 깔아서 사람들이 쉽게 걸을 수 있도록 만든 길.

철갑상어 다섯 마리가 상어, 가오리, 반짝이는 금속빛 물고기들과 함께 쓰는 수조에서 심드렁하게 헤엄치고 있다. 그들은 영 어울리지 않는 현대로 소환되어 나타난 선조 생물처럼 보인다.

　멀리서 보면 철갑상어는 거의 상어로 착각할 만하다. 가죽 같은 피부와 사악해 보이는 바늘구멍 눈이 똑같기 때문이다. 하지만 철갑상어는 오래 살펴보면 볼수록 점점 더 원시적인 듯 보인다. 울퉁불퉁한 등딱지는 산맥을 닮았고, 턱에 튀어나온 털은 종유석을 닮았다. 여기에 대면 미끈한 곡선, 유체역학적 몸통, 차갑고 냉정한 얼굴을 가진 상어는 실소가 나올 만큼 현대적이다. 상어는 목표물이 있는 어뢰처럼 단호하게 움직이고 꼬리를 휙휙 저으면서 수조 가장자리를 헤엄친다. 하지만 철갑상어는 골화된 우아함이라고 할 만한 태도로 목적 없이 미끄러져 다닌다. 마치 자신이 길을 잃었다는 것을 아는 듯이, 그리고 자신이 고향으로부터 또한 과거의 자신으로부터 너무 멀리 왔다는 것을 아는 듯이.

내 할머니는 자신이 못생겼다고 믿고 자랐다. 주변 사람들이 다 그렇다고 말했기 때문이다. 할머니의 아버지의 친구로 동네 부자의 여섯 번째 첩이었던 한 여자는 할머니에게 늘 다섯 살 치고도 못생겼다고 말했다고 한다. 할머니는 자신이 그렇게 못생겼는데도 아버지에게 예쁨받는다는 것을 자랑스러워했다.

　할머니의 아버지는 도시에서 은행원으로 일했다. 할머니의 어머니는 집안을 꾸리고 할머니의 형제자매를 키웠다(넷째 딸이었던 여자아이만은 시골 고아원으로 보내졌는데, 그 아이에게 귀신이 씌었다고 할머니의 어머니가 믿었기 때문이었다). 할머니의 부모와 형제자매는 집 한가운데 방에서 다 같이 잤다.

할머니가 포포(Po Po)라고 불렀던 할머니의 할머니는 오랜 아편 복용으로 자리보전하는 몸이라 혼자 다른 방에서 잤다. 할머니는 학교에서 돌아온 뒤에는 제 할머니의 다리를 주물러서 통증을 덜고 피가 잘 돌도록 해 드렸다. 그 방의 담요 밑이나 서랍 속에 서려 있던 이상한 냄새를 할머니는 결코 잊지 못했다.

얼마 후 일본이 상하이를 점령했다. 이후 몇 년간 일본군은 폭탄을 떨어뜨리고, 집단학살을 벌이고, 중국 대륙을 점점 더 많이 집어삼켰다. 난징, 광저우, 양쯔강 계곡의 철도가 함락되었다. 중화민국 정부는 수도를 내륙의 충칭시로 옮겼다.

할머니가 아홉 살일 때 포포가 돌아가셨고, 그래서 가족은 일본군이 점령한 상하이를 탈출할 수 있게 되었다. 가족은 탈출을 결심하고도 아무에게도 계획을 알리지 않았는데, 이웃 중 누가 첩자일지 알 수 없어서였다. 가족은 충칭까지 한 달 안에 갈 수 있으리라고 믿었다. 실제로는 여섯 달이 걸렸다.

대다수 철갑상어는 성체의 삶을 바다에서 살지만, 태어나기는 민물에서 태어난다. 바다에서 살던 철갑상어는 마치 연어처럼 강을 거슬러 올라가서 번식지로 가야 한다. 지난 수백만 년 동안 중국의 성체 철갑상어들은 보통 4년에 한 번씩 강을 거슬러서 내륙의 여러 산란지 중 한 곳으로 가는 3000킬로미터의 여정에 나섰다. 암컷은 이르면 열세 살부터 그 여정을 시작했고, 수컷은 이르면 여덟 살부터 시작했다. 여름이 되면, 철갑상어들은 양쯔강 하구를 통과해 내륙으로 들어왔다. 그러고는 이때를 위해 몸에 축적해 둔 에너지를 서서히 고갈시켜 가면서 아무것도 먹지 않고 몇 달 동안 헤엄쳤다. 철갑상어는 탁 트인 바다보다 안전한 유년기를 약속하는 강에서도 총장 600킬로미터 남짓의 구간에서만 알을 낳았다. 늦가을이 되어 울긋불긋한 낙엽이 양쯔강에 떨어지면, 철갑상어는 바다로 돌아갔다.

시절이 좋을 때 철갑상어는 한 마리당 수십만 개씩 알을 낳아서 강바닥을 뒤덮을 수 있었다. 그 알 100만 개당 새끼 여섯 마리만이 살아남아서 굶주린 포식자의 아가리를 모면하고 성체로 자랄 터였다. 철갑상어 치어에게 양쯔강에서의 생존은 늘 운의 게임이었다. 그것은 사는 것보다 죽는 것이 훨씬 더 쉬운 게임이다.

철갑상어는 요즘도 매년 위대한 이주를 감행한다. 하지만 이제 강을 상류부터 하류까지 첩첩이 가로막은 댐들이 철갑상어를 저지한다. 1981년에 완공된 거저우바댐은 양쯔강 상류를 봉쇄해, 철갑상어로부터 여러 산란지 중 하나를 제외한 전부를 빼앗았다. 역시 양쯔강에서 살던 양쯔강돌고래나 중국주걱철갑상어 같은 종들은 댐을 견디지 못하고 멸종했다. 하지만 중국철갑상어는 중국 최대의 강에서 고집스러운 생존자로 남아 있다.

양쯔강은 티베트고원에서 발원한다. 해발고도 4.5킬로미터의 티베트고원은 '세계의 지붕'이라고도 불린다. 그곳에서 빙하 녹은 물이 모여 강을 이루고, 강은 티베트 고지대를 침식하며 산을 흘러내린다. 강은 협곡을 가르고, 지류를 만나서 불어나고, 쓰촨성을 굽이쳐 흐르다가, 공업항이 있는 충칭시에서 폭이 넓어지고, 이어서 후베이성을 지나며 장강삼협의 석회암 절벽과 근사한 기암괴석 사이를 통과해 계속 흘러간다. 수백 년 전에는 그 절벽의 푸른 숲에 매달린 야생 원숭이들이 시끄럽고 쉼 없는 울음소리로 제 존재를 알리곤 했다.

중국에는 깎아지른 산꼭대기 폭포를 오른 잉어의 전설이 있다. 고대에 한 영웅이 산꼭대기를 반으로 쪼개어 강이 절벽을 내달릴 수 있도록 관문을 열었다. 매년 많은 물고기가 그 힘찬

폭포수를 거슬러 오르려고 시도했지만 대부분 실패했다. 하지만 개중 극소수는 물살을 이겨 냈고 마지막으로 폭포 꼭대기 관문을 넘어서기 위해서 엄청난 도약을 시도했다. 그런데 그 물고기의 지느러미가 관문 건너편 수면에 닿기 전에, 물고기는 자신의 부드럽고 통통한 몸이 뱀처럼 구불텅하게 바뀌고 미끄럽고 끈적한 비늘이 보석처럼 반짝거리고 자갈처럼 단단한 피부로 바뀐 것을 깨달았다. 물고기가 용이 된 것이다.

지난 수백 년간 중국철갑상어는 마치 그 잉어처럼 양쯔강 물살을 거슬러 헤엄쳤다. 거저우바댐이 지어진 뒤에는 이 거대한 물고기들이 댐을 넘으려고 몸을 날렸다가 댐에 부딪치는 모습이 목격되었다. 그들은 콘크리트와 철근으로 지어진 장애물에 연거푸 몸을 날렸다. 예전에는 열려 있던 통로가 왜 갑자기 벽이 되었지? 많은 철갑상어가 다쳤다. 그들은 멍들고 뭉개진 주둥이로 바다로 돌아갔고 미처 사용하지 못한 그들의 난소는 쪼그라들었다. 다른 많은 철갑상어는 죽었고 그들의 몸은 댐 발치에 가라앉았다. 흡사 무슨 공물처럼.

상하이를 탈출할 때 우리 가족은 강을 따라 후베이성을 통과하기 위해서 작은 집배를 두 척 빌렸다. 배에는 각각 선장과 선원이 한 명씩 딸려 있었다. 엔진 없는 배여서 오로지 노를 저어 가야 했으므로, 그들은 고통스러우리만치 느긋한 속도로 강을 여행했다. 그것은 악몽의 크루즈 유람이었다.

할머니는 한쪽 배의 선복(船腹)에서 가족과 함께 잤다. 모두가 요 한 채에 통조림 속 정어리들처럼 착착 포개져서 잤다. 식사는 하루 한 끼만 먹었다. 늘 밥이나 죽이었고, 건더기보다 물이 더 많은 죽이었다. 가끔 선장이 마을에서 야채나 달걀 한 알, 어떤 때는 두 알이라는 진수성찬을 가지고 돌아왔다. 달걀은 늘 오빠들이나 막내 차지였고 할머니에게는 한 번도 주어지지 않았다.

남자아이들은 노를 저었고, 모두가 굶주렸다. 할머니는 갑판에 앉아 강둑을 바라보며 생명의 징후를 살펴보았지만, 싸움을 피해 달아난 주민들이 남긴 빈집과 유령 같은 마을이 보일 뿐이었다. 강가에 주둔한 일본군을 지나칠 때면 가끔 군인들이 배를 불러 세우고 남자아이들을 데려가서 몸 쓰는 일을 시키곤 했다. 그때마다 여자들은 배에 남아서, 군인들이 종종 훔쳐 간 소년을 돌려보내지 않을 때가 있다는 것을 기억하며 기다렸다. 그때마다 매번 소년들은 돌아왔다.

서서히, 흡사 노을이 지듯이 강이 분홍색으로 물들었다. 오래지 않아 시체가 떠내려왔다. 형태가 온전한 적은 드물지만 사람이라는 것은 알아볼 수 있는 형상이었다. 먼저 팔이나 다리가 떠내려왔다. 나중에 몸통이 떠내려왔다. 결코 잊을 수 없는 한 번은 머리가 떠내려왔다. 시체는 모두 농부의 옷, 시골 사람의 옷을 입고 있었다. 마치 섬뜩한 사과처럼 까딱까딱 하류로 떠내려가는 시체는 일상이 되었다. 시체는 무더기로 흘러오곤 했는데, 그것은 일본군이 방금 또 한 마을을 탈취했다는 뜻이었다.

강에 시신이 가득해지면 선장은 배를 세우고 숨는 편이 좋다는 것을 알았다. 빈 강변 마을 너머에서 일본군이 구령을 외치는 소리가 할머니에게 들릴 때도 있었다. 어쩌다 배가 한 사람의 목소리가 충분히 들려올 만큼 강변에 접근하면 선원들은 노를 더 빨리 저었다. 총알은 새처럼 강을 가로지를 수 있으니까. 그러던 어느 날 폭격이 멎었다.

농부들이 다 죽자 달걀이 동났다. 우리 가족이 쌀을 마지막 한 알까지 먹어 치운 뒤 선원들은 배를 강가로 몰아서 강둑에

댔다. 배가 너무 고파서 노를 저을 수 없었고, 시야에 마을은 보이지 않았다. 그들은 쌀도 밀가루도 없었다. 먹을 것이 아무것도 없었다. 아이들은 이제 울 힘조차 없었다. 모두가 갑판에 털썩 널브러져서 죽기만을 기다렸다.

중국철갑상어는 죽어 가고 있는데, 이 종만 그런 것이 아니다. 철갑상어과의 총 27개 종 가운데 네 종을 제외한 나머지 전부가 절멸 위기에 처해 있다. 그러니까 전 세계 호수와 강과 바다에서 철갑상어가 죽어 가고 있는 것이다. 이 거대한 물고기는 소행성과 빙하기와 그 밖의 숱한 어려움으로부터 살아남았으면서도 그보다 우주적으로 한참 더 시시한 장애물 때문에 죽어 가고 있다. 인간의 댐, 인간의 배, 인간의 화학물질, 인간의 캐비아* 선호 때문에.

    어부 존 크로닌(John Cronin)은 「철갑상어 달(Sturgeon Moon)」이라는 글에서 우리에게 이 동물이 대대손손 살아온 시간이 얼마나 긴지 새로운 단위로 실감해 보자고 제안한다. 만약 2억 년을 24시간으로 환산한다면 우리는 마지막 1시간의 마지막 1분의 마지막 1초의 10분의 1도 안 되는 시간 만에 지구에서 철갑상어과의 모든 종을 깡그리 위기에 처하게 만든 셈이다. 철갑상어의 역사는 이토록 깊고 그것을 파괴하는 우리의 힘은 이토록 강하다. 오늘날 매년 양쯔강으로 돌아가서 번식할 수 있는 중국철갑상어 개체는 100마리가 안 될 수도 있다. 과학자들은 앞으로 10에서 20년 안에 중국철갑상어가 야생에서 멸종할 것이라고 예측한다.

---

* caviar, 철갑상어 알을 소금에 절인 것.

쌀이 떨어지자, 우리 가족은 강가에 배를 댄 채 쇠약해져서 죽기를 기다렸다. 그때 갑자기 강둑에 일본군 병사 한 명이 나타나서 배로 다가왔다. 선장들은 망설이다가 그를 배에 태웠다. 우리 가족은 일본어를 몰랐지만 허기는 손짓으로 소통하기 쉬운 단어다. 일본군 병사는 총검으로 뭐라고 손짓한 뒤에 떠났다. 우리 가족은 울어야 할지 기뻐해야 할지 알 수 없었다. 어느 쪽이든 그들은 죽어 가고 있었다.

몇 시간 뒤 병사가 뭔가 무거운 것을 짊어지고 돌아왔다. 그는 배에 타서 사람 몸통만큼 큰 마대 자루를 갑판에 턱 내려놓고는 선장에게 그것을 가지라고 몸짓으로 말했다. 그다음 그는 강둑으로 내려가서 사라졌다. 그 자루에는 쌀이 들어 있었다. 셀 수 없이 많은 우윳빛 쌀알들이 부서지는 물결의 포말처럼 흘러넘치고 있었다. 모두가 충격을 받았다. 자신들이 아직은 죽지 않으리라는 새로운 깨달음에 모두가 어리벙벙했다. 선장들은 병사에게 몇 번이고 감사 인사를 했다. 그날 밤 그들은 강물로 묽게 죽을 쑤어 먹었다.

내 할머니가 그 배에 누워 굶고 있을 때 양쯔강 바닥에는 어린 중국철갑상어들이 있었다. 그들은 탁한 진홍색 물속에서 먹이를 찾아다녔을 것이다. 어쩌면 그들은 새로 강물에 섞인 시큼하고 싸한 쇠 맛을 맛보았을지도 모른다.

2012년, 충칭시는 양쯔강이 또 한 번 붉어지는 것을 목격했다. 언론은 그 색을 토마토 색깔이라고, 진홍색이라고 묘사했다. 과학자들은 상류에 내린 폭우로 침전물이 뒤엎인 탓에 그런 색이 생겼을 것이라고 추측했다. 아니면 그 붉은 강물은 조류가 급증한 탓일지도 모른다고 했는데, 그것은 비료 섞인 유거수*와 영양분이 풍부한 강물이 만날 때 벌어지는 자연스러운 반응이라고 했다. 아무튼 그 붉은색 때문에 사람들이 심하게 놀라진 않았으니, 중국의 강들은 우리 생각보다 더 자주 붉게 물들기 때문이었다. 염료 공장에서 누출된 오염물질이 중국의 강들을 다채로운 붉은색으로 물들인 일이 지난 10년 동안 두 번 있었다. 그것은 비트(beet)의, 소방차의, 와인의, 진사*의, 녹의 붉은색이었다. 피의 붉은색만 빼고 다 있었다.

오늘날 양쯔강에서 수영하는 것은 합성 화학물질 속에서 목욕하는 셈이다. 공업과 농업의 오염물질이 강으로 흘러들고, 도시하수와 산업용지에서 나온 오염물질도 흘러든다. 가장 위험한 것은 TPT라고도 불리는 트리페닐틴(triphenyltin) 화합물로, 어부들이 선체에 코팅할 때 쓰거나 농부들이 왕우렁이를 죽이려고 논에 뿌릴 때 쓰는 살생제다. 이 화학물질에는 물고기의 형체를 바꿔 놓는 힘이 있다.

중국철갑상어는 다른 어느 물고기보다 TPT를 간에 많이 축적한다. 이렇게 중독된 개체가 낳은 알에서는 기형 새끼가 태어난다. 새끼는 눈이 하나뿐이거나 아예 없다. 자신이 태어난 강이 옛 선조가 알았던 모습과는 다르다는 것을 볼 수도 없다. 척추는 사용된 종이 클립처럼 구부러져 있는데, 이렇게 직각으로 휜 몸으로는 헤엄을 칠 수가 없다.

양쯔강의 한 지류 속 작은 섬에 위치한 중국철갑상어박물관은 이 거대한 물고기의 멸종을 고대하기라도 하는 양 그것

---

* 流去水, 지표면을 따라 흐르는 물.
* 辰砂, 수은으로 이루어진 황화광물. 진한 붉은색을 띠고 다이아몬드 광택이 난다.

을 불멸화하는 데 헌신하는 유일한 박물관이다. 이곳은 철갑상어 개체수 복원을 임무로 삼는 중국철갑상어연구소의 부설 시설이다. 이 박물관에서는 니스칠로 보존되어 있거나 동그랗게 말린 채 보존액에 담겨 있는 철갑상어들을 볼 수 있다. 산 철갑상어들은 얕은 웅덩이에서 뱅글뱅글 돌고 있는데, 조류에 물든 그 몸들은 초록색이다.

철갑상어는 강보다 강가의 여러 번식 시설에서 더 많은 공간을 차지하고 있다. 모두 야생 철갑상어 개체수 복원을 꾀하는 시설들이다. 징저우의 양쯔강어업연구소는 무수히 많은 수조 속에서 양식된 철갑상어를 기르고 있다. 양쯔강 최대 댐을 운영하는 중국장강삼협그룹은 1984년부터 새끼 철갑상어 무리를 강에 방류하고 있다. 하지만 지난 수십 년 동안 강에 방류된 치어 수백만 마리 중에서 살아남은 개체는 거의 없고, 더 많이 방류한들 그들이 무사히 바다로 나가도록 하는 데는 아무 도움이 되지 않을 것이다. 새끼들을 내보내는 것은 쉽지만 그들이 살아남도록 보장하는 것은 불가능하다.

예정보다 다섯 달 늦게 몸에 걸친 옷만 갖고 충칭에 도착하기 전, 할머니의 가족은 어둠 속에서 무리의 다른 사람들과 떨어져 길을 잃고 말았다. 그들이 버려진 절에 옹송그리고 숨어 있을 때, 할머니의 어머니가 자식들에게 이렇게 속삭였다. "만약 적군이 우리를 발견하면, 내가 먼저 너희를 죽일 거야. 군인들이 죽이기 전에 내가 죽일 거야." 할머니의 어머니가 뜻한 말은 이런 것이었다. **우리가 군인들의 총검으로부터 탈출할 방법은 없단다. 그러니 만약 죽어야 한다면 부드럽게 죽자꾸나.** 할머니와 남동생은 어둠 속에서 조용히 울었다. 시간이 흘러서 어른이 된 뒤에도, 할머니는 자신의 어머니가 자신을 죽이겠다고 약속했던 것을 떠올리며 한밤중에 깨곤 했다. 그것이 사랑으로 가득한 약속이었음을 할머니가 이해하기까지는 세월이 더 흘러야 했다.

거저우바댐이 양쯔강을 동강 낸 이래, 철갑상어의 산란지는 휑하니 비었다. 철갑상어가 번식지로부터 단절된 것도 문제지만, 내륙에 점점 더 큰 댐이 새로 지어져서 수온을 높인 탓에 이제 그 온기가 늦여름부터 가을까지 더 오래 남는 것도 문제다. 철갑상어는 따뜻한 물에서는 번식하기 어렵기 때문에 강물이 식을 때까지 산란을 미루고, 그러다 보니 번식할 시간이 훨씬 줄어든다. 그리고 그 댐들을 짓는 건설공사는—여기에 더해 강의 통행도—수중에서 귀가 먹을 듯한 소음을 일으킨다. 만약 할머니가 유년기에 이주했던 길을 되밟아 보려고 하더라도 아마 어디가 어딘지 전혀 갈피를 잡지 못할 텐데, 그것은 댐 때문이 아니라 할머니가 알아볼 수 없도록 바뀐 땅, 오두막과 등불 대신 고층 건물과 전광판 기둥이 선 땅 때문이다. 지금 할머니가 제일 잘 아는 장소는 가톨릭 성인의 이름을 딴 캘리포니아의 한 도시다. 이 도시에는 강이 없고 개울뿐이다.

지난 1년 동안 할머니는 기억력이 손상되기 시작했다. 어머니가 이 사실을 내게 전화로 처음 알리면서, 만약 할머니가 생각의 갈피를 잃거나 갑자기 중국어로 말하기 시작하더라도 놀란 티를 내지 말라고 일러 주었다. 내가 할머니와 통화할 때, 대화는 거의 5분을 넘기지 않는다. 내가 질문을 던지면 할머니가 긴장하는 것 같고, 할머니는 내게 언제 집에 오는지, 안전하게 지내고 있는지, 잘 먹고 사는지 외에는 더 물을 말이 없다. 내가 집에 가 보면 할머니는 전보다 더 쇠약해져 있지만 여전히 완고해서, 이제 깜빡이 넣는 걸 잊으니 운전을 그만해야 한다고 우리가 말하는데도 계속 운전을 하신다. 할머니는 점점 더 자주 중국어로 말하고, 나는 그 말을 알아듣지 못한다. 가끔 할머니가 중국으로 돌아가고 있는 것처럼 느껴지고, 할머니가 또한 추억 속으로 돌아가는 중이 아닐까 하는 생각도 든다. 할머니를 현재에, 여기 미국에, 할머니의 인생에서 내가 존재하는 유일한 부분에 비끄러매어 두는 끈을 내가 교란하거나 긴장시킬까 봐 두렵다.

뉴욕수족관에서 철갑상어 수조 앞에 앉아 있을 때 나는 어쩔 수 없이 할머니를 떠올린다. 이곳 철갑상어들은 대서양 출신이다. 정확히는 허드슨강 출신으로, 내가 진짜 보고 싶은 물고기의 갈색 복사본이다. 나는 이들이 이 수조에서 늙어 가는 것을, 어란을 지키고 몸이 찢기지 않는 대신 평생 끝없이 한자리를 맴도는 것을 상상해 본다. 이들이 자신이 왔던 물을 기억하는지 궁금하다. 나중에 기차를 타고 집에 가는 길에 나는 한 보도자료에서 이 철갑상어들은 메릴랜드주의 시설에서 양식되었으며 이들이 아는 것은 수조 속 삶뿐이라는 사실을 읽는다. 몇 분마다 마치 거대한 생물이 숨 쉬는 것처럼 입을 쩍 벌리는 지하철 출입구와 내가 앉은 좌석 사이의 철봉에 몸을 붙인 채, 나는 어쩌면 어부와 오염과 그 밖에도 야생의 고향에 있는 위험들로부터 보호받는 삶이 그렇게 나쁘진 않을지도 모른다고 생각한다. 눈을 감는다. 철갑상어의 이중 그림자가 수조의 반짝거리는 모래 위로 주름지던 모습을 떠올린다. 나는 고향에 아주 가까이 있는 것 같고 또한 아주 멀리 있는 것 같다.

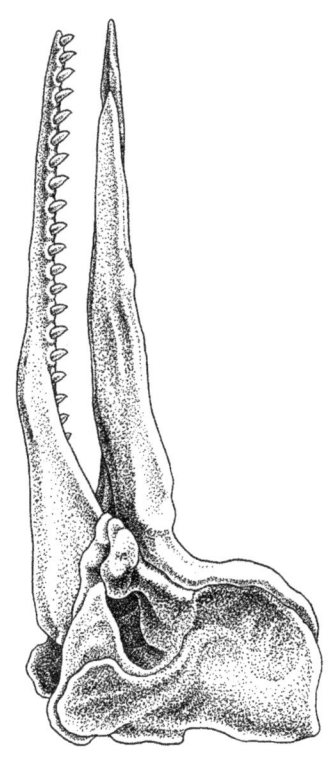

4장

향유고래 그리는 법

1998년 봄, 노바스코샤 앞바다에서 어느 흰긴수염고래에게 거의 불가능한 일이 일어났다. 젊고, 건강하고, 몸길이 20미터로 흰긴수염고래치고 작았던 그 고래는 폭발적으로 발생한 크릴 떼로 만찬을 즐기다가 뭔가 자연스럽지 않고 우렁찬 굉음을 들었다. 고래가 그 소리를 피하려고 방향을 틀었는지도 모르겠지만 너무 늦었다. 배의 프로펠러가 고래의 턱을 쓱 갈라서 뼈를 부러뜨리고 V자 상처를 남겼다. 고래는 곧 또 다른 굉음을 들었다. 처음에는 멀었던 소리가 다가온다 싶더니 두 번째 배인 붉은색 유조선 보터니트라이엄프호가 갑자기 고래를 쳤다. 그 사실을 모른 유조선은 뱃머리의 구상선수*에 고래를 얹은 채 가던 길을 계속 갔다. 어쩌다 바이킹의 장례식을 치르게 된 것처럼, 배는 겨우 수심 60센티미터에 잠긴 채 수면에서 푸르스름한 꼬리를 흔드는 고래를 걸치고 나아갔다. 그렇게 뉴잉글랜드로 수송되던 도중에 고래는 죽었다.

당시 바다에는 흰긴수염고래가 1만 마리 미만으로 있었다. 북대서양 서부의 흰긴수염고래 중 단 한 마리라도 부자연스럽게 죽는다면 개체군 회복에 타격일 터였다. 과학자들은 우리가 20세기 첫 60년 동안 흰긴수염고래를 36만 마리 죽였다고 추정한다. 나는 이 상실을 어림조차 못 하겠다. 흰긴수염고래가 36만 마리 있는 세상은 어땠을지 전혀 모르겠다. 마찬가지로 나는 혀가 코끼리만큼 무거운 흰긴수염고래의 거대함을 짐작조차 못 하겠고, 인간이 어떻게 자신에게 그런 생물체를 능히 죽일 힘이 있다고 믿을 수 있는지 짐작조차 못 하겠다.

죽은 고래는 로드아일랜드해협에서 어느 작은 수로안내선

---

* 球狀船首, 수면 아래에 해당하는 배 앞부분에 혹 모양의 돌기를 만든 것. 선박이 파도를 가르며 만드는 조파저항을 줄인다.

선장에게 발견되었고, 그는 보터니트라이엄프호 사람들에게 무전을 보내 뱃머리에 뭔가 걸려 있다고 알려 주었다. 배는 정지한 뒤 후진해 고래의 몸을 구상선수에서 살며시 떼어 냈다. 선원들은 가망 없는 상황에도 불구하고 생명의 기적이 눈에 띄기를 열심히 지켜보았다. 기도도 했을지 모른다. 눈물 흘린 사람도 있었다. 하지만 고래는 흐물흐물한 달팽이처럼 스르르 미끄러지더니 바다에 둥둥 떴다.

나흘 뒤에 고래는 해안으로 견인되었다. 그리고 하루 뒤에 해부되었다.

해양 포유류 좌초 보고서
보터니트라이엄프호 선수에서 발견된 개체
속명: 발라이놉테라(Balaenoptera)
종명: 무스쿨루스(musculus)
상태: 중간 정도 부패

미국 내 엉뚱한 장소에 좌초한 모든 고래를 관장하는 국립해양수산청은 이 고래의 피부를 벨기에의 한 실험실에 기증했고, 큼직한 지방 덩어리를 갤버스턴의 텍사스A&M대학교에, 왼쪽 눈을 코네티컷의 미스틱수족관에, 귀뼈를 우즈홀해양연구소에, 길이 2.5미터의 후두를 뉴욕의 마운트시나이의과대학에 기증했다. 후두는 그곳에서 사람 키만 한 냉장고에 보관될 예정이었다. 하지만 고래의 가장 큰 부분인 골격은 매사추세츠의 뉴베드퍼드포경박물관으로 갔다.

고래는 지금 그 박물관 입구 근처에 걸려 있다. 반들반들 닦인 뼈는 몸이라기보다 샹들리에처럼 보인다. 머리뼈는 거대한 부리처럼 생겼다. 지느러미발은 피부 밑에 숨어 있던 긴 손가락이 다 드러나서 거의 손처럼 보인다. 척추뼈는 점점 작아지다가 사과만큼 작은 뼈로 끝나고, 고래 특유의 갈라진 꼬리는 간데없다. 사람들은 그를 '코보(KOBO)', 즉 '푸른 바다의 제왕(King of the Blue Ocean)'이라고 부른다. 죽은 고래 이름 짓기 대회에서 우승한 그 지역 6학년 학생이 지은 이름이다.

내가 뉴베드퍼드포경박물관에 처음 간 것은 그 고래와 그 밖에도 그곳 벽에 설치된—실제 고래도 있고 묘사된 고래도 있다—다른 많은 고래를 그리기 위해서였다. 나는 대학생이었고 '깊은 바다 밝히기'라는 이름의 그림 수업에 등록한 참이었다. 나는 그것이 고래에 관한 수업일 것이라고 예상했지만 곧 그것이 고래보다는 고래잡이, 즉 인간이 그 동물을 체계적으로 사냥하고 수확함으로써 인간 집단을 상상할 수 없는 풍요의 목전으로 이끌고 고래 집단을 절멸의 벼랑 끝으로 내몬 활동에 관한 수업임을 알게 되었다.

내가 그 수업에 등록한 데는 두 가지 이유가 있었다. 첫 번째 이유. 나는 고래를 주제로 대학 졸업논문을 쓰고 있었다. 내 논문은 고래에 대해 뭔가 말하기보다 고래를 묘사하는 데 집중하는—고래가 어떻게 살고, 먹고, 숨 쉬고, 해변에 밀려오고, 죽어 가고, 죽는지—방대하고 산만한 프로젝트였다. 두 번째 이유. 내 첫 여자 친구인 M이 그 수업을 들었다. 그 수업 전에 M은 고래를 그릴 줄 알았고 나는 몰랐다. 그 수업 후에 나는 M을 사랑하고 있었고 M은 나를 사랑하지 않았다.

'사검(necropsy)'이라는 단어는 죽은 인간을 검사하는 행위와 죽은 동물을 검사하는 행위를 구별하기 위해서 발명되었다.

1800년대 초까지만 해도 '부검(autopsy)'은 인간과 비인간을 가리지 않고 모든 동물의 사인을 알아내는 작업을 뜻하는 단어였지만, 그즈음 한 프랑스 의사가 비인간에게는 '사검'을 쓰자고 제안했다. 죽는 건 모두 마찬가지이지만, 그래도 이제 우리 인간은 부검되고 고래는 사검된다. 검사는 과정이 같고(수술대 위에서 몸이 열린다) 최종 목표도 같지만(사인을 알아낸다), 그래도 이제 우리는 어원학적으로나마 스스로의 시체 상태를 떠올리지 않아도 된다.

'사검'은 '죽음(nekros)' + '보다(-opsis)'로 구성된 단어이고, '부검'은 '자신(autos)' + '보다(-opsis)'로 구성된 단어다. 이 어원학적 분리를 처음 알았을 때 나는 참 실없다고 생각했다. 심지어 불필요하다고 생각했다. 인간이 자신과 다른 동물을 억지로 구분하려고 애쓰다가 양쪽 모두에게 피해를 주는 숱한 사례가 떠올랐기 때문이다. 하지만 이제는 부검이 해부자에게 으스스한 예측 행위일 수 있다는 것을 이해한다. 그것은 해부자 자신이 밟을 수 있는 많은 길 중 하나, 가능성 있는 미래를 보여 주는 일이니까. 모르면 몰라도 그에 비해 생물학자가 고래를 사검할 때 우리를 개별적으로 위협하는 암이나 우리를 보편적으로 위협하는 교통사고를 떠올릴 것 같지는 않다. 그가 무의식적으로 자기 팔을 고래 지느러미발과 비교하거나 자기 이빨을 뻣뻣한 판 같은 고래수염과 비교하거나 하지는 않는다.

우즈홀해양연구소는 해양 포유류를 사검하려는 사람을 위해 종합적인 입문서를 작성해 두었다. 입문서는 동물을 검사하기 전에 발견 일시, 환경조건, 외상 기록 등등 배경을 최대한 알아 두라고 권한다. 또 검사 중에 염두에 두어야 할 사항을 나열한 표도 제공한다. 고정된 절차를 수립하고 객관성을 지킬 것. 모든 것을 기록할 것. 혼재 변인을 이해하고 인정할 것.

입문서는 초보 검시관에게 놀랍도록 관대하다. 책은 그들에게 자신이 보고, 냄새 맡고, 느끼고, 들은 것을 그대로 묘사하라고 조언한다. 전문용어 사용을 너무 걱정하지 말라는 것이다. "용어를 익히는 것은 시간이 흐르면 자연히 된다. 당신이 본 대로 적어 두라." 나처럼 용어를 모르는 사람을 위해서 용어집까지 포함되어 있다. 건락성(caseous), 치즈를 닮은. 키아미드(cyamids), 고래 이(기생충). 엑터시스(ectasis), 확장증. 방추형(fusiform), 물렛가락처럼 생긴. 성상(stellate), 별 모양. 사행(tortuous), 구불구불한 또는 회전이나 뒤틀림이 많은. 과급성(peracute), 심한 급성 또는 극심한.

미국에서는 해양 포유류가 좌초하면 반드시 인간과의 상호작용 흔적을 조사하게 되어 있다. 그리고 기하학적 표시가 그려진 추상적 도표를 작성해 살해자의 단서를 알려 주게 되어 있다. 타원이 잇따라 그려진 표시는 연사*에 얽혔음을 뜻한다. 다이아몬드가 잇따라 그려진 표시는 그물에 엉켰음을 뜻한다. 긴 사선이나 짧은 초승달 표시는 프로펠러가 관여했다는 뜻이다. 입문서에는 '육안적인' 비정상 병변, 즉 현미경을 쓰지 않고 맨눈으로 볼 수 있는 이상을 알아보는 데 도움되는 질문과 대답 목록도 들어 있다.

어디에 있나?
등쪽, 배쪽, 가쪽, 안쪽, 몸쪽, 먼 쪽, 머리쪽, 꼬리 쪽, 앞쪽, 뒤쪽.

* 撚絲, 몇 가닥의 실을 꼬아서 만든 실. 강도가 높고 탄성이 좋다.

형태는 어떤가?
원형, 구형, 타원형, 초승달형, 덩어리형, 원뿔형, 소엽형, 사행형, 원반형, 망울형, 고착형, 성상형, 그물형, 방추형, 불규칙형, 방형, 가지형, 무정형.

느낌이 어떤가?
축축하다, 건조하다, 끈적하다, 딱딱하다, 단단하다, 부드럽다, 부서진다, 기체가 차 있다, 점성이 있다, 젤리 같다, 모래 같다, 탄성이 있다, 고무 같다, 오돌토돌하다, 탄력이 없다, 푹 들어갔다, 도드라졌다, 매끄럽다, 거칠다, 덩어리가 졌다, 홈이 파였다, 껍질이 있다, 스폰지 같다, 두껍다, 얇다.

여기서는 특정 문제에 적용되었지만, 이 질문들은 으스스하리만치 보편적인 것처럼 들리고 그 밖에 다른 무엇을 묘사하는 데도 쓸 수 있을 것 같다. 과일이든, 구름이든, 멍이든. 사랑에 빠진다는 것, 틀린다는 것, 죽는다는 것을 묘사하는 데에도. 답은 거의 무한한 가짓수로 조합될 수 있겠지만 어쨌든 그 결과는 늘 뭔가 죽은 것일 것이다.

어느 관계의 사검 보고서
사망 일시: 3월 언젠가, 아마도 그날 오전
장소: 뉴잉글랜드
섹스: 오랫동안 없었음
길이: 반년, 언제를 시작으로 보느냐에 따라 달라짐
제출된 증거물: 트레이더조 가방 하나에 담긴 각종 물건, 이를테면 수제 종이, 미술용품 상자, 지퍼백에 담긴 망울형 딜도

역사: 당신과 M은 도서관에서 처음 서로를 보았고 공식적으로는 퀴어 이론 수업에서 만났다(어쩌면 이렇게 진부한 설정인지). 그해 여름에 당신은 처음 같이 잔 여자아이로부터 잠수이별*을 당했는데(불쾌해!), 그로 인해 우울해졌고, 자신이 사랑에 빠진 것인지 아닌지 헷갈렸으며 혹은 자신이 동성애자인지 이성애자인지도 헷갈렸다. 왜냐하면 당신은, 바보 같은 당신은 섹슈얼리티가 이분법을 넘어 존재할 수 있다고 이해는 하지만 남들에 대해서만 그렇고 자신에 대해서는 그런 줄을 모르기 때문이다. 당신은 다시 남자와 데이트하기가 두렵다. 그러면 첫 여자 친구가 옳았다는 증명이 될 테니까. 남자가 아닌 사람과 데이트하기도 두렵다. 어쩌면 당신이 퀴어가 아니고 퀴어가 되고 싶어 할 뿐인지도 모르겠다는 생각 때문에.

처음 M에게 키스했을 때 당신은 자신이 깨지는 것만 같았다. 당신 몸의 모든 세포가 터져서 그 속에 든 것이 당신으로부터 부슬부슬 떨어져 내리는 것만 같았다. 당신에게 그것은 떨어져 있는 시간을 견딜 수 없게 만들고 함께하는 시간을 무한하게 만드는 미혹이었다. M에게 그것은 다른 것이었을 가능성이 있다.

외부 검사: 기만의 증거는 없었다. 당신은 뭔가 그런 변명이 있기를 거의 바랄 정도였다. 한 사람이 그냥 흥미를 잃었다는 생각보다는 그런 끝이 덜 고통스럽게 느껴졌기 때문이다. 기존에 문제가 있었다는 기록은 있다. 조화하지 않는 관심사, 조화하지 않는 욕구, 임박한 졸업. 그래도 아직 관계 만료의 근접 원인은 밝혀지지 않았다.

어쩌면 직접적인 원인은 최후의 그 싸움이었을지도 모른다. 그때 양측 모두 상대를 비난했고(한쪽이 다른 쪽보다 더 많이

* 서로 의논하지 않고 일방적으로 연락을 끊는 이별 방식.

그랬다), 양측 모두 울었다(한쪽이 다른 쪽보다 더 많이 그랬다). 어느 시점부터 당신은 애원하기 시작해 당신이 어떻게 하면 떠나지 않겠느냐고 M에게 물었다. 아이러니하게도 그 싸움은 호프가*에서 벌어졌다.

치명적인 생김새에도 불구하고 작살은 고래를 죽이기 위한 도구가 아니라 줄에 매어 두기 위한 도구였다. 쇠로 된 촉에는 선원들의 매듭처럼 복잡하거나 클로버처럼 단순하게 생긴 갈고리와 미늘이 다양하게 붙어 있었고, 그것이 고래 지방에 박히면 여간해선 떨어지지 않았다. 고래에게 몇 미터까지 다가갔을 때 작살꾼은 작살 자루를 던져서 무기를 고래 등에 꽂았고 그러면 선원들은 열심히 노를 저었다. 줄에 매인 고래는 아파서 몸부림칠 수도 있고 심지어 잠수할 수도 있었는데, 그러면 작살에 걸린 줄이 어찌나 빠르게 당겨지는지 줄을 걸어 둔 고리에 마찰이 일어서 연기가 날 정도였다. 사내들은 고래가 제풀에 지치도록 한참 내버려뒀다가 배를 가까이 붙여서 무기를 던졌는데 심장이나 눈이나 폐처럼 가장 연약한 지점을 노려서 연거푸 던졌다. 분수공*으로 피가 솟구치면 싸움이 거의 끝난 것이었다.

    1700년대 말, 미국 전역의 항구에서 배 수백 척이 고래를 잡으러 출항했다. 그곳 바다에서는 유례없는 규모였다. 선원들은 멀리서 솟는 물기둥을 찾아 바다를 훑었는데 그것은 수평선 근처 어딘가에서 거인이 숨 쉬고 있다는 증거였다. 죽은 고래는 다양한 제품으로 가공될 수 있었다. 사람들은 고래 뼈를 깎

---

* Hope Street, '희망'을 뜻한다.
* 噴水孔(blowhole), 폐로 호흡하는 포유류인 고래의 숨구멍으로, 머리 위쪽(등쪽)에 위치한다.

아서 코르셋을 만들었고, 이빨을 다듬어서 지팡이 손잡이로 만들었고, 고래수염은 구부려서 후프스커트*와 우산살을 만들었다. 대부분의 경우에 고래에서 가장 귀한 부분은 기름이었다. 그 기름이 뉴베드퍼드, 미국, 유럽의 가로등을 밝혔다. 고래기름은 초에서 등대까지 모든 것을 밝혔다. 특히 향유고래는 운 나쁘게도 가장 바람직한 기름을 갖고 있었으니, 경랍이라고 불리는 그것은 고래 머릿속에서 출렁이는 액체 왁스였다. 경랍은 연기도 냄새도 내지 않고 탔고, 경랍으로 만든 초는 고래의 피투성이 머리통에서 떠낸 게 아니라 햇살을 뜯어서 밝힌 것처럼 빛났다. 1857년에 뉴베드퍼드는 이 산업을 기리는 문장을 시의 모토로 제정했다. "루쳄 디푼도(*Lucem diffundo*)", 라틴어로 '나는 빛을 퍼뜨린다'라는 뜻이다.

하지만 뉴베드퍼드가 포경업의 수도로 군림한 시절은 짧았다. 1860년대가 되자 포경업은 흔들리기 시작했다. 펜실베이니아에서 석유가 발견되어 고래기름 수요가 줄었다. 유럽에서는 기계화된 포경 기술 덕분에 노르웨이 포경업자들이 유례없는 속도로 고래를 잡아들였고 참고래나 흰긴수염고래처럼 오랫동안 미국 포경선을 피해 다닌 종들도 잡아들였다. 오늘날 뉴베드퍼드는 노동계급의 도시로 이제 그곳 어부들은 사람을 죽이진 않을 터라도 고래의 영광을 소환하진 못하는 연체동물, 즉 가리비를 취급한다.

우리는 6주 동안 박물관에 갔다. 수업설명서에 적힌 목표는 "이윤 추구와 우리가 가장 신성하게 여기는 것의 파괴 사이의 위태로운 관계를 고찰해 본다"라는 것이었다. 수업을 신청할

---

* hoop skirt, 고래 뼈나 철사를 안에 받쳐서 풍성하게 부풀어 오르도록 만든 치마.

때 나는 이 고찰이 고래를 스케치하는 형태일 것이라고 생각했다. 하지만 박물관에 고래는 없었고, 고래의 일부분만이 분해된 형태로 여기저기 유리 진열장에 담겨 있을 뿐이었다. 한 진열장에는 고래 뼈로 만든 코르셋 살대가 들어 있었다. 또 한 진열장에는 향유고래의 음경이 보란 듯이 전시되어 있었는데, 건조되어 곧추세워진 그것은 꼭 파스닙*처럼 보였다. 나머지는 대개 죽은 향유고래 입에서 뽑은 이빨에 고래나 배의 모습을 새긴 정교한 조각품이었다. 보관실 사이의 미어터지는 복도에도 더 많은 물건이 있었다. 에탄올에 머리부터 처박힌 향유고래 태아의 작은 입은 오싹한 미소를 짓는 듯한 곡선이었다. 참고래 동공으로 만든 적자색 커프스단추도 한 쌍 있었다. 나는 그것을 손에 들고 변색된 은 테두리에 끼워진 퀴퀴한 구체를 응시한 뒤에 그것을 그림으로 그렸다. 전문가가 아닌 내 손이 고래 동공을 뭔지 못 알아보게 그려 놓았기에—콩알이나 돌멩이로 착각하기 쉬워 보였다—나는 "참고래 커프스단추"라고 적고 구체를 가리키는 화살표도 그려 넣었다.

(이어서) 어느 관계의 사검 보고서

역사: 당신 생각에 상황이 나빠진 것은 당신들 두 사람이 함께 살기 시작한 무렵이었다. 그것은 돈을 아끼기 위해서 당분간만 그러기로 한 결정이었다. 처음에는 함께 살기가 쉬웠고 거의 완벽했다. 당신들은 블라인드 틈으로 미끄러져 든 겨울 햇살을 받으면서 창가에 붙인 침대에서 함께 잤고 라디에이터가 느닷없이 덜커덩거리는 소리에 함께 깼다. 당신은 그가 달걀을 어떻게 요리하는지, 이를 어떻게 닦는지, 밤에 어떻게 숨 쉬는

---

* parsnip, 당근과 비슷하게 생겼으나 색깔은 훨씬 하얀 뿌리식물.

지 지켜보면서 타인의 일과를 목격하는 데서 느끼는 갑작스러운 친밀감에 감탄했다. 당신에게는 모든 것이 새로웠으며 대학생인 당신에게 새로운 것은 오래된 것보다 객관적으로 더 섹시한 듯 보였다.

내부 검사: 어쩌면 어른답게 살기 위해서 꼭 해야 하지만 평생 처음 해 보는 것 같은 일들이 홍수처럼 쏟아진 게 문제였을지도 모른다. 눈 덮인 진입로에서 땅에 고착되어 버린 차를 힘껏 미는 일, 기적적이게도 욕조에서 흘러나온 하수를 닦는 일, 구성품이 절반만 남은 이케아 공구 상자로 라디에이터를 손보는 일.

어쩌면 예상치 못한 사적인 순간의 불안 때문이었는지도 모른다. 밤에 두 사람이 자려고 준비할 때 당신은 우선 얼굴에 발랐던 컨실러*를 닦아 냈다. 세면대에 꺼끌꺼끌한 갈색 물이 흘렀고 뺨에 난 낭종성 여드름 덩어리가 자극을 받아 뻘게진 것이 욕실 불빛에 잘 보였다. 그리고 침실에 들어가서 불을 끈 뒤에 덧난 곳의 아픔이 가라앉기를 기다렸는데, 당신은 종종 그것을 뜯어서 피가 나거나 딱지가 앉게 만들었으며 그러면 자신이 못생기고 취약하다는 느낌이 들었다. 그런 당신을 보고 M이 떠날까 봐 당신은 늘 벽을 보고 잤다.

결론: 관계 사망의 근접 원인은 너무 빨리 함께 살기 시작한 것일 가능성이 있다.

가까이에서, 고래는 수염이나 꼬리나 지느러미발이 전부인 양 보일 수도 있다. 고래의 몸 전체는 멀리서만 한눈에 들어온다. 하지만 그런 시점은 고래를 밋밋하게 만든다. 별처럼 붙은 따개비, 홈이 파인 상처, 고래의 눈동자에서 들여다보이는 것을

---

* concealer, 얼굴의 기미나 주근깨 등 잡티를 가리기 위해서 바르는 화장품.

못 보게 만들기 때문이다.

잠수함이나 수중촬영 기법이 등장하기 전에 사람들은 대부분 고래가 죽어서 다양한 수준으로 부패된 채 해변에 좌초된 뒤에야 고래를 가까이에서 볼 수 있었다. 『네발 동물의 자연사(Historiae naturalis de quadrupetibus libri)』라는 17세기 책에서 폴란드 의사 얀 욘스톤(Jan Jonston)은 뭍에 올라와서 중력 때문에 지느러미가 내려앉은 고래 여러 마리를 동판화로 묘사해두었다. 모든 그림은 이미 죽었거나 거의 죽은 고래를 모델로 삼은 것이 분명하다. 고래들은 모두 축 처진 혀를 빼물었고 음경이 무력하게 삐져나와 있다. 동판화 중 일부는 무슨 고래인지 알아볼 수 있어서 가령 첫 두 마리는 내 눈에 향유고래로 보이고 마지막은 들쇠고래처럼 보이지만 나머지는 허황된 모습이다. 어떤 놈은 주름진 등, 발톱 달린 지느러미발, 이빨을 드러내고 웃는 부리 같은 입이 꼭 악어와 물고기를 섞은 모양새다. 욘스톤은 실제 고래를 그리기보다 고래란 이런 것이겠거니 하는 관념을 그렸던 게 분명하다. 거의 최상급으로 생생하게 살아 있던 존재에 부패가 작용해 변형시킨 모습을 그렸던 게 분명하다. 이처럼 반쯤 상상된 그림들은 고래 분류에 엄청난 혼란을 일으켰고, 그래서 당시 자연학자들은 살아 있는 향유고래가 열두 종이 넘는다고 주장했다(사실은 세 종뿐이다).

고래의 시체는 그 내부적 존재를, 장기와 혈관과 심장의 배치를 엿보게 하는 청사진이다. 하지만 그 고래가 어떻게 살았는가를 엿보는 데서는 죽은 고래가 자연학자들에게 별다른 통찰을 주지 못했다. 그런 지식은 고래를 사냥하는 사람들의 몫이었다. 포경업자들도 보통은 산 고래를 지느러미발만, 꼬리만, 내뿜는 분수공만 언뜻언뜻 봤다. 하지만 가끔 사냥 직전에 운이 좋으면 고래의 몸 전체를 멀리서 흘끗 볼 수 있었다. 그 가죽 같은 몸이 초자연적인 박쥐처럼 공중을 나는 것을 볼 수 있었다. 하지만 중력은 우리가 무언가의 전체를 포착하는 그 순간을 늘 덧없는 찰나로 만든다.

뉴욕시에서는, 구체적으로 로커웨이반도 근처 바다에서는 고래를 쉽게 볼 수 있다. 이 사실을 나는 작년에 아메리칸프린세스호라는 고래 관찰용 배를 탔을 때 알았다. 거의 네 시간쯤 걸리는 항해였기 때문에 나는 핫도그와 탄산수를 샀다(진짜 프로들은 배 한쪽에서 안주용 새우와 스파클링와인을 몰래 들여와서 즐겼다). 배가 항구를 떠날 때 뉴욕시의 해양 포유류 옹호 단체 '고섬웨일(Gotham Whale)'에서 자원봉사자로 일하는 자연학자가 견학에 대해 설명해 주었다. "우리가 꼭 고래를 본다는 보장은 없습니다." 그는 이렇게 말하며, 예전에 운 나쁜 항해 뒤에 고래를 목격하길 희망했던 몇 명이 환불을 요구했던 사건 이래 이 면책조항을 밝히게 되었다고 덧붙였다. 그는 아메리칸프린세스호가 고래의 행방을 통제하는 것은 아니랍니다, 하고 설명했다. 그가 또 인간이 사냥으로 거의 씨를 말리기 전인 18세기만 해도 뉴욕 앞바다에 혹등고래, 참고래, 향유고래, 들쇠고래 등이 바글거렸다고 설명하자 내 주변 사람들이 헉 놀라고, 웅성거리고, 오래전에 죽은 고래들이 옛 풍요의 증거를 바다에 남겨 두기라도 한 것처럼 바다를 둘러보았다.

네 시간 중 대부분에 우리는 고래가 아닌 것들을 봤다. 부두에 있던 아메리카검은머리물떼새 한 마리, 펠리컨 몇 마리, 지천으로 널린 갈매기(새). 버려진 유망, 선체, 까딱거리는 영롱한 초록색 스프라이트 캔(쓰레기). 코니아일랜드의 뒤죽박죽 정신

없는 상점가, 어떤 사람이 저게 뉴저지일 수도 있다고 말한 저 멀리 갈색 얼룩(스카이라인). 우리는 고래를 찾는 제일 좋은 방법은 고래가 남긴 자취, 이를테면 텀벙 튀긴 물방울이나 이상한 물결을 찾아보는 거라는 안내를 들은 뒤였다. 그래서 다들 수평선에서 눈을 떼지 않았고 큰 파도가 일라치면 매번 그 이상의 무엇으로 착각했다.

그러기를 몇 시간째에 선장이 외쳤다. "고래 출몰, 네 시 방향!" 우리는 다들 아날로그시계 자판을 최대한 잘 상상해서 빙그르르 몸을 돌렸다. 나는 하마터면 늦을 뻔했지만 장담하건대 그것을 보았으니, 흰 배를 드러내며 물 밖으로 튀어 오른 혹등고래였다. 고래는 한순간 모습을 보여 준 뒤에 어마어마한 물보라를 일으키면서 바다로 돌아갔다. 갑자기 배가 시끌벅적해졌다. 다들 누가 그것을 봤는지, 그것이 얼마나 컸는지, 그것의 몸이 얼마나 많이 공기와 접촉했는지 알고 싶어 했다. 어떤 사람은 화장실에 다녀와서 자신이 그것을 놓쳤다는 것을 알고는 믿을 수 없다는 듯이 두 손을 쳐들었다. 내 파트너 T도 나와 함께 배에 있었지만 고래를 놓쳤고 그래서 내게 그것이 어떻게 생겼더냐고 물었는데, 나는 "크고, 회색이고, 고래 모양이었어"보다 정확한 설명을 찾지 못해 더듬거렸다. 나는 내가 고래를 봤다는 걸 알았고 그러니까 그것은 고래 모양이었을 것이다.

(이어서) 어느 관계의 사검 보고서

역사: M과 데이트한 지 두 달 되던 때 당신은 어머니에게 커밍아웃을 했다. 자신이 퀴어라는 사실은 6월부터 알고 있었지만, 어머니가 잘 받아들이지 못하리란 걸 알았고 (어머니는 잘 받아들이지 못했다) 또한 이것이 당신 머릿속에서만 있는 생각이

아니라는 증거로서 파트너를 가리켜 보이고 싶었기 때문에 기다린 것이었다. 이전에 당신은 진지하게 남자 친구를 사귄 적이 없었고, 당신이 드디어 누군가를 만나서 자신의 무정형적 갈망을 납득하게 되었다는 것을 어머니가 이해해 주기를 바랐다. 당신이 M의 사진과 처음 데이트했던 여자아이의 사진을 어머니에게 보여 주자 어머니는 당신에게 왜 남자처럼 보이는 여자와 사귀고 싶어 하느냐고 묻고 또 혹시 그것은 당신이 사실 동성애자가 아니라는 뜻 아니냐고 물었다. 당신은 어느 질문에도 답하지 못했으며, 그렇다는 것은 곧 당신이 덜 동성애자라는 뜻인가 하는 의문이 들었다.

대학 마지막 학기를 위해서 비행기로 동부에 돌아간 후 당신은 많은 것을 의심했지만 하나만은 확신했다. 당신이 M과 함께하는 한 누구도 당신에게 퀴어가 아니라고 말할 수 없다는 것을.

결론: 관계 사망의 근접 원인은 당신이 퀴어이면서도 혼자인 상태를 상상하지 못했다는 점이었을지도 모른다.

2016년 2월, 과학자들은 브리티시컬럼비아 앞바다에서 가족과 함께 헤엄치던 나이절 혹은 L95라는 이름의 젊은 범고래에게 추적 태그를 달았다. 나이절은 스무 살이었고 남부 비이주성 집단이라고 불리는 범고래 무리에 속한 개체였다. 과학자들은 범고래가 겨울에 어떻게 먹이를 찾는지 알고자 하는 목적에서 미늘 달린 태그를 나이절의 등지느러미에 붙였다. 그리고 이후 며칠간 나이절의 행동을 관찰했는데 특이한 점은 없었다(나이절이 갈비뼈가 드러날 정도로 마른 것은 이 범고래 집단에게 일상적인 일이었다). 그 주가 끝나기 전 과학자들은 태그가 떨어진 듯하다는 사실을 알아차렸다.

나이절은 4월에 죽은 채 발견되었다. 과학자들은 그를 가까운 마을로 끌어와서 사검을 했다. 나이절의 몸은 심하게 부패되어 있었다. 까만 피부는 오래된 페인트처럼 벗겨졌고, 배는 부푼 데다가 젤리 같은 분홍색이었다. 그래도 과학자들이 그를 알아볼 수 있었던 것은 최근까지 태그가 붙어 있었던 등지느러미에 구멍이 두 개 나 있어서였다. 과학자들은 등지느러미를 엑스선으로 촬영해 보고, 태그가 피부 밑에 잘 붙어 있도록 설계한 꽃잎 모양 미늘 중 일곱 개가 여전히 꽂혀 있는 것을 확인했다. 사검에 참가한 병리학자는 그 구멍을 통해서 진균이 혈액에 들어간 탓에 나이절이 죽었다는 것, 진균이 폐 깊숙이 침투해 나이절을 죽였다는 것을 발견했는데, 일상적으로 이뤄지는 태그 부착의 결과로는 드문 일이었다.

한창때의 건강한 고래가 그런 감염 탓에 죽는다는 건 거의 있을 수 없는 일이지만 나이절은 건강한 고래가 아니었다. 과학자들이 그에게 태그를 달 때 그가 굶주린 상태였던 것은 우연이 아니었고, 거꾸로 그가 굶주렸기 때문에 과학자들이 그에게 태그를 단 것이었다. 나이절이 속한 범고래 무리는 줄어드는 연어, 오염된 물, 배들의 굉음 때문에 약해져 있었다. 과학자들은 무언가를 그 죽음까지 연구할 수도 있다는 것을 깨달았다. 하지만 과학자들은 고래의 죽음을 연구해야만 한다. 인간이 왜, 어떻게 그 죽음을 일으키는지 알기 위해서라도. 그리고 인간은 거의 늘 그렇게 한다.

2018년, 탈레콰 혹은 J35라는 이름의 범고래가 워싱턴주 시애틀 앞바다에서 태어난 지 30분 만에 죽은 제 새끼의 시체를 1500킬로미터 넘게 이고 다녔다. 새끼의 죽음은 놀라운 일이 아니었다. 탈레콰도 나이절처럼 남부 비이주성 집단에 속해 있고, 이 집단은 범고래 중에서도 가장 심각한 위기에 처한 집단이며, 범고래는 세상의 모든 해양 포유류 중에서도 가장 많이 오염된 동물이다. 수컷 범고래는 몸에 축적된 독성물질을 평생 품고 사는 데 비해, 암컷은 새끼에게 젖을 물릴 때 그 물질을 조금 내보내므로 중독된 어미는 저도 모르게 제 새끼를 중독시킨다. 갓 태어나자마자 죽은 그 새끼는 3년 만에 처음 태어난 새끼였다.

몇몇 연구자들이 보기에 탈레콰는 애도하는 것 같았다. 탈레콰는 새끼를 주둥이에 이고 다녔다. 새끼의 팽팽한 몸은 오싹하리만치 살아 있는 듯 보였고, 흰 부분은 여전히 옅은 오렌지색이었으며, 눈점은 달빛을 받아 반짝거렸다. 새끼가 미끄러져 떨어지면, 탈레콰는 심호흡을 예닐곱 번 한 뒤에 깊이 잠수해 새끼를 되찾아 왔다. 탈레콰는 새끼가 가라앉지 않도록 끊임없이 살짝살짝 건드리면서 엿새 동안 이고 다녔지만 이제 새끼는 잠자는 새끼 고래가 아니라 죽은 새끼 고래처럼 보였고 단단하던 형체는 흐물흐물해졌다. 결국 같은 무리의 다른 범고래들이 흡사 비치발리볼이라도 하는 듯이 죽은 새끼의 몸을 코로 띄우고 받아서 계속 나르는 일을 번갈아 가며 맡았다. 탈레콰는 그렇게 17일 동안 새끼를 데리고 다녔다. 자신이 사랑했던 것이 알아볼 수 없는 형체가 되어 가는 것을 지켜보면서도 달리 선택지가 없기에 계속 그렇게 했다.

(이어서) 어느 관계의 사검 보고서

역사: 고래 그리기 수업이 끝날 무렵, 당신은 인간적으로 불가능하다 싶을 만큼 긴 시간을 뉴베드퍼드포경박물관에서 보냈다. 이제 고래를 봐도 예전 같은 경이감이 들지 않았다. 당신의

마음속에서 고래는 흔한 형태가 되었다. 원형, 삼각형, 사각형, 그리고 고래형.

당신과 M은 당신이 아파트의 이전 거주자에게서 물려받은 캘리포니아 킹사이즈 침대의 끝과 끝에서 고래 그리기 수업의 마지막 과제를 했다. 한때 사치로 느껴졌던 침대는 이제 갈수록 멀어지는 두 사람 사이 거리의 물리적 구현을 떠올리게만 했다. 두 사람 사이 공기에 긴장이 감도는 듯했고, 분위기가 어두워진 듯했지만 이것이 당신의 머릿속에서만 있는 일인지 아닌지 당신은 제대로 알 수 없었다.

그 주에 M은 커피숍에서 누군가에게 당신을 소개할 때 여자 친구가 아니라 그냥 친구라고 말했다. 당신은 부정적인 생각에 빠져들었다. M이 당신을 부끄럽게 여기는 게 아닌지 걱정되었다. 어쩌면 아직 퀴어 섹스의 요령을 배워 가는 중인 당신이 형편없는 섹스 상대인지도 모른다. 어쩌면 그냥 당신이 M에게는 충분히 퀴어하지 않은지도 모른다.

외부 검사: M과 당신이 마침내 깨질 때 그것은 용두사미에다가 놀라울 것도 없는 결말이었다. 할 말도 별로 없었다. 왜냐하면 M이 말했듯이 두 사람 사이에는 애초에 별게 없었기 때문이다. 이튿날 M이 당신의 아파트에 찾아왔고, 당신은 M에게 돌돌 말아서 트레이더조 가방에 담은 지구온난화 고래 그림을 건네주었다.

결론: 관계 사망의 근접 원인은 당신이 어떤 사람이라는 관념과 혹은 어떤 관계라는 관념과 사랑에 빠진 점일지도 모른다.

1987년, 샌타캐틀리나해저분지의 황량한 바닥을 정기적으로 탐사하던 잠수정의 수중음파탐지기가 수심 1.2킬로미터 깊이에서 거의 초자연적으로 보일 만큼 거대한 무언가를 포착했다. 그것은 고래 골격이었다. 모래에 가라앉은 길이 20미터의 고래 골격이었다. 공기가 든 폐라는 부표를 잃은 죽은 고래는 비교적 말짱한 상태로 해저에 가라앉는데 그러면 청소동물들이 나타난다. 이 고래는 죽은 지 오래되었고 그 잔해는 이제 진흙에 덮인 붐비는 도시가 되어 조개, 홍합, 삿갓조개, 달팽이를 먹이고 있었다. 이것은 가장 자비로운 형태의 장례인 고래 낙하를 과학자들이 처음 만난 사례였다.

해양학자들은 하와이대학교 크레이그 스미스(Craig Smith)의 주도로 1년 뒤에 그곳으로 돌아가서 고래 뼈를 먹고 살아가는 생물들을 발견하고 관찰했다. 그중에는 과학계에 처음 알려진 종도 많았고 심해 열수분출공에서만 사는 줄 알았던 종도 있었다. 고래 잔해에서 발견된 연체동물 중 일부는 광합성 대신 화학물질에서 에너지를 얻는 화합 합성 세균을 품고 있었다. 생태계 전체가 그런 죽음에 의존하고 있었고, 그곳 생물들의 삶은 고래의 지방, 장, 뼈라는 뜻밖의 횡재를 중심으로 돌아가고 있었다.

낙하한 고래는 수십 년간 그 자리에 머물면서 크게 세 단계로 청소동물을 먹인다. 첫 단계 때는 이동성 있는 청소동물들이 살을 먹으려고 찾아온다. 잠상어, 머리가 곤봉처럼 생긴 민태, 먹장어, 등각류 등이다. 멀리서부터 헤엄쳐 와서 모인 이들은 시체를 뼈만 남기고 싹 먹어 치운다. 잠상어는 부드러운 조직을 큼직하게 뜯어내고, 먹장어는 살점을 갉아 먹는다. 이 청소동물들은 매일 덩치가 작은 사람 하나에 해당하는 살점을 먹을 만큼 빠르게 일하지만 그래도 고래의 살을 다 먹는 데는 최대 2년이 걸린다.

두 번째 단계에 모이는 청소동물들은 종 수가 더 적지만 개체수는 훨씬 더 많다. 이때 군림하는 것은 무척추동물들이다. 장모 카펫을 닮은 벌레와 콤마새우라고 불리는 소형 갑각류가 고래 뼈에 남아 있거나 주변 침전물에 흩어진 영양가 있는 유기물을 먹는다.

고래 낙하의 세 번째 단계는 황 친화성 단계라고도 불리며 시체가 골격만 남았을 때 벌어진다. 이때 나타나는 생물은 뼛속에 담긴 지질을 먹고 살도록 특수하게 진화된 종들이다. 빽빽하게 모여서 빛을 발하는 초원처럼 보이는 세균들이 골격을 덮어 뼛속 지방과 기름을 먹는다. 이 만찬의 결과로 황화수소가 생성되고, 이 황화수소는 화학합성을 하는 조개와 장도 입도 없지만 뼈를 먹고 살아가는 벌레의 영양분이 되어 준다. 이 벌레는 마치 꽃처럼 뼈에 뿌리를 박고 서서 지질을 먹기 때문에 '뼈 먹는 콧물 꽃' 같은 이름이 붙어 있다. 빨간 장식 술처럼 생긴 아가미가 모여 있는 모습은 꼭 뼈에 장밋빛 태피스트리가 덮인 것 같고, 벌레는 그 아가미로 물속 산소를 마신다. 작고 말랑한 이 벌레에게는 고래 골격을 사라지게 만드는 힘이 있으며 벌레가 흩뿌린 유생들은 언젠가 다시 뼈를 만날 때까지 물살을 타고 떠돌 것이다.

아주 큰 고래라면 이 세 번째 단계가 보통 사람의 수명보다 길 수도 있다. 그래서 이 상태가 길면 100년간 이어지다가 결국에는 뼈의 광물질 껍질만 남는다. 이 과정은 심지어 고래 자신의 수명보다 더 길다. 유일한 예외는 200년 넘게 살지도 모른다는 북극고래뿐이다. 고래의 삶이 경이라면, 고래의 죽음은 유산이다.

(이어서) 어느 관계의 사검 보고서

외부 검사: M과 헤어진 뒤 당신은 새 직장을 얻어서 시애틀로 이사했다. M과 말하지 않은 지 6개월째였지만 아직 M 생각을 했다. M은 새 여자 친구가 생겼고 당신은 가끔 그 생각도 했다. 당신은 앱을 샅샅이 뒤져서 M을 떠올려 줄 것 같은 사람들과 데이트했는데 실제로 그런 사람은 한 명도 없었다. 이 시들시들한 갈망은 부끄러울 만큼 감상적으로 느껴졌다. M이 당신을 생각하지 않는다는 걸 당신도 알았다. 그런데도 당신은 어떻게 해야 그만둘 수 있는지 알 수 없었다.

결론: 관계 사망의 근접 원인은 조화되지 않는 욕구, 그로 인한 성생활 부재다.

결론: 관계 사망의 근접 원인은 한쪽의 욕구 상실과 다른 쪽의 자기 파괴적 방임이다.

결론: 관계 사망의 근접 원인은 그 어떤 것일 수도 있다. 당신은 이 길고 복잡한 조사의 무상함을 깨닫기 시작한다.

최초의 고래 낙하를 발견한 해양학자들에 따르면, 어느 시점이든 전 세계 해저에서는 가장 큰 고래 중 아홉 종의 시체 69만 구가 부패해 가는 중이다. 이 말인즉 우리가 흰긴수염고래 36만 마리를 죽여서 그 시체를 뭍으로 끌어올렸을 때 우리는 바다 바닥에서도 엄청난 죽음의 파문을 일으킨 셈이었다. 먹장어, 문어, 고둥, 갯지렁이, 뼈 먹는 벌레가 성체고 유생이고 할 것 없이 넓디넓은 심해를 이리저리 오가고도 아무것도 만나지 못했을 것이다. 산 고래든 죽은 고래든 아무 고래도 만나지 못했을 것이다. 고래 한 마리는 해수면 근처에서 죽은 생물체들이 분해되어 흰 눈송이처럼 바닷속에 떨어지는 것을 뜻하는 '바다

눈' 1000년 치에 해당하는 영양분을 바닷속에 제공한다. 예부터 고래잡이가 이뤄진 북대서양에서는 고래 낙하를 먹고 살도록 진화한 생물체의 약 3분의 1이 이미 사라졌을지도 모른다.

(이어서) 어느 관계의 사건 보고서

결론: 당신은 서서히 M 생각을 그만둔다.

결론: 당신은 나쁜 데이트를 잔뜩 이어 간다. 당신이 미처 몰랐지만 아직 대학생이었던 대머리 바리스타, 다섯 시간 넘게 걸리는 동네의 헛간에서 살던 용접공, 자기 얼굴에 빨래집게를 몇 개나 꽂을 수 있는지 보고 싶으냐고 물었던 닥터마틴 가게 점원(여기에는 당신도 흥미를 느낀다). 여자 친구를 사귀고 싶어서 안달하는 마음은 줄고 멋진 퀴어 파티에서 노는 데에 관심이 커진다. 당신이 그 방 안의 모든 사람과 사랑에 빠질 수 있을 것 같다고 느끼는 파티. 당신은 딱 한 번 멜빵을 찼다가 즉시 후회한다. 퀴어 포르노 사이트인 크래시 패드 시리즈의 1년 구독권을 구입해 퀴어 섹스의 다양한 방법, 그것을 수행하는 다양한 몸, 다양한 종류의 확장을 보여 주는 교본을 시청하면서 밤을 보낸다. 아주 오랜만에 처음으로 당신은 자신을 알 것 같다.

결론: 당신은 퀴어이면서도 싱글인 법, 그러나 혼자는 아닌 법을 배운다.

과학자들은 고래 낙하에 네 번째 단계가 있을 수도 있다고 말한다. 이른바 암초 단계다. 지방이 쏙 빠져서 건조해진 뼈는 광물질 잔해로 바뀐다. 이런 고래는 이제 먹이가 아니라 지형이다. 만약 뼈가 땅에 묻히지 않는다면, 그것은 이제 풍경의 일부가 된다. 방대한 해저는 대부분 부드러운 진흙과 실트로 이뤄져 있는데, 부유물 섭식 생물은 가령 뼈처럼 그보다 단단하고 고정된 무언가를 찾아서 심해를 떠돌다가 그런 것을 만나면 찰싹 들러붙어서 평생을 정착해 산다. 과학자들은 하와이와 멕시코 사이 어디쯤 수심 5킬로미터 가까이 되는 심해 평원에서 발견한 고래 뼈가 그런 최종 단계에 있는 것을 목격했다. 뼈는 망간으로 유약칠이 된 듯한 상태였는데, 망간이 바닷물에서 침전되는 데는 수천 년이 걸리니 그 고래가 가라앉은 지 1만 년이 넘었다는 뜻이었다. 말미잘 세 마리가 금속화한 화석을 꼭 붙잡고 앉아서 깊은 바다에 흘러가는 먹이를 뭐든 붙들려고 폭죽처럼 촉수를 나부끼고 있었다. 그 말미잘들이 집으로 삼은 것은 한때 매일 수 톤씩 크릴을 삼키고 배설물로 바다의 먹이 그물 전체를 비옥하게 만들었던 생물, 말문이 막힐 만큼 경이롭게 살아 있었던 생물의 잔해였으니 100킬로그램이 넘는 심장이 고동치며 바다를 누빌 때 그 생물은 앞으로 올 일에 대해서는 전혀 몰랐을 것이다.

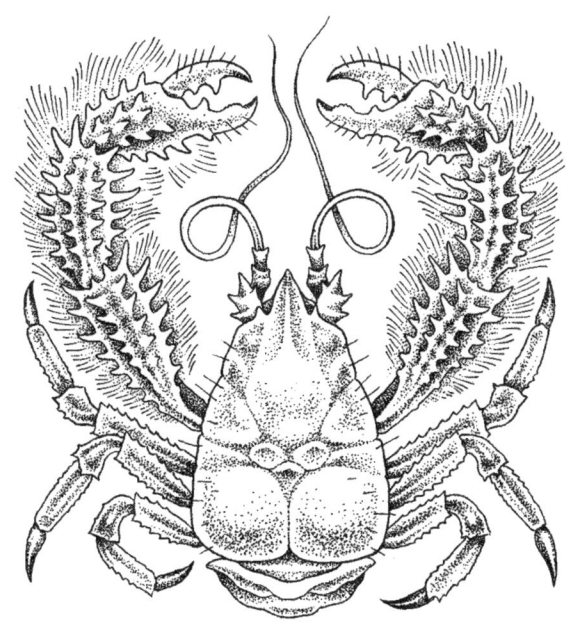

5장

순수한 삶

바닷속으로 충분히 깊이 들어가면 바다의 압력이 그것에 익숙하지 않은 것을 뭐든지 짜부라뜨린다. 스티로폼 컵, 마시멜로, 사람 뼈까지. 수심 30미터에서 인간의 다공성 폐는 수축하기 시작한다. 한편 황제펭귄은 수심 500미터 넘게 잠수할 수 있고, 심장이 일 분에 세 번만 뛰도록 만들어서 숨 한 번에 삼십 분 가까이 헤엄칠 수 있다. 아메리카대왕오징어는 낮에는 1.5킬로미터 가까이 잠수하고 밤에만 수면으로 올라간다. 일각돌고래도 1.5킬로미터쯤 잠수할 수 있고 깊이 내려갈수록 흉곽을 짜부라뜨려서 잠근다. 민부리고래는 3킬로미터가 조금 못 되게 잠수한 기록이 있다. 해양 포유류의 최고 기록이다. 수심 2000킬로미터가 넘으면 매 제곱센티미터당 200킬로그램이 넘는 압력이 가해지고, 설인게(yeti crab)는 그런 곳에서도 멀쩡하다.

2005년, 이스터섬 남부의 열수분출공에서 잠수정 앨빈이 '후루룩 총'이라고 불리는 진공 흡입기로 해저에 있던 크기 15센티미터의 게 한 마리를 빨아들였다. 과학자들은 수면에서 게를 조사해 보았다. 게의 등딱지는 달걀 모양에 달 같은 연노란색이었고 다리는 깃털 목도리를 닮았다. 그것은 새로운 종일뿐더러 아예 새로운 과에 해당하는 생물이었다. 과학자들은 폴리네시아의 바다 신(神) 키와의 이름을 따서 키와이다(Kiwaidae)라는 과를 새롭게 명명했고 그 게의 몸에 털이 많다고 해서 키와 히르수타(*Kiwa hirsuta*)라는 이름을 지어 주었다. 하지만 게는 히말라야에서 전설로 전해지는 흰 털북숭이를 닮았다는 뜻에서 그보다 입에 착 붙는 별명을 얻었는데, 사실 이 게의 털은 부드럽지 않고 칫솔모처럼 뻣뻣하다. 지금 그 게는 병에 담긴 채 파리에 있다. 역시 심해로부터 건져져 병에 담긴 다른 갑각류들에게 둘러싸여서 자연사박물관의 보관실 선반에 놓여 있다.

설인게의 한 종인 키와 틸레리(*Kiwa tyleri*)가 인터넷에서 유명한 밈이 된 적이 있다. 사진 속에 그 게 한 마리가 울퉁불퉁한 바위에 앉아 있고 그 밑에 이런 설명이 적혀 있다. "이 생물은 짓누르는 압력과 숨 막히는 어둠에 적응했습니다." 나는 도널드 트럼프가 대통령으로 당선된 날로부터 며칠 뒤에 처음 그 밈을 보았을 때 그 게에게 동질감을 느꼈다. 그 사진을 내 페이스북 커버 사진으로 지정할 정도였다. 당시에는 그 밈이 지금보다 훨씬 통렬하게 마음에 와닿았다.

몇 년 뒤에 다시 그 밈을 보았을 때 나는 그 은유의 애매성을 깨달았다. 어둠에는 도덕적 가치가 없으며, 기능하는 눈을 갖지 못한 게에게 어둠이 사방에 깔렸다는 사실은 별 문제가 되지 않는다. 그리고 압력은 상대적인 성질로, 그 압력에 대항해 움직이는 몸에 따라 다르게 느껴진다. 인간을 짓눌러 버릴 압력이 블로브피시에게는 딱 좋은 정도인 것과 같다. 설인게의 환경이 우리에게는 살 수 없는 곳처럼 보일지라도 그것은 우리가 딱하게 여길 일이 전혀 아니다. 압력은 게를 짓누르지 않고, 어둠은 게를 숨 막히게 하지 않는다. 설령 그 삶이 우리에게는 이상하거나 불쾌해 보이더라도 설인게는 자신이 사는 삶에 딱 어울린다. 눈 없는 게에게 태양이 무슨 소용인가? 게는 필요한 것을 다 갖고 있다.

나는 2016년 가을에 시애틀로 이사했다. 트럼프가 당선되고 해가 영원히 사라지는 때로부터 몇 달 전이었다. 새 동네는 주민의 80퍼센트 이상이 백인인데도 스스로 '우주의 중심'이라고 선전하는 곳이었다. 프리몬트(Fremont)시 의회가 이 지위를 선언한 것은 1994년으로 당시 도시는 예술가들의 안식처였다. 하지만 몇 년 안에 프리몬트는 구글이나 스포클처럼 음흉하리만치 매력적이지만 아무 뜻 없는 이름을 가진 테크 회사들의 사무실에 점령되어 젠트리피케이션을 겪을 터였다. 워싱턴주에서는 오락용 마리화나가 합법이었고, 내가 사는 집에서 몇 블록 떨어진 곳에는 깨달음을 뜻하는 불교용어를 이름*으로 가진 백인 남성이 소유한 마리화나 가게가 있었다.

내가 시애틀로 이사한 것은 꿈의 직장이라고 생각한 인턴십 때문이었다. 하지만 그 회사에는 백인이 압도적으로 많았다. 슬랙의 #poc 채널*에는 나 말고 딱 두 명이 더 있었고 그중 한 명은 내 상사였다. 나는 또 아큐테인(Accutane)이라는 힘든 약을 복용하기 시작한 참이었다. 중학교 때부터 얼굴에 솟아난 아픈 피지낭종을 박멸해 줄 약이었지만 근육통, 피로, 비듬, 우울감 같은 부작용 때문에 내가 더는 내 몸을 통제하지 못하는 것처럼 느껴졌다.

선거일 밤에 귀가해 보니 파티가 언짢은 분위기로 바뀌어 있었다. 마시다 만 맥주가 바닥에 널려 있었고 사람들은 더 이상 대화하지 않았다. 나는 파티에 끼고 싶지 않았지만 혼자 있는 것도 못 견디겠어서 텔레비전으로 〈블루 플래닛(Blue Planet)〉을 틀었다. 그때 본 에피소드에서 제 새끼가 범고래 떼에게 잡아먹히는 모습을 지켜보는 귀신고래가 나왔다. 어미는 범고래 떼가 다가오는 것을 1.5킬로미터 밖에서부터 보지만 막을 방법이 없다. 새끼는 범고래들의 입에서 희고 붉은 리본으로 갈

---

* 우리말로는 '보리(菩提)'라고 하는 산스크리트어 '보디(bodhi)'를 말한다.
* 슬랙(Slack)은 기업용 커뮤니케이션 앱으로 사용자들은 그 안에서 채널(channel)이라는 공간을 만들어서 대화를 나누는데, '#poc'는 '유색인종(person of color)'의 약자로 백인이 아닌 사람들끼리 모이는 공간이라는 뜻이다.

가리 찢기고 결국 보글보글한 버건디색 구름 속에서 온데간데 없이 사라진다. 어미는 머뭇거리지만 그곳에 머물 순 없다. 어미는 이보다 더 공허하게 느껴진 적 없는 바닷속으로 다시 길을 떠난다.

비교적 최근까지 과학자들은 모든 생명이 햇빛에 의존한다고 생각했다. 우리 먹이사슬의 기반인 식물이 광합성으로 당을 만들어 내고 다른 모든 생물은 식물을 먹거나 식물을 먹는 생물을 먹는다고 알고 있었다. 우리 상상력은 눈에 보이는 것 이상을 볼 만큼, 지구에서 살아가는 또 다른 방식을 떠올릴 만큼 넓지 않았다.

과학자들이 열수분출공을 처음 발견한 것은 1977년이었다. 그때 그들은 생명의 대안적 방식이 아니라 열을 찾던 중이었다. 과학자들이 심해에 국지적으로 따뜻한 공간이 있을지도 모른다고 의심한 것은 1880년대부터였다. 그즈음 비탸지(Vitaz)라는 배가 수심 600미터에서 길어 올린 바닷물 표본이 희한하게도 수면의 물보다 따뜻했던 것이다. 과학자들은 적도의 이글거리는 태양 때문에 이런 열점이 생겨난다고 추측했다. 해수면의 물이 햇볕에 데워지다 못해 대부분 증발하자 밀도 높고 소금기 있는 물만 남아서 바닷속 깊이 가라앉았다는 것이다. 하지만 1964년에 디스커버리호가 홍해 깊은 곳에서 길어 올린 물은 아무래도 너무 뜨거웠다. 무려 44도였다. 이듬해에 아틀란티스II호가 홍해 바닥에서 퍼 올린 침전물은 56도였다. 그 시커먼 진흙은 너무 뜨거워서 만질 수도 없었다.

1970년대에 열수분출공 발견이 가능하도록 과학자들을 몰아붙인 시급한 의문 중 하나는 '사라진 열', 즉 지구 맨틀을 구성하는 암석의 방사성동위원소가 붕괴하면서 내놓는 열이 맨틀로부터 빠져나온 것이 어딘가에 있어야 한다는 개념이었다. 과학자들은 맨틀이 지각 가까이 솟은 지역인 대양 중앙 해령 근처에서 열 흐름을 측정하기 위해서 탐사체를 제작해 해저에 박아 보았지만 결과는 당혹스러웠다. 대양 중앙 해령 근처의 물이 예상보다 훨씬 차가웠던 것이다. 워싱턴대학교의 과학자 클라이브 리스터(Clive Lister)는 이 사라진 열의 수수께끼를 심해 분출공으로 설명할 수 있을지도 모른다고 생각했다. 만약 바닷물이 해저 지각의 다공성 암반으로 조금씩 스며들었다가 그 밑의 마그마를 만나서 데워진 뒤에 해저에 난 작은 구멍으로 다시 솟구친다면, 그 가열된 물이 이루는 국지적 공간이 심해에 형성될 것이다. 이것은 주전자에서 물이 끓는 것과 비슷한 과정이다. 뜨겁게 끓은 물은 주전자 꼭대기로 솟구치고, 그곳에서 공기와 만나서 (분출공의 경우에는 위쪽의 물을 만나서) 열을 내놓은 뒤, 더 차고 밀도 높은 물이 되어서 다시 바닥으로 가라앉는다. 1977년에 우즈홀해양연구소 과학자들은 그런 분출공이 정말로 존재하는지 알아보려고 갈라파고스제도로 떠났다.

겨울의 태평양 연안 북서부는 어둡고 춥고 영원히 축축해서 꼭 지하 세계처럼 느껴졌다. 그리고 쉴 새 없이 비가 내리는 것으로 유명한 도시로서는 어리석게도 내 집 근처 버스 정류장 중 처마가 있는 곳이 하나도 없었기 때문에 나는 시애틀을 묘사하는 슬픈 말장난마따나 수시로 비에 젖고 지친 자 신세가 되었다.

시애틀에도 좋은 친구가 몇 명 있었지만 내가 만난 젊은이 중 다수는 거대 테크 기업에서 일했다. 내가 잘 모르는 도시이기는 해도 이 도시로부터 영혼을 빨아들인 책임이 있다고 막연하게나마 이해하는 기업들이었다. 나는 테크 기업에서 일하는 내 또래 어린 사람이 여는 파티에 숱하게 참석했다. 내 대학 동기로, 고급 아파트에서 살고 마이크로소프트에서 일하는 친구가 연 파티에서는 참석한 사람들에게 내가 너무 불행하고 외롭게 느껴진다고 말했다. "여기엔 유색인이 수억 있는걸!" 웬 백인 남자가 솔로* 컵을 들고 휘청이다가 내게 말했다. "그니까 백인 아닌 사람도 많다고, 내 말뜻 알지?" 나는 친한 관계를 갈구했다. 그저 누군가를 안고 안기는 것만이 아니라 학교나 고향에서 퀴어 친구들에게 느꼈던 친밀감을 원했다. 내 몸이 욱신거릴 때까지 나를 따뜻하게 안아 주는 공동체를 원했다.

1977년 2월 15일, 우즈홀 과학자들은 카메라, 감지기, 섬광등이 설치된 철제 우리를—장치의 이름은 '음파 조종 지구물리학 수중 시스템(Acoustically Navigated Geophysical Underwater System)'의 약어인 앵거스(ANGUS)였다—해저로 내렸다. 에콰도르 서쪽으로 몇 백 킬로미터, 갈라파고스제도 북동쪽 한 지점이었다. 앵거스는 해저를 10킬로미터 남짓 훑으면서 수온을 측정해 과학자들의 배로 전송했다. 앵거스가 알려 온 수온은 몇 시간 동안 영하에 가까운 2도를 유지했다. 하지만 자정 무렵에 앵거스는 이례적인 수온 급등 지점을 지나갔다. 그 신호는 3분 지속되다가 영하에 가까운 온도로 돌아갔다. 과학자들이 선상에서 사진을 인화해 보았더니 그곳에는 화성의 풍경 같은 장면이 있었다. 맨틀에서 삐져나온 용암이 치약을 짠 것처럼 바닥을 덮고 있었다. 사진을 아무리 넘겨도 화면에는 텅 빈 용암뿐이었다. 그런데 이윽고 자정의 수온 급등 지점에 다다르자,

* Solo, 파티용 컵의 대명사가 된 일회용 컵 브랜드.

사진 속에서 갑자기 생명이 폭발했다. 흰 조개와 갈색 홍합이 용암류에 널려 있었던 것이다. 사진에 이런 연체동물이 등장한 장면은 열세 장뿐이었고 그것은 정확히 수온 급등 지점에 해당하는 장면들이었다. 이것은 앵거스가 사진 3000장 중에서 발견한 유일한 생명의 열점이었다.

2월 17일, 과학자들은 조개와 홍합을 직접 보기 위해서 심해 잠수정 앨빈(Alvin)을 타고 내려갔다. 그들은 용암 지형으로부터 뜨거운 바닷물이 보글보글 솟아나서 커튼처럼 일렁거리는 지점을 발견했다. 뜨거운 물은 땅에서 솟자마자 뿌연 푸른색으로 변했는데 그것은 물에 망간을 비롯한 화학물질이 생겨났다는 뜻이었다. 그리고 그곳에는 생명이 있었다. 아주 많이 있었다. 어떤 개체는 책 하나만큼 큰 우윳빛 조개들이 지름 50미터에 달하는 오아시스를 눈처럼 덮고 있었다. 심지어 먹잇감을 찾는 자줏빛 문어도 있었다. 얼마 후에 앨빈은 다시 잠수해 근처에서 새로 발견한 분출공으로 가 보았고, 이번에는 난생처음 보는 생물들의 동물원을 보았다. 희고 거대한 관처럼 생긴 데다가 피처럼 붉은 머리가 달린 벌레, 해저에 묶인 민들레처럼 까딱거리는 젤라틴 공.

그렇게 깊고 차가운 물속에 그렇게 풍요로운 생명이 있을 줄은 아무도 예상하지 못했다. 과학자들은 혼란스러웠다. 이즈음 해양생물학자들은 심해 생물이 바다 눈, 즉 해수면으로부터 끊임없이 떨어지는 살점이나 배설물 조각을 먹고 산다는 것을 알고 있었다. 하지만 이곳 바위에 빽빽하게 붙어서 살아가는 동물들은 태양으로부터 수 킬로미터 떨어져 있었다. 이들은 어떻게 혹은 무엇을 먹을까? 과학자들이 분출공에서 떠 온 첫 바닷물 표본을 열자 방 안 공기가 퀴퀴해지면서 황화수소의 특징인 썩은 달걀 냄새가 났다.

이후 과학자들은 세균을 비롯한 여러 미생물이 분출공의 화학에너지를 흡수한다는 것을 알게 되었다. 그 생물들은 태양이 아니라 지구 내부에서 나오는 화학물질을 먹고 사는 것이었다. 그들은 화학반응을 중개함으로써 에너지를 생성하는데, 가령 산소가 담긴 바닷물과 황화수소를 결합해 단순한 당 분자를 만든다. 화학합성이라는 알맞은 이름이 붙은 이 과정은 해저에서 화학물질을 뿜어내는 용암의 갈라진 틈이 어떻게 그곳 생명의 독자적인 생존 양식을 뒷받침하는지 설명해 준다. 풀과 삼나무가 햇빛을 영양분으로 바꾸도록 진화했듯이 심해 세균은 유독한 기체의 에너지를 자신만의 영양분으로 바꾸도록 진화했다.

열수분출공은 생명이 어디서 어떻게 존재하는가에 관한 과학의 핵심 개념 중 많은 것을 혁신했다. 해저의 희한한 생물들이 해수면 근처에서 죽은 물고기의 살점, 즉 태양과 접촉하는 사회의 찌꺼기를 먹고 산다고 보았던 과학자들의 가정은 논리적이었다. 하지만 사실 그 생물들은 그와는 다른 삶의 방식을 만들어 냈다. 이것을 나는 최후의 수단이 아니라 자기 영양분을 스스로 선택하는 급진적 행위로 해석하고 싶다. 우리 퀴어들은 자기 가족을 스스로 선택할 때가 많다. 분출공 세균, 관벌레, 설인게는 거기서 한 발 더 나간 것뿐이다. 그들은 자신을 살찌울 영양분을 스스로 선택한다. 태양으로부터 등을 돌리고 그보다 더 기본적인 것, 지구 내부의 열과 화학을 향한다.

설인게의 한 종인 키와 푸라비다(*Kiwa puravida*)는 살기 위해서 춤을 춘다. 이 게는 해저의 갈라진 틈에서 연무기처럼 기체가 뿜어져 나오는 메탄 누출구를 집으로 삼는다. 이 종이 처음 과학자들에게 발견된 것은 코스타리카 앞바다에 있는 '마운드 12'라는 별명의 진흙 화산을 기어다니던 중이었다. 마운드 12의 정상은 해저로부터 50미터쯤 솟아 있어서 파리의 개선문과 비슷한 높이다. 그 화산 비탈을 안식처로 삼은 키와 푸라비다 게, 조개, 관벌레는 누출구에서 보글보글 솟는 메탄과 황화수소 기체에 멱을 감으며 살아간다. 하지만 그중에서 춤을 추는 녀석은 이 게뿐이다. 이 게는 호저처럼 뾰족한 가시털이 돋아난 큼직한 집게발을 머리 위로 들고 흔든다. 느리지만 확실한 리듬에 따라 집게발을 앞뒤로 흔드는 모습은 꼭 뜨거운 기체 속에서 어른대는 신기루처럼 보인다.

과학자들은 키와 푸라비다의 이상한 움직임을 처음 녹화했을 때 이 웃기는 춤에 충격을 받았다. 다른 게들과는 달리 분명한 의도를 품고 몸을 흔드는 이 행동을 춤 말고 달리 표현할 말이 없었다. 과학자들은 이끼 낀 듯 보이는 게의 센털에 누출구의 화학물질로부터 양분을 추출할 줄 아는 화학합성 세균의 정원이 펼쳐져 있다는 사실을 발견했다. 그리고 게의 몸을 구성하는 탄소동위원소와 지방산을 분석한 결과, 이 게는 광합성으로 살아가는 게 아니라 주로 이 세균을 먹고 살아가는 것으로 밝혀졌다. 그제서야 과학자들은 게의 춤이 센털에 붙은 세균을 양식하는 행동임을 깨달았다. 집게발을 앞뒤로 흔들면 산소와 황이 풍부한 신선한 물을 세균에게 끼얹어서 세균 농장에 영양을 공급할 수 있다. 게는 태양으로부터 수 킬로미터 떨어진 해저에서 자신이 먹을 음식을 직접 기르는 것이다.

밤낮없이 춤을 춰 대면 어느 갑각류라도, 아니 갑각류가 아니라도 피곤하지 않을까? 하지만 연구자들에 따르면 게는 춤 때문에 지치지 않는다. 하기야 게가 춤에서 에너지를 얻지 못한다면 애초에 추지도 않았을 것이다.

시애틀로 이사한 지 두 달째, 나는 대학에서 알고 지냈던 지인의 저녁 식사 초대를 받았다. 우리는 친한 사이는 아니었다. 하지만 그의 존재와 공간은 온기를 발산했다. 그래서 나는 별별 말을 다 했고, 그는 참을성 있게 들어 준 뒤에 내게 '나이트 크러시'라는 월례 파티를 들어 봤느냐고 물었다. 그것은 퀴어 유색인을 위해서 여는 파티로, 자기 친구가 거기서 고고댄스를 추고 팁을 받는다고 했다. 파티는 매달 첫 토요일에 열린다고 했는데 그렇다면 바로 다음 날이었다. 나는 귀갓길 버스에서 나이트 크러시의 인스타그램 계정을 보는 데 열중한 나머지 환승하는 것을 잊었다. 계정에는 주로 유색인인 참가자들이 그물, 시퀸, 끈 팬티, 유니타드*를 입고 춤추는 사진이 가득했다. 춤추는 사람들은 흑인이었고, 갈색 피부였고, 아시아인이었고, 혼혈이었고, 뚱뚱했고, 휠체어를 탔고, 휠체어를 타지 않았고, 모두 반짝거렸다. 계속 스크롤 하다 보니 땀 냄새마저 느껴지는 듯했다.

우리는 창피할 정도로 일찍 도착했다. 경비원이 디제이 부스 옆에서 샌드위치를 먹고 있어서, 불러와서 도장을 찍어 달라고 해야 했다. 우리는 커다란 검은색 상자 천장에 반짝이는 디스코볼이 달린 무대로 가서, 디제이가 "날 숭배하지 말고 보수를 줘"라고 적힌 플래카드를 붙여 놓은 부스에서 리애나의 노래를 트는 모습을 구경했다. 리애나의 목소리가 빈방 벽에 부딪혀 메아리쳤다. 그날 밤 나는 얼마나 열심히 춤췄던지 소변도 보지 않았다. 땀 때문에 몸이 도롱뇽처럼 축축해졌다. 온

---

* unitard, 상의와 하의가 하나로 연결되어 발목까지 오는 길이의 옷. 신축성 있는 소재로 만들어 몸에 딱 맞게 입는다.

방이 함께 진동하는 순간이 있었고 장담컨대 내 옆에서 꺅꺅거리며 흔드는 몸들에게 내 몸이 들어 올려져서 발이 땅에서 떨어진 순간이 있었다.

하루하루 날이 짧아졌고, 오후가 어두워졌고, 공중의 안개가 날카로워져서 진눈깨비가 되었다. 하지만 나이트 크러시가 내 오아시스였다. 나는 룸메이트와 갔고, 망한 틴더 데이트 상대와 갔고, 옛 애인의 절친한 친구와 그 친구의 틴더 데이트 상대와 갔고, 가고 싶어 하는 사람이 있으면 누구하고든 갔다. 몇몇 노래의 크레센도 대목이 오면 사람들 사이에 낀 몸이 들어 올려질 만큼 파티는 늘 너무 붐볐다. 하지만 최고로 붐빌 때도, 반짝이와 인조가죽과 바인더*와 데님과 망사와 립스틱의 혼란 속에서도, 사람들은 결코 공간을 놓고 남을 밀치지 않았다. 우리는 바텐더가 빈 잔을 수거할 수 있도록 길을 열어 주었고, 댄서들에게 팁 줄 돈이 있는 사람들을 위해서 무대 앞을 비워 주었고, 사람들이 편안하고 안전하게 춤출 수 있도록 충분히 여유를 두었다. 몸과 숨의 열기가 너무 뜨거워지면 축축한 안개가 낀 바깥으로 나가서 담배를 피우며 함께 떨다가 준비가 되면 도로 들어갔다. 우리는 그날 밤 그 공간이 우리가 가진 전부라는 것을 알았다. 그것이 한 달 후에야 다시 온다는 것을 알았다. 그래서 그것을 만끽했고, 그것이 지속되도록 만들었다.

오아시스가 다 그렇듯이 열수분출공에는 범위가 있고 한계가 있다. 열수분출공이 내뿜는 열이 닿는 거리에는 한계가 있으므로 그것에 의존해서 사는 생물들은 가까이 모여 살아야 한다. 용솟음치는 분출공에 너무 가까이 다가갔다가는 게가 산 채 익

* binder, 가슴이 평평해지도록 졸라매어 입는 상의.

을 것이다. 그렇다고 너무 멀리 떨어졌다가는 마비될 만큼 찬물로 나가게 될 것이다. 오래전부터 과학자들은 남극 주변 바다에 갑각류가 그토록 적은 것은 극지 심해의 찬물이 그들에게 치명적이라서일 것이라고 추측해 왔다.

  이렇듯 안전지대가 좁고 위태로운 것은 어느 설인게에게나 마찬가지이지만 키와 틸레리처럼 남극에서 사는 종에게는 특히 그렇다. 과학자들이 키와 틸레리를 발견했을 때, 큰 것은 아보카도만 하고 작은 것은 콩알만 한 우윳빛 게가 1제곱미터당 최대 700마리나 모여 있었다. 분출공은 멀리서 보면 눈에 덮인 듯하다. 게 집단 전체가 몇 세제곱미터밖에 안 되는 공간, 수온이 아늑한 25도를 유지하는 공간, 얼어붙을 듯 찬 바다와 370도가 넘을 수도 있는 분출공 물기둥 사이의 고리 모양 공간에 담겨 있다. 게들은 첩첩이 쌓여서 사는 것을 개의치 않는 듯하다. 게들은 공간을 공유한다. 서로 등에 기어올라서 빽빽하게 밀집한다. 바위가 한 뼘도 보이지 않고 오직 게의 흰 등딱지로 이뤄진 언덕과 계곡만 보일 때까지. 게들은 땅딸막하고 다부진 몸으로 분출공 절벽에 잘 붙어 있고 그럼으로써 더 아래 바닥에 더 많은 게가 모일 수 있게 한다. 얼 듯한 물과 끓는 물 사이에 낀 데다가 주변은 불모지이니 게들은 달리 갈 곳이 없다. 게들은 이 작고 안전한 안식처가 이곳을 필요로 하는 모든 게를 수용하도록 만들 방법을 찾아야 한다.

12월 첫 토요일, 나의 세 번째 나이트 크러시 날, 잠에서 깨어 그 뉴스를 보았다. 간밤에 오클랜드의 고스트십이라는 창고에서 공연 중 불이 났다고 했다. 내 룸메이트 중 두 명이 이스트

베이* 출신이었다. 우리는 간헐적으로 올라오는 최신 소식을 훑으며 새 소식이 올라올 때마다 우리가 아는 이름이나 얼굴이 등장하는지 확인했다. 아무것도 확인되지 않았고 모든 것이 불확실했으며 놀러 나가는 것이 거의 나쁜 짓처럼 느껴졌다. 나이트 크러시의 인스타그램 계정을 확인하니 그들이 화재에 관한 포스팅을 올린 것이 있었다. 이런 내용이었다. "우리는 또 한 번 어떤 말도 적절하지 않다고 느껴지는 상황에 처했습니다. 실종된 분들, 사망한 분들, 크나큰 상실의 충격을 감당하는 분들. 우리의 밤 공간 우리의 음악 공간 우리의 예술 공간 우리의 춤 공간 우리의 클럽 공간에서 자유를 발견하는 여러분, 우리는 여러분을 생각합니다." 글은 이렇게 이어졌다. "서로에게서 생명과 위안을 찾기를 바라며 우리는 오늘 밤 모입니다." 그날 저녁에 외출 준비를 할 때였는지 차에서였는지, 우리하고 같이 학교에 다녔던 남자가 그 공연에 갔다가 실종되었다는 소식을 들었다. 그날 밤 나이트 크러시는 다르게 느껴졌다. 침울하고 절박했다. 그렇다고 해서 우리가 조용하진 않았다. 나는 몸을 비틀고, 노래하고, 어둠 속에서 디스코볼의 은색 비늘을 올려다보았다. 망사 타이츠와 가터에 이끼색 지폐를 꽂아 넣었다. 혼자가 아니어서 기뻤지만 나도 모르게 심호흡을 했고, 출구를 잊지 않으려고 자주 밖에 나갔고, 컴컴한 구덩이 같은 하늘을 바라보았다.

그다음 주에 우리는 닉이라는 이름의 그 남자가 화재로 사망한 것을 알게 되었다. 나는 그를 만난 적은 없지만 그가 프로비던스 어딘가에서 자기 밴드와 함께 공연하는 걸 본 적은 있

---

* East Bay, 샌프란시스코만 동쪽 지역을 이르며, 2016년 12월 2일 36명이 사망한 '고스트십 창고 화재'가 발생한 오클랜드시도 이스트베이에 있다.

었다. 그곳도 아마 창고였을 것이다. 고향 신문에 실린 그의 부고를 읽다 보니 기자가 인터뷰한 사람이 내가 아는 사람이었다. 나와 같은 학부에 다녔던 대학원생 마크였다. 마크는 갈색 장발을 길렀고 이상하고 짧은 시를 매일 썼는데 내게는 그 내용이 정치적 양극화를 부추기는 것처럼 느껴졌고 다 이해되지도 않았지만 아마도 바로 그게 그의 목표였을 것이다. 닉이 죽었을 때 마크는 기후변화에 항의하는 의미에서 맨발로 히치하이킹해 전국을 횡단하는 중이었다. 그다음 달 마크는 하이킹 101일째에 플로리다에서 차에 치여 죽었다. 나흘 뒤 역시 내 대학 동기인 제스가 뇌종양으로 죽었다.

나는 닉, 마크, 제스를 사랑하는 이들의 고통을 직접 느낄 수 없고 그들이 여태 애도하는 상실을 영영 헤아릴 수 없을 것이다. 하지만 그해 겨울에 나는 내 세계가 흔들린다고 느꼈고 내가 아는 사람들이 너무 일찍 죽어 버리는 어떤 대체 시각표에 따라 세계가 운영된다고 느꼈다. 올랜도의 게이 나이트클럽 펄스에서 라티노의 밤 행사 중 총격이 벌어진 때로부터 1년도 지나지 않은 시점이었다. 대통령은 퀴어와 트랜스젠더를 위한 장소에 설치되었던 변변찮은 보호 장치를 신속하게 또한 성공적으로 해체하는 중이었다. 에너지 기업이 스탠딩록 수족*에게서 훔친 땅에 유독하고 위험한 송유관을 설치하고 있었다. 그리고 그동안 시애틀에 사는 우리는 대지진, 즉 향후 10년 내에 언제든 닥칠 수 있다는 사실을 모두가 아는 진도 9.0의 지진을 계속 떠올렸다. 어디도 안전하지 않게 느껴졌고, 따라서 비상

---

* Standing Rock Sioux Tribe, 다코타 지역의 아메리카 원주민 부족. 이들이 관리하는 보호구역에서 트럼프 정부가 추진한 대규모 송유관 사업에 저항하는 시위가 전국적인 운동으로 확산되었다.

탈출구 표시는 거짓말로 느껴졌다.

1977년에 앨빈이 최초로 열수분출공을 발견한 이래 우즈홀 과학자들은 열수분출공을 더 많이 찾아냈다. 과학자들은 그곳에서 융성하는 생물의 이름을 따서 분출공 이름을 지었다. 클램베이크 2, 댄들라이언패치, 오이스터베드, 가든오브이든. 1979년에 발견된 로즈가든은 그 분출공 주변에서 거대한 관벌레가 빽빽한 덤불을 이루어, 붉은 피가 든 깃털 같은 아가미 아래 희고 날씬한 줄기 같은 몸을 흔들고 있다는 점에서 붙인 이름이었다.* 과학자들은 그곳을 처음 보았을 때 그 관벌레가 줄기 긴 장미를 빼닮았다는 점에 놀랐다. 관벌레의 아가미 속을 순환하는 헤모글로빈은 산소와 황을 동시에 운반할 수 있고 관벌레는 그것으로 에너지를 생산한다. 그 로즈가든을 1985년에 다시 찾아간 과학자들은 여전히 빽빽한 관벌레 숲을 보기를 기대했다. 하지만 흰 줄기에 붉은 입술의 꽃다발은 사라지고 없었다. 그곳은 이제 홍합과 조개 천지였다. 그 종들이 관벌레와의 먹이 경쟁에서 우세한 것이 분명했다.

   2002년에 연구자들은 로즈가든을 다시 찾아갔다. 분명히 갈라파고스제도의 같은 지점으로 앨빈을 몰고 갔는데 그곳은 또 한 번 못 알아보게 바뀌어 있었다. 갓 폭발한 화산에서 흘러나온 용암이 일대를 시커멓게 덮고 있었다. 과학자들이 최초로 열수분출공의 생명을 목격한 장소 중 하나였던 풍요로운 오아시스가 사라졌다.

   이제 과학자들은 분출공이 영원하지 않다는 것을 안다. 여

---

* 클램베이크는 해산물 파티, 댄들라이언패치는 민들레 밭, 오이스터베드는 굴 양식장, 가든오브이든은 에덴의 정원, 그리고 로즈가든은 장미 정원이라는 뜻이다.

러 분출공이 모인 지대가 수천 년 동안 황화수소를 내뿜을 수는 있겠지만 개별 분출공의 수명은 겨우 몇십 년이다. 가령 느닷없는 지진이나 우르릉거리는 화산 때문에 열원이 차단된다면 생명을 낳던 물거품이 당장이라도 사라질 수 있다. 통제 불능의 무언가가 온 세상을 꺼뜨리는 것이다.

도시에서 퀴어로 산다는 것이 퀴어 바, 퀴어 클럽, 퀴어 파티에 갈 수 있는 특권을 뜻한다면 그런 곳이 사라질 때 슬퍼한다는 뜻도 된다. 내가 처음 가 본 레즈비언 바인 렉싱턴 클럽은 샌프란시스코의 역사적 퀴어 동네가 젠트리피케이션을 겪으면서 임대료가 급등한 탓에 2015년에 문 닫았다. 렉스는 18년 동안 운영된 바였다. 형광 파란색 화장실이 매직펜으로 휘갈긴 이름과 메시지에 덮여 새까매진 그곳은 영광스럽도록 꾀죄죄한 공간이었다. 나는 스스로 이성애자라고 생각했을 때만 렉스에 가 봤고 내가 커밍아웃을 하기 한 달 전에 그곳은 문을 닫았다.

시애틀에서 우리가 첫 토요일마다 나이트 크러시가 열리는 클럽인 리바(Re-bar)에 입장하기를 기다리며 줄 서 있을 때 그곳에서 어느 방향으로든 돌을 던진다면 건축 현장에 맞을 것이었다. 동네 전체가 7층 제한에서 40층 제한 지구로 변경된 뒤여서 곳곳에 고급 아파트가 회색 탑처럼 솟고 있었고, 그 발치마다 오렌지색과 노란색 크레인들이 날름거리는 불길처럼 모여 있었다. 리바 사장은 시애틀의 동성애자 동네로 유명하지만 근년에 이주해 온 테크 기업들이 퀴어들과 오래 산 저소득 주민들을 밀어내는 바람에 그 개성이 묽어진 캐피틀힐에서도 임대료가 천정부지로 오르는 중이라고 공개적으로 말한 바 있었다. 봄이 되니 백인들이 나이트 크러시에 모습을 드러내기 시작했다. 원래 그 파티의 손님으로 여겨지는 사람들의 친구라는 명목이었지만 그들은 자기 존재가 침입으로 보일 수 있다는 것을 인지하지 못했다. 리바가 닫는다, 건물이 팔린다, 그곳도 음표 이름이 붙은 또 다른 고급 아파트로 바뀐다는 소문이 돌기 시작했다.

어떤 건물도 영원하지 않고 바들은 노상 닫는다. 하지만 어떤 장소가 당신의 유일한 항구일 때, 당신이 비바람을 피할 수 있는 피난처일 때, 그 폐쇄는 뭔가 성스러운 것의 상실을 뜻한다. 물론 세상에는 다른 바, 다른 클럽, 다른 파티가 있겠지만, 과연 그들이 당신을 존중할까? 당신의 안전과 기쁨을 우선시할까? 당신을 추위로부터 보호해 줄까?

내가 예술가 세이블 엘리스 스미스(Sable Elyse Smith)의 작업을 알게 된 것은 동성애자 파티와 공동의 자긍심에 관해서 이야기한 작가 제나 워섬(Jenna Wortham)의 글을 읽을 때였다. 클럽을 "퀴어 해방의 안식처"로 규정한 스미스의 글 「황홀한 회복력(Ecstatic Resilience)」은 드문드문 놓인 징검돌처럼 시각적으로 쪼개져 있다. 그 글은 차갑고 흰 바탕에 솟아난 문단들의 제도(諸島)처럼 보인다. 스미스는 이렇게 말한다. "이것은 춤이다. 이것은 우리가 탈진을 넘어 환희로 밀고 나가는 순간들 사이에서 살아가는 삶의 작업이다. 황홀한 회복력이 반짝거린다."

나는 시애틀을 떠나기 몇 주 전에 마지막으로 나이트 크러시에 갔다. 밤새 도시에게 작별 인사를 하며 거의 울 뻔했고, 낯선 사람들에게 짓눌렸고, 한목소리로 노래했고, 우리의 땀에 젖었고, 우리 공동의 호흡으로 무겁게 느껴지는 공기를 마셨으며 빙글빙글 돌아가는 디스코볼의 빛 조각에 흠뻑 젖었다. 클럽을 떠날 때 춤을 하도 춰서 근육이 녹아내릴 것 같았지만 몸은 고동쳤다. 살아 있어서 행운이라고 느꼈다.

1977년 이래 과학자들은 전 세계 바다에서 열수분출공을 수백 개 발견했고 그 희한한 생태계에서 번성하는 새로운 동물도 많이 발견했다. 설인게, 새로운 대왕조개 종, 열복사를 감지하는 눈을 가진 새우. 각각의 분출공은 그들만의 독자적인 형태로 에너지를 만들어 낸 공동체를 품은 집이었다.

 분출공 주변에 모여 사는 생물을 연구하는 과학자들이 보기에 그 생물들의 가장 두드러진 미스터리는 회복력, 즉 그들이 구체적으로 어떻게 거듭되는 재앙을 견디며 오랜 시간 살아남는가 하는 점이다. 활화산 근처에서 산다는 것은 시시하게 볼 일이 아니다. 화산은 갑자기 터져서 공동체를 단숨에 파괴할 수 있고 아니면 서서히 꺼져서 공동체에게 생명을 주는 온기를 빼앗을 수 있다. 과학자들은 어떻게 설인게가 사람 심장을 늦출 만큼 찬 물 속에서, 전 세계에 걸쳐 서로 수십만 킬로미터씩 떨어진 안전한 안식처들을 찾아냈는지 이해하지 못하고 있다. 냉랭한 수온을 제치고 거리만 보더라도 앞 못 보는 게가 그 먼 거리를 이동하기는 어려워 보인다. 하지만 그동안 잠수정들이 전 세계에서 계속 분출공을 찾아본 결과 점점 더 많은 수가 발견되었고, 개중에는 여느 분출공보다 작으며 서로 간의 거리가 수십 킬로미터밖에 안 되는 것도 있었다. 한 과학자는 냉용수 지역, 즉 해저의 갈라진 틈에서 메탄 같은 화학물질이 보글보글 솟는 지역이 분출공과 분출공 사이 징검돌로 기능할 수 있다고 주장했다. 그런 곳이 심해를 가로지르는 생물에게 따듯하고 안전한 대피소가 되어 줄 수 있다는 말이다. 2006년에 우즈홀 과학자들은 또 한 번 앨빈을 내보내, 그 얼마 전 멕시코 남부에서 화산이 잇따라 분출함으로써 과학자들이 잘 아는 분출공 공동체가 싹 쓸려 나간 지역을 조사했다. 그 분출공 지역을 흐르는 해류를 채취한 결과 과학자들은 유충이 300킬로미터 넘게 떨어진 분출공까지 이주해 정착할 수 있다는 사실을 확인했다. 하지만 인정하건대 내가 애착을 느끼는 부분은 그런 장소의 미스터리, 미스터리가 그런 장소를 성스럽게 만든다는 점, 그리고 애초에 우리가 이해할 운명이 아닌 그 불가능하고 일렁거리는 삶의 방식이다.

2002년에 앨빈이 한때 생명으로 북적였던 로즈가든을 다시 찾아가서 식은 용암 속에 보존된 대재앙을 마주했을 때 과학자들은 마음이 무너졌다. 하지만 근처를 조사해 보니 독자적으로 생겨난 미니어처 정원이 하나 있었는데, 그곳에는 작은 관벌레와 호두만 한 홍합이 있었다. 과학자들은 그곳의 생명들이 아마도 로즈가든을 꺼뜨린 용암류가 흘러간 자리에 뿌리내린 것이었으리라는 점을 깨달았다. 과학자들은 그곳을 로즈버드라고 명명했다. 2005년에 우즈홀 연구자들은 로즈버드*를 다시 찾아갔고 그곳에서 번영하는 공동체를 목격했다. 이제 다 자란 생물들이 화학물질의 온기 속에서 일렁이고 있었던 것이다. 과학자들은 로즈버드가 심해 정착지의 역동성을 잘 보여 주는 곳이라고 적었다. 확실한 것이라곤 거의 없는 이곳에서 오아시스들은 생겨났다가 꺼졌다가 하면서 명멸할 수밖에 없다. 그래도 생명은 늘 새롭게 시작할 장소를 찾아낸다. 그리고 위기에 처한 공동체는 늘 서로를 찾아내고 어둠 속에서 함께 반짝거릴 방법을 새롭게 발명할 것이다.

---

* rosebud, 장미 봉오리. 사라진 기존 분출공인 로즈가든에서 착안한 명명이다.

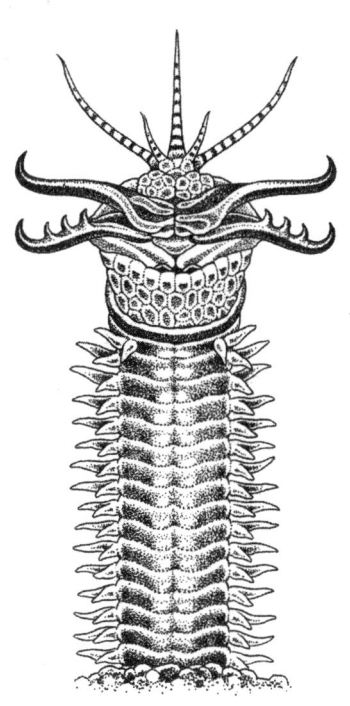

6장

모래 공격자를 조심하라

사람보다 긴 벌레를 보는 것은 심란한 일이다. 하지만 모래 공격자(sand striker)라고도 불리는 바다 벌레 왕털갯지렁이(*Eunice aphroditois*, 에우니케 아프로디토이스)는 그만큼 길게 자랄 수 있다. 기록으로 남은 가장 긴 표본은 일본 시라하마의 한 항구에 떠 있던 계류용 뗏목의 부표에 숨어 있다가 발견된 개체다. 사진을 보면 왕털갯지렁이는 횡단보도를 끝에서 끝까지 가로질러서 늘어져 있다. 길 건너편 배경에 한 남자가 쭈그리고 앉아 있는데 갈색 밧줄처럼 보이는 벌레와 비교하니 난쟁이 같다.

어떤 각도에서 보면 왕털갯지렁이는 아름답다. 이 벌레는 딱딱한 외골격으로 몸을 감싸고 있고 그 외골격은 보랏빛이 도는 붉은색에서 어슴푸레한 검은색으로 바뀌며 영롱하게 빛난다. 빛을 받으면 왕털갯지렁이는 반짝거린다. 깔쭉깔쭉한 사슴뿔처럼 머리에서 튀어나온 턱은 당당하다. 더듬이도 있다. 얼룩말처럼 줄무늬가 있는 그 촉수는 위를 향한 채 빙빙 돌면서 먹잇감을 감지한다. 왕털갯지렁이는 성체가 된 뒤 평생 해저 진흙에 몸을 숨기고 살며 곁을 지나가는 어느 생물의 눈에도 띄지 않는다. 벌레는 사냥할 때만 굴에서 나온다.

왕털갯지렁이가 사냥하는 모습은 꼭 꽃이 피어나는 것 같다. 모래가 바스락거린다. 더듬이가 빙글 돈다. 불쑥 솟아올라서 강력한 턱을 곰덫처럼 덜컥 다문다. 왕털갯지렁이는 육식동물로 종종 다른 벌레, 흘러가는 시체, 패충류, 연체동물을 잡아먹는다. 자기 턱 너비보다 훨씬 큰 먹잇감, 가령 지폐만큼 긴 쏠배감펭도 잡아먹는다. 얼굴이라고 알아볼 만한 것은 없고 복잡한 뇌도 없지만 왕털갯지렁이는 유사(流沙)처럼 먹잇감을 빨아들인다.

공격을 마친 뒤 왕털갯지렁이는 모래 속으로 물러나서 자기 존재의 흔적이 전혀 남지 않을 때까지 자리를 정돈한다. 모래는 변함없이 고요해 보인다. 만약 당신이 물고기나 화살벌레나 패충류라면 왕털갯지렁이의 굴 위치를 기억했다가 피하려고 애쓸지도 모르겠다. 하지만 바다에는 큰 물고기, 상어, 심지어 작살 같은 다른 위험도 많고 기억은 곧 희미해진다. 당신이 똑똑히 목격했던 장면은 지워지고 그저 그 산호, 그 바위, 모래에 팬 그 보조개 옆을 헤엄칠 때 스멀스멀 드는 기분만 남는다. 그곳을 지날 때, 당신 마음속에서 무언가가 말한다. **아직 기회가 있을 때 여기를 벗어나.**

중학생이었던 어느 날, 친구와 함께 잠바주스에서 집으로 걸어가다가 누가 우리를 따라오고 있는 것을 알아차렸다. 친구도 그 남자를 보았다. 우리는 목소리가 작아지고 대화가 뜸해졌는데 그러면서 슬쩍슬쩍 뒤를 보면 늘 저 멀리에 같은 사람이 있었다. 그는 정면을 보고 있었다. 우리를 보고 있었다. 우리는 귓속말을 나눠서 집까지 구불구불 돌아가기로 결정했다. 아무것도 모르는 척했고, 목소리를 높였으며, 가짜로 웃었다. 그러면서 손거울로 그를 관찰하니 그는 좌회전하고, 우회전하고, 다시 우회전하면서 거의 여섯 블록을 쫓아왔다. 그때 동네 길거리에는 우리 셋 말고 아무도 없었다.

  우리 집으로 이어지는 마지막 모퉁이를 돈 뒤 우리는 전력질주를 하기 시작해 우리 집 녹회색 정문에 다다를 때까지 멈추지 않았다. 우리는 땅에 납작 엎드렸다. 갓 흙에 뿌려진 물이 청바지를 적셨지만, 얼마나 더 있어야 다시 말을 해도 안전할지 알 수 없었다. 나는 넓은 하늘을 지나가는 구름을 쳐다보고 있다가 일어나서 살짝 길을 내다보았다. 길은 비어 있었다. 남자는 없었다. 남자의 그림자도 없었다.

내가 내 몸에의 위협을 인식하는 요령이라고 배운 대상은 밴에 탄 남자나 풀숲에 숨은 남자였다. 낯선 남자, 모르는 남자. 그런 남자들의 위험은 명백했다. 내가 대학으로 떠나기 전 어머니는 내게 밤길을 걸을 때 열쇠를 손가락 사이에 끼우고 주먹을 쥐어서 성게처럼 만들라고 가르쳐 주었다. 어머니가 대학생 때 몸무게가 45킬로그램이 안 되는 아시아 여성으로서 자정 넘어 도서관을 나설 때 그 방법으로 안전감을 느꼈다고 했다. 나는 딱 한 번 동아리 파티에서 걸어서 귀가할 때 그렇게 해 보았지만 우스꽝스러운 기분만 들었다. 손가락이 저렸고 어차피 내가 누구에게든 열쇠 끼운 손을 휘두를 배짱이 있을까 의심스러웠다. 게다가 나는 안전하다고 느꼈다. 거기에 낯선 남자는 없었다. 나와 같은 대학을 다니는 남자아이들뿐이었다.

포식자가 되는 방법은 많다. 어떤 포식자는 무리로든 혼자서든 공공연히 먹잇감을 쫓는다. 사냥은 빠를 수 있다. 범고래 떼가 바다표범을 쫓을 때가 그렇다. 사냥은 한없이 길 수도 있다. 가젤을 쫓는 아프리카들개 떼는 그다지 빠르지도 강하지도 않지만 목표물이 지칠 때까지 기다리는 끈기가 있다. 어떤 포식자는 눈앞에서 숨는다. 난초에 기어오른 사마귀는 꽃과 구별되지 않고 털이 얼룩덜룩한 눈표범은 바위에 감쪽같이 녹아든다. 한편 왕털갯지렁이는 매복형 포식자여서 지나가던 동갈돔이나 복어가 공격해도 될 만큼 가까이 올 때까지 숨어서 가만히 기다린다. 이런 공격 방식의 장점은 명백하다. 과민하고 재빠른 동물, 늘 경계하는 동물, 자신이 쫓긴다는 사실을 아는 동물을 쫓기란 피곤한 일이다. 사냥감에게 안 보이게 사냥하는 편이 더 쉽다.

왕털갯지렁이는 혹처럼 생긴 눈이 두 개 있지만 이 벌레의 사냥 기량은 시각에서 나오는 게 아니다. 줄무늬 더듬이 다섯 개는 시각만 쓸 때보다 세상을 훨씬 잘 감지하게 해 준다. 더듬이는 또 벌레처럼 꿈틀거림으로써 물고기를 유인한다. 쫑긋 서서 빙빙 도는 더듬이로 먹잇감을 감지하면 왕털갯지렁이는 굴을 박차고 나와서 입처럼 생긴 근육질 섭식 도구인 인두(咽頭)로 먹이를 낚아챈다. 먹이를 꽉 문 뒤에는 뒷걸음질쳐서 해저로 들어간다. 뒤에 남는 것은 모래의 묘한 흔들림 혹은 보그르르 솟구친 모래 몇 알뿐이다. 그것은 거의 트림처럼 보인다.

왕털갯지렁이는 햇살이든 조명이든 모든 종류의 빛으로부터 움츠러든다. 〈블루 플래닛 II〉를 만들던 BBC 촬영팀이 이 벌레의 사냥 장면을 찍으려고 시도했을 때 왕털갯지렁이는 인공조명을 알아차리고 굴에서 나오지 않았다. 촬영팀은 왕털갯지렁이의 눈에도 인간의 눈에도 보이지 않는 적외선을 써서만 그 장면을 찍을 수 있었다. 그렇다 보니 왕털갯지렁이가 굴에서 뛰쳐나오는 모습을 본 사람은 촬영기사 휴뿐이었다. 시퀀스 연출자 세라는 칠흑 같은 어둠 속에서 바다 바닥에 앉아 있었다. 그는 근처 어딘가에서 왕털갯지렁이가 사냥 중이고 어쩌면 벌레는 그를 감지했을지도 모른다는 것, 그렇지만 자신은 결코 왕털갯지렁이를 볼 수 없다는 걸 알았을 것이다.

내가 파티에서 즐겨 하던 이야기가 있다. 내가 처음으로 블로잡*을 했던 이야기다. 이야기는 이렇다. 내 친구 하나가, 시내에서 학교를 다니니까 내 친구 중에서는 가장 쿨한 친구인데, 숲에서 파티를 여는 웬 여자아이를 안다고 말한다. 친구는 나와 또 다

---

* blow job, 남성 성기에 구강성교를 해 주는 일.

른 친구를 데려갈 수 있다고 말하고 우리는 마냥 들뜬다. 우리의 첫 번째 진짜 고등학생 파티니까. 우리는 어느 집 부모의 미니 밴을 빌려서 숲으로 간다. 덩치 큰 차에 담요, 간식, 콜로라도주 가짜 면허증으로 세이프웨이에서 산 파란색 술 등을 잔뜩 싣고 간다. 차에서 우리는 남자애들 이야기를 하고, 애무해 보고 싶어 죽겠다고 말하고, '애무하다(make out)'라는 단어를 음미한다. 누군가와 눈이 맞는 것에 대해서 내가 하는 상상은 이게 전부다. 차 안에서, 운동장 관람석에서, 학교 복도에서 애무하는 것.

우리는 목적지에 도착한다. 삼나무 숲 속의 숨은 공터에 피크닉 테이블이 놓여 있다. 우리는 술을 마신다. 우리는 모두 열일곱 살이고 아무도 술을 마실 줄 모른다. 우리는 위스키에 스프라이트를 타서 마시고 파이어볼*을 마신다. 스트레이트로 마실 수 있는 술이 그것뿐이라서다. 우리 중 한 친구가 모르는 남자아이랑 말을 주고받기 시작하더니 이내 숲으로 사라진다. 다른 친구와 나는 웃는다. 친구는 애무하고 있을 테고 우리는 자랑스럽다. 친구가 그것을 원했다는 것을 아니까. 그 친구 말고는 아는 사람이 없기에 우리는 화롯가를 서성인다. 내 친구가 에더블*을 반쯤 먹고, 효과가 없다고 말하면서 나머지 반도 먹는다. 나는 술이 어디 있는지 모르겠다. 그때 모르는 남자아이가 내게 술 한잔 줄까 묻고 나는 좋다고 말한다. "좀 세." 남자아이가 술을 건네면서 말한다. 나는 그에게 괜찮다고, 바라던 바라고 말한다. 어떤 면에서는 사실이다. 우리는 10대다. 우리는 무적이다. 우리 생각에는 그렇다. 나는 갑자기 내 친구가 사

---

* Fireball, 위스키에 계피 향료를 섞은 리큐어 브랜드.
* edible, 식용 대마가 들어간 음식을 통칭하는 것으로 쿠키, 사탕 등 형태는 다양하다.

라진 것을 깨닫는데, 친구는 고통스러울 만큼 취한 나머지 우리 음식과 침낭이 다 든 미니밴을 잠그고 틀어박혔고, 나는 잠시 패닉에 빠진다. 하지만 취해서 논리적으로 생각하지 못하는 상태인 나는 화롯가로 돌아가고, 그러자 아까 그 남자아이가 내 손을 잡고 숲으로 이끌고 나는 선택받았다고 느끼며 웃는다. 나도 남자애랑 애무하겠네 하고 생각한다. 우리는 정말로 그렇게 한다. 잠시 동안은. 하지만 곧 내가 넘어지는 것 같다고 느끼는데 실제로는 그가 손으로 내 머리카락을 움켜쥐고는 내 머리를 누르면서 나를 주저앉힌 것이다. 그리고 그의 성기가 내 입에 들어온다. 처음 머릿속을 스친 생각은 이랬다. **내가 잘 못하면 어쩌지?** 나는 이 일이 처음이지만 노력한다. 정말로 노력한다. 나는 늘 남들 기분을 맞춰 주는 아이였으니까. 그는 자기 손으로 내 머리를 움직인다. 그가 사정했는지는 기억나지 않지만 내가 휘청거리자 그가 내가 넘어지게 놔둔 것은 기억난다. 얼마 후 그는 내 손을 잡고 화롯가로 데려다준다. 우리가 돌아온 것을 보고 사람들이 미소를 보낸다. 사람들이 내게 윙크하고, 그에게 윙크하고, 나도 맞받아 윙크한다. 나는 이 일에, 나의 첫 진짜 파티에 당황하기를 거부한다. 갑자기 춥기에 생각해 보니 그가 내 스웨트셔츠를 벗겼다. 내가 진학하지 않을 대학의 초록색 스웨터인데 그것은 숲속 어디에 있을 것이다. 나는 너무 당황한 터라 그것을 찾아볼 생각이 들지 않는다.

이 대목에서 나는 이야기를 끊고 사람들의 반응을 기다린다. 그리고 말한다. "잠깐, 아직 더 남았다고."

내가 화롯가로 돌아와도 친구들은 없고 나 혼자여서 나는 방금 한 일을 생각한다. **나의 첫 블로잡**. 나는 이렇게 머릿속으로 말해 본다. 이 말이 어떻게 들리는지, 내가 얼마나 어른 같은

지 음미하려고 반복해 본다. 그러고는 사람들에게 인사하고 자리를 떠나서 잠시 걸으면서 하늘을 올려다본다. 밤은 서늘하고, 달은 거대하고, 나는 혼자라고 생각하지만, 웬 남자가 나를 따라왔다. 그가 내게 말한다. 내가 잘 곳이 없다고 말하는 걸 들었다고, 친구가 미니밴을 잠그고 들어앉았다고 말하는 걸 들었다고. 그는 내게 자기 침낭을 빌려주겠다며, 자신은 해치백에서 담요를 덮고 자면 된다고 말한다. "여기서 자는 것보다 훨씬 따뜻할 거야." 그가 말한다. 나는 스웨트셔츠가 없으니 너무 추웠기 때문에 잘 생각해 보지 않고 동의한다. 우리는 그의 차에 탄다. 그런데 그가 팔을 뻗어서 내 가슴을 움켜쥔다. 너무 갑작스러워서 나는 내 티셔츠에 세 번째 팔처럼 박힌 그의 손을 보면서 거의 웃을 뻔한다.

　나머지는 뻔한 얘기다. 그는 나를 점점 더 많이 움켜쥐고 나는 싫다고, 아니 그보다는 됐다고 말한다. 그는 미소 지으며 웃고 나는 이 상황이 괜찮을 테며 이런 게 정상적인 옥신각신일 거라고 생각하면서 그를 따라 미소 지으며 웃는데 그러다가 내 티셔츠와 바지가 벗겨지고 그가 내가 태어나서 두 번째로 본 남자 성기를, 완전 급가속된 성기를 내 속옷과 허벅지 사이에 밀어 넣는다. 나는 불쑥 말한다. 지금 탐폰을 하고 있다고, 생리 중이라고, 그의 트렁크에 온통 피를 묻히게 될 거라고. 그는 그렇다면 내가 자기 성기를 입에 무는 것만이라도 해 줘야 한다고 말한다. 그가 나를 트렁크에 재워 주니까, 자기 침낭을 내게 줬으니까, 그 때문에 자신은 추울 테니까 당연하지 않느냐고. 나는 왠지 미안하고 우리가 타협점을 찾은 것이 거의 안도될 지경이다. 그래서 그가 내 머리를 누르는데 그 순간 그날 밤에 내가 첫 번째로 키스했던 남자아이가 손전등으로 트렁크를 비추면서 우리에게 자기 공학용 계산기를 봤느냐고 묻는다. 누가 그걸 훔쳐 갔다면서.

파티에서 이야기를 들려줄 때는 이 장면이 늘 회심의 한 방이다. 내가 그 성기를 만진 남자아이 두 명이 해치백 유리창 너머로 마주 보면서 공학용 계산기가 어쩌고저쩌고하고 외치는 장면. 그 계산기는 TI-89라는 모델로 가장 비싸고 수업 중에 문자를 입력하거나 게임을 할 수도 있는 모델이었다. 나라도 그것을 찾아다녔을 것이다. 내가 생각하기에 이 이야기의 교훈은 삶이 부조리하다는 것, 무엇도 우리가 바라는 만큼 낭만적이진 않다는 것이었다. 내가 이 이야기를 사람들에게 들려준 것은 오랫동안 이것이 내게 일어난 가장 흥미진진한 일로 보였기 때문이었고, 내가 흥미진진한 삶을 살고 싶었기 때문이었고, 만약 그것이 재미난 밤이었다고 스스로를 설득할 수 있다면 종내에는 진심으로 그렇게 믿게 될 것 같았기 때문이었다.

남자는 내 입에서 자기 성기를 뺀 뒤 금세 잠들었다. 내가 그를 남자라고 부르는 것은 이튿날 그가 서른 살임을 알았기 때문이다. 나는 남자의 차 트렁크에서 남자 옆에 누운 채 만약 탐폰을 하고 섹스를 한다면 어떻게 되는지, 부드러운 솜이 손 닿지 않는 곳에 처박혀서 몸속 깊은 곳에서 뭔가 파열시키지나 않는지 궁금해하며 밤을 새웠다. 아침에 탐폰을 뺐을 때 나는 탐폰에게 고맙다고 인사하고 싶었다.

10년 뒤에 이 이야기를 처음 글로 썼을 때 나는 마치 학부모 간담회 회의록을 적는 듯이 최대한 건조하고 세세하게 서술했다. 이런 일이 있었고, 그다음에는 이랬고, 그다음에는 이랬다 하는 식으로. 그렇게 쓴 것은 내 경험을 남에게 벌어진 일처럼 바라보려는 노력이었다. 그러면 내게 벌어진 일을 충분히 공격으로 간주할 수 있는지 아닌지, 그것이 내 잘못인지 다른 사람 잘못인지 객관적으로 판단하는 데 도움이 될 것 같았다. 나는 이런 문제를 속으로 계속 고민해 왔다. 이제 더는 파티에서 이 이야기를 남들에게 들려주지 않기 때문이다.

왕털갯지렁이는 오랫동안 이보다 더 악명 높은 다른 일반명으로 알려져 있었다. "칼처럼 날카로운 턱을 지닌 거대한 육식 벌레, 보빗입니다." 데이비드 애튼버러는 〈블루 플래닛 II〉에서 이 벌레가 모래로부터 튀어나와서 물고기를 삼키는 장면을 보여주기 전에 이렇게 내레이션 한다. '보빗(bobbit)'이라는 별명은 어느 관계를 구성한 일련의 폭력적 행위 중 하나에 해당하는 사건을 언급하는 것이다. 1993년 6월 23일, 로레나 보빗[Lorena Bobbitt, 결혼 전 성은 가요(Gallo)]이 자신을 학대하는 남편의 성기를 긴수* 식칼로 잘라 냈다. 같은 해에 민달팽이에 관한 한 미국 제일의 전문가인 테리 고슬라이너(Terry Gosliner)는 『인도태평양의 산호초 동물(Coral Reef Animals of the Indo-Pacific)』이라는 최신 분류학 책을 편집하고 있었다. 고슬라이너에게는 새로 명명할 신종이 1000종이나 있었고 그중 하나가 해저에서 튀어나와서 물고기를 낚아채는 위협적인 벌레 포식자였다. 벌레의 남근 같은 형태와 가위 같은 턱을 본 그에게 떠오르는 이름은 하나뿐이었다. 보빗. 이 별명 때문에 암컷 보빗은 짝짓기를 마친 수컷의 생식기를 잘라 버린다는 신화가 생겼지만, 이것은 이 벌레에게 외부생식기가 없다는 사실로 간단히 물리칠 수 있는 오해였다. 아무튼 별명은 살아남았다.

* Ginsu, 1970~1980년대 미국의 유명 식칼 브랜드로, 이름은 일본을 연상하도록 만들어진 무의미한 단어다.

로레나는 이민자였다. 그는 1969년에 에콰도르에서 태어났고, 베네수엘라에서 자랐고, 학생비자로 미국에 왔다. 버지니아에서 네일 미용사로 일했고, 그곳이 콴티코* 근처여서 존 웨인 보빗(John Wayne Bobbitt)을 만나게 되었다. 로레나는 한 기자에게 존이 잘생겨 보였다고 말했다. 존은 로레나가 인생을 살아가기로 선택한 나라의 사랑받는 상징, 즉 푸른 눈의 해병이었다. 로레나와 존은 로레나가 미국에 온 지 2년째였던 1989년에 결혼했다. 둘의 결혼사진은 흐리고 매력적이다. 존은 제복을 입었고 로레나는 분홍색 꽃을 머리에 꽂았다. 로레나에 따르면 존은 그때부터 로레나를 육체적으로 학대하기 시작해 때리고 강간하고 임신 중지를 강요했다. 존은 또 그를 송환하겠다고 협박했다고 한다.

1991년에 존이 해병대에서 제대해 로레나가 밥벌이를 도맡게 되었다. 대출기관이 담보권을 행사해 집을 압류했고 그들은 공동주택으로 이사했다. 그들은 한 번 헤어졌다가 재결합했다. 1993년 6월에는 다시 갈라서기로 합의한 상태였는데 어느 날 존이 만취 상태로 귀가해서는 로레나에 따르면 그를 강간한 후 잠들었다. 그는 부엌으로 가서 물을 한 잔 마셨다. 그러다가 조리대에 놓인 식칼을 보았고, 침실로 돌아가서 존의 성기를 잘랐고, 자른 것을 들고 차로 가서 운전하기 시작했으며 28번 도로를 달리다가 벗어나서 창을 내리고 자갈밭에 그것을 던졌다. 나중에 경찰이 그곳에서 성기를 찾아서 얼음에 담가 가져왔고 성형외과 전문의와 비뇨의학과 전문의가 그것을 존에게 다시 붙여 주었다.

그 후 한 해 동안 농담을 섞은 기사 제목이 넘쳤다. "세계에

* Quantico, 버지니아주의 군사도시.

느껴진 한칼" "신체 훼손의 밤" "아내의 절단"*. 아직 영어를 배우는 중이라고 말했던 로레나는 통역 없이 진술했다. 사건 당일 아침에 로레나를 처음 인터뷰했던 사람에 따르면 로레나는 존이 자신을 강간했다고 아주 직접적으로 말했다. 재판은 존과 로레나가 아직 혼인 상태일 때 진행되었다. 법정 밖에서 행상들은 초콜릿 음경을 팔았고 피 묻은 칼 그림 위에 "버지니아주 머내서스: 단연 최고의 한칼"이라고 적힌 티셔츠를 수레에 싣고 와서 팔았다. 티셔츠 판매상들은 그것으로 2만 달러를 벌었다. 오스카메이어사의 비너모빌*이 법정 앞에서 사람들에게 비엔나소시지를 나눠 주었고 포크송 그룹이 재판의 주제를 담은 개사곡 〈연인을 절단하는 오십 가지 방법〉*을 노래했다. 재판 중에 로레나의 변호인들은 1990년에 해병대 내 '가족 변호 및 지원 서비스의 검토 위원회'가 존이 로레나를 학대한다고 판단했었다는 사실을 알게 되었는데 당시에 로레나는 그 사실을 전해 듣지 못했다. 존은 부부강간 죄목에서 무죄를 선고받았다(당시 버지니아주에서는 커플이 별거 중이거나 피해자가 중상을 입었을 때만 배우자를 강간으로 고발할 수 있었다). 석 달 뒤에 로레나는 고의상해 죄목에 대해서 일시적 정신이상으로 무죄를 선고받았다. 두 사람은 1995년에 이혼했다.

재판 후에 존은 포르노 영화에 여러 편 출연했다. 그러고서 마흔 개 도시를 도는 홍보 여행을 했고 〈하워드 스턴 쇼〉에 나가서 자신의 음경 이야기를 했다. 또 음경 확대 수술을 받아서, 처음에 그것을 도로 붙이는 기적적 수술을 성공시켰던 성형외

---

* 모두 기존에 쓰이는 관용적 표현을 살짝 비튼 말이다.
* Wienermobile, 소시지 모양으로 만든 홍보용 차.
* 폴 사이먼의 노래 〈연인을 떠나는 오십 가지 방법〉을 패러디한 것이다.

과 의사와 비뇨의학과 의사를 경악시켰다(그는 확대했던 것을 나중에 다시 줄였다). 훗날 약혼녀 크리스티나 엘리엇을 구타한 사건으로 두 차례 유죄를 선고받았고 그 뒤에도 세 번째 아내 조애나 페럴을 학대해 다시 유죄를 선고받았다. 괴짜 백만장자가 로키산맥에 묻어 두었다고 전하는 전설의 보물 상자를 찾는 데 시간을 바치기도 했다. 그는 트럼프를 사랑한다.

로레나는 재판이 끝난 여름에 미국 시민권을 얻었다. 로레나의 가족은 그를 자랑스러워했고 언젠가 자신들도 미국 시민이 될 수 있기를 고대했다. 로레나는 커뮤니티 칼리지에 재입학했고 데이비드라는 남자를 만나서 함께 딸 하나를 키웠다. 또 가정폭력 예방에 중점을 두는 조직을 설립했다. 그는 여성 쉼터에서 자원봉사를 하고 학교에서 강연한다. 하지만 세월이 이렇게나 흐른 지금도 그때의 농담과 비웃음을 기억한다.

존이 스포트라이트를 가져가려고 별짓을 다 했음에도 언론이 집착한 대상은 로레나였다. 말장난의 소재, 〈새터데이 나이트 라이브〉의 콩트 소재, 심야 토크쇼 진행자가 모놀로그에서 지분거리는 대상은 늘 로레나였다. 남편의 성기를 자른 여자 로레나. 만인의 농담거리 로레나.

2019년, 해양학자 킴 마티니(Kim Martini)는 가요의 사연을 근본적으로 재평가하도록 하는 다큐멘터리 시리즈 〈로레나〉를 시청한 뒤에 그 여성과 그 벌레의 관련성을 즉각 알아차렸다. 마티니는 해양과학자들이 보는 블로그 딥 시 뉴스(Deep Sea News)에 글을 써서 그 이름을 재고하자고 요청했다. "보빗은 강간과 가정폭력을 저지른 범죄자의 이름으로 그런 이름이 어디에서든 불멸로 남아선 안 됩니다." 마티니는 이렇게 말하며 왕털갯지렁이의 덜 알려진 별명 중 하나인 '모래 공격자'라는 이름을 쓰자고 제안했다. 벌레를 연구하는 과학자들은 다른 이유에서 안도했다. 그들은 새 이름이 음경을 갖고 있지 않고 음경을 자르지도 않는 왕털갯지렁이에 관한 여러 낭설을 마침내 잠재우기를 바랐다.

나는 로레나가 〈블루 플래닛 II〉를 봤는지 궁금하다. 그가 바다의 경이를 소개하는 다큐멘터리를 즐기려고 했다가 쓸데없이 다시 상처만 받지 않았을지, 남편이 〈존 웨인 보빗 무삭제판〉이라는 포르노 영화에 출연해 돈 버는 동안 자신은 무정한 대중에게 굴욕당하고 악마화되었던 시절을 떠올리지나 않았을지 궁금하다. 언론과 사법제도가 그의 이야기를 훔친 뒤에 과학이 그의 (결혼으로 얻은) 이름마저 훔쳤다는 사실을 그가 언제 알았을지 궁금하다.

로레나는 지금도 버지니아에서 산다. 존과 함께 살았던 동네에서 차로 20분 거리에 있는 2층짜리 새집에서 산다. 이 사실을 알았을 때 나는 그가 왜 그곳을 떠나지 않고 학대와 재판과 사냥개처럼 물고 늘어지는 언론의 유령에 둘러싸여서 사는지 의아했다. 하지만 나는 우리가 어떤 장소와 그곳의 유령을 익히 아는 데서 얻는 안전감도 이해한다. 우리가 그것의 최악을 보았으나 그로부터 살아남았을 때 느끼는 안전감을.

대학에서 나는 필름이 끊기기 시작했고 처음 만난 사람과 섹스하기 시작했다. 친구들과 나는 고등학생 때 쿨하지 않았으므로 모든 파티를 첫 파티인 양 다녔다. 독주를 마셨고 정글주스*를 양동이에서 퍼마셨다. 많은 친구가 기억이 끊겼다. 자주 그

* jungle juice, 파티 등에서 많은 사람이 마시기 위해 여러 종류의 술과 주스 등을 섞은 음료.

랬다. 이튿날 아침에 카페테리아에 모여 지난밤을 꿰어 맞추며 우리가 한 일을 떠올리려고 애쓰는 일이 놀이가 될 정도였다. 나는 남들보다 내가 이 일을 자주 겪는다는 걸 막연히 알았지만 이 사실을 나의 기벽으로, 나를 더 흥미롭게 만드는 특징으로 치부하고 무시했다.

나는 낯선 방에서 낯선 남자와 함께 침대에 누워 있다가 깼을 때 눈에 띄게 기겁하지 않는 법을 익혔다. 대개는 남자를 보면 약간의 기억이 떠올랐다. 내 머리에 씌워진 그의 울 모자, 노란색 퀼트, 바스락거리던 산울타리 잎. 이내 남자가 깨어서 나를 보았고, 우리는 미소 지었고, 가끔은 섹스도 했다. 섹스하지 않을 때도 있었다. 그럴 때 나는 우리가 과연 간밤에는 했는지 궁금해졌고 질에 손가락을 집어넣어서 예민한 부분이 있는지 느끼며 내 몸에서 표시를 찾아보았다. 이것이 최선의 시나리오였다. 가끔 내가 남자에게 문자메시지를 보내 또 보자고 제안하기도 했다. 간밤에 내가 상냥하고 똑똑하고 재미난 사람으로 보였기를 바랐는데, 내가 필름이 끊긴 상태에서 그런 캐릭터일 가능성은 아주 낮다는 것을 알면서도 그랬다. 대개는 일이 괜찮게 풀렸다.

그렇지 않은 경우도 있었다. 한번은 필름이 끊겼다가 깨었더니 웬 남자가 내 배에 앉아서 나를 찰싹찰싹 때리고 있었다. "주인님이라고 불러." 그는 툴툴거렸고 나는 몸이 찍어 눌린 터라 시키는 대로 했다. 이윽고 그가 내 안에서 움직이기를 마치고 잠들었을 때 나는 돌아누워서 세로로 긴 내 거울에 비친 우리 몸을 보았다. 우리가 내 방에 들어와서 문을 닫고 키스하는 모습을 상상해 보았다. 지난밤에 어느 후끈거리는 지하실에서 열린 하우스 파티에서 그를 발견했던 것이 기억났다. 내가 그에게 침 흘렸던 것이 기억났고, 그가 나를 골라서 무대에서 내게 키스했을 때 나 스스로 아름답다고 느꼈던 것이 기억났다. 나는 스스로에게 이것은 내가 원한 일이라고 상기했고, 그가 깰 때까지 침대에 누워 있다가 그가 깨자 나도 막 깬 척했다.

또 한번은 파티에서 친구들과 흐느적거리다가 내가 어떤 남자와 잤었다는 사실을 알게 되었는데, 왜냐하면 그 남자의 친구들이 내 귀에 들릴 게 뻔한 큰 목소리로 이렇게 떠들었기 때문이다. "걔가 저 여자애랑 어떤 집 잔디밭에서 노콘*으로 박았잖아." 그 남자의 한 친구가 나, 그러니까 "저 여자애"와 눈을 맞추면서 이렇게 말하자 다른 친구들이 웃었다.

또 한번은 깨어 보니 친구의 친구가 옆에 누워 있었다. 하우스 파티나 회식에서 종종 본 얼굴이었다. 간밤에 그가 부엌에서 내게 추근거렸던 것이 기억났고 내가 거절했던 것이 기억났다. 그 후에 상황이 어떻게 바뀌었는지 궁금했지만 그런 생각을 밀어내고 그에게 가 달라고 말했다. **어땠어!** 친구에게 문자 메시지가 왔다. 나는 아니라도 다른 많은 사람이 목격한 듯한 접촉에 관해서 묻는 것이었다. **재밌었어!** 나는 대화를 끝내려고 이렇게 답장했다. 그런데 이 일은 다시 벌어졌고 마지막으로 한 번 더 벌어졌다. 매번 아침이 되면 간밤에 그가 방 건너편에서 내가 혀가 꼬부라지고 비틀거릴 때까지 지켜보았던 것, 내 시야 가장자리에 그의 흐릿한 얼굴이 나타나서 나를 집에 데려다주겠노라 고집했던 것이 기억났다. 나는 매번 그를 살살 흔들어 깨웠고 내가 딴 사람 옆에서는 잘 못 자니까 가 달라고 부탁했다. 그리고 매번 그에게 가라고 해서 미안하다고 말했다. 매번 그는 떠났고 나는 트윈 엑스트라롱 침대로 돌아와서 수치

* 콘돔 없이 섹스하는 것. 원문에서는 "raw-dog"이라는 표현을 썼다.

심에 말없이 몸을 꼬았다. 그리고 샤워를 했다.

    내가 필름이 끊겼었다는 이야기는 남자들에게 절대 하지 않았다. 내가 어린애라는 사실, 술을 감당하지 못할 정도로 미숙하고 내 육체를 대변하지 못할 정도로 통제 불능이라는 사실을 인정하는 것이 치욕스러웠기 때문이다. 나는 굳이 이런 경험을 친구들에게 공유하곤 했는데 그것은 서사를 앞지르기 위해서였다. 간밤의 사건에 관해서 친구들이 해 주는 말을 들으면서, 나는 친구들에게 얻은 정보로 머릿속에서 지난밤을 재조립하기 전에는 기억조차 못 했던 일에 고개를 끄덕였다. 친구들이 나를 기쁘게 여긴다면 나도 나를 기쁘게 여길 수 있었다. 그런 밤에 관해서 떠벌리면 떠벌릴수록 그런 밤은 하찮은 문제가 되었다.

    어머니에게 처음 커밍아웃을 했을 때 어머니는 내게 혹시 그동안 나를 못되게 대한 남자들 때문에 레즈비언이 된 거냐고 물었다. 어머니가 말한 "못된" 남자는 나를 찬 남자들을 뜻한다는 것을 알면서도 그 대신 나는 이런 남자들을 떠올렸고, 한순간이지만 어머니의 말에 일리가 있는 게 아닐까 싶었다.

왕털갯지렁이 혹은 그 비슷한 벌레는 수억 년 전부터 존재했다. 공룡 뼈나 암모나이트 껍데기와 달리 물렁물렁한 벌레는 쉽게 화석화하지 않았다. 과학자들은 고대의 왕털갯지렁이가 남긴 극소수의 지질학적 흔적들, 이를테면 단단한 턱 부위, 진흙에서 이동한 자취, 벌레의 몸이 분해되기 전에 담겨 있던 종이 반죽 틀 같은 공간을 통해서만 그 생물을 안다.

    우리가 아는 가장 오래된 생물은 4억 년 전 데본기에 살았고 몸길이가 1미터 가까이 자랐다. 요즘의 제일 큰 개체에 비하면 작지만 당시로서는 비정상적인 거인이었다. 과학자들은 이

멸종된 벌레를 오직 그 턱에만 의존해 묘사했다. 부드러운 몸체의 흔적은 전혀 남지 않았기 때문이다. 또 다른 고대의 모래 공격자는 불과 2000만 년 전에 살았던 종으로 대만 북동부 사암에 L 자 모양 굴을 여러 개 남겼다. 굴 안쪽 면에 철분이 많은 것으로 보아 굴의 형태를 유지하기 위해서 안쪽에 끈끈한 점액이 덮여 있었을지도 모른다. 과학자들이 더 자세히 살펴보니 바위에는 깃털 같은 자국이 남아 있었다. 그것은 생물이 돌진했다가 물러났다가, 돌진했다가 물러났다가 하면서 퇴적물을 반복적으로 교란했다는 뜻이다.

이런 고대의 벌레는 현재의 왕털갯지렁이와는 달랐을지도 모르고, 아마도 몸이 더 짧고 더 부드러웠을지도 모르는데 그래도 사냥 방식은 같았다. 그리고 고대 물고기도 해저에서 옴폭 파인 곳과 모래 속에서 흔들리는 더듬이를 조심했다.

왕털갯지렁이에 관한 한 세계 제일의 전문가라도 해도 좋을 조애나 자놀(Joana Zanol)은 BBC와의 인터뷰에서 살아 있는 야생 왕털갯지렁이를 본 적은 한 번도 없고 박물관에서만 봤다고 말했다. 그는 이 벌레를 연구하기 위해서 지원금을 받아 동티모르까지 갔는데도 한 마리도 발견하지 못했다. 왕털갯지렁이가 거기 있다는 것은 알았다. 그가 사진을 찍거나 눈으로 볼 수는 없어도 왕털갯지렁이가 약 오를 만큼 가까운 곳에서 모래에 숨은 채 생태계에 역동적으로 영향을 미치고 있다는 것은 알았다. 알아도 증명할 수는 없었다.

대학 졸업 며칠 뒤에 브루클린의 멸치만 한 방으로 막 이사했을 때 나는 트위터를 열었다가 모두가 똑같은 버즈피드* 글을

* BuzzFeed, 온라인뉴스 및 엔터테인먼트 매체.

공유하고 있는 것을 보았다. 새빨간 바탕에 호리호리한 검은색 글씨가 적힌 이미지가 내 화면을 붉게 물들일 만큼 많이 공유되고 있었다. 그것은 스탠퍼드대학교 대형 쓰레기통 뒤에서 성폭행당한 젊은 여성 샤넬 밀러(Chanel Miller)의 피해자 의견 진술서였다. 나는 그 사건을 대충 알고 있었다. 그 사건이 내 고향 근처에서 벌어졌다는 것, 언론이 브록 터너(Brock Turner)의 수영 기록에 집착했다는 것* 정도는 알았다. 하지만 그런 일은 너무 많았다. 여자아이가 파티에서, 기숙사에서, 옷 위로나 옷 속으로 원치 않는 접촉을 당하는 이야기, 보통 경찰에 신고되지 않는 이야기. 진술서가 공개되었을 때 밀러는 아직 익명이었으므로 내가 우리의 공통점을 안 것은 나중이었다. 우리는 둘 다 아시아계 미국인이었고, 둘 다 베이에어리어(Bay Area)에서 자랐고, 둘 다 로드아일랜드디자인학교에서 미술 수업을 들은 적 있었으며 그 수업에서 무엇보다도 자신이 그곳에 어울리지 않는다는 느낌을 받았다.

"너는 나를 몰라. 하지만 내 안에 들어온 적 있지. 오늘 우리가 여기 있게 된 건 그 때문이야." 이 첫 문장을 읽었을 때 나는 숨이 막혔다. 진술서에는 피고 측 변호인이 밀러에게 던진 질문들도 이탤릭체로 적혀 있었다. **당신은 대학에서 술을 마셨나요? 자신이 파티광이라고 말한 적 있죠? 살면서 필름이 몇 번이나 끊겼나요?** 나는 이 질문들을 한참 보았다. 내가 스스로를 취조할 때 던지는 질문들과 너무 비슷했다.

내가 이 에세이를 처음 몇 번 수정하는 동안 더 많은 만남이 기억에 되살아났다. 소셜미디어에서 태그되어 본 사진, 파티에

---

* 성폭행 가해자 터너는 스탠퍼드대학교의 수영 장학생이었다.

서 이야기된 옛 일화, 링크드인*에서 본 익숙한 이름. 어이없게도 나와 잤던 남자들 중 많은 수가 나중에 링크드인에서 내게 1촌 신청 메시지를 보냈다. 링크드인이 나를 발견하기에 가장 쉬운 포털사이트라서 그런 것일까. 인터넷에서 가끔 내가 쓴 글 밑에 붙은 내 이름을 만나게 되기에 그런 것일까. 그들이 내게 뭘 원하는지 늘 궁금하다. 용서일까, 내 몸일까 아니면 어떤 잡지 편집자에게 연결해 달라는 것일까.

밀러의 피해자 진술서를 읽은 뒤 나는 휴대폰으로 브라우저를 열어서 사생활 보호 모드로 돌리고는 구글에서 이렇게 검색해 보았다. "필름이 끊겼지만 깨어 있는 상태일 때 섹스에 동의할 수 있나." 뉴스 기사, 레딧* 글 타래, PDF 들을 훑어보았다. 모든 자료가 아니라고, 법적 무능력 상태일 때는 동의할 수 없다고 말하는 듯했고 그래서 나는 좀 더 검색해 보았다. 검색어의 표현을 요리조리 바꾸다 보니 검색어라기보다는 인터넷이 답해 줄 리 없다는 것을 나도 잘 아는 두서없는 개인적 의문으로 바뀌었다. "어느 정도 취해야 동의할 수 있나" "취해서 예스라고 말했지만 기억하지 못한다면" "예스라고 말했지만 기억하지 못한다면 그것은 성폭행인가" "필름이 끊겼을 때 자신이 원하는 바를 어떻게 알 수 있나" "나는 왜 이렇게 자주 필름이 끊기나".

특정한 답을 바란 것도 아니었다. 그저 누가 내 경험을 판단해 주기를, 내가 이렇게 느껴도 괜찮다거나 극복할 필요가 있다고 말해 주기를 바란 것이었다. 임상심리학자인 킴 프롬(Kim Fromme) 교수에 대해서도 읽어 보았다. 그는 밀러 사건을 포

---

* LinkedIn, 사용자들이 자신의 인적 사항과 경력을 공개함으로써 구직과 직업적 인맥 확보에 도움을 얻도록 특화된 소셜네트워크서비스.
* Reddit, 사용자들이 다양한 주제에 대해 토론하고 정보를 나누는 사이트.

함해 사건 수십 건에서 진술한 전문가로서 이론적으로는 사람이 필름이 끊긴 상태에서도 섹스에 동의할 수 있다는 소견을 형사사건에서 증언하는 일로 먹고살아 온 사람이었다. 그런 프롬의 논증은 종종 확실히 내 잘못이었다는 생각이 들게 만들었다. 나는 또 위험관리 컨설팅 회사에서 일하는 두 백인 남성이 만든 알코올과 동의에 관한 슬라이드쇼를 발견했는데, 그 프레젠테이션에는 이런 말이 나왔다. "술이 세지만 그 덕분에 전형적인 만취 증상을 드러내지 않는 사람은 까다로운 경우다." 까다로운 경우, 그것이 바로 나였다.

모든 자연다큐멘터리에는 우리도 잘 아는 드라마틱한 아이러니가 등장한다. 내레이터가 데이비드 애튼버러이든 애튼버러의 목소리만 흉내 낸 사람이든, 그가 우리에게 뭔가 작고 부드럽고 어리석은 동물을 소개한다면 우리는 곧 그 동물이 잡아먹힌다는 것을 안다. 이것은 필연적인 결과다. 시퀸처럼 반짝이며 꿈틀거리는 물고기 떼, 공처럼 빽빽하게 뭉쳐서 헤엄치는 물고기 떼를 보면 우리는 애초에 그들이 빽빽하게 뭉치도록 만든 원인이었던 더 큰 동물이 곧 그들을 공격할 것임을 안다.

〈블루 플래닛 II〉에서 애튼버러는 해가 지고 바닷속에 형광 푸른색 밤이 내리는 시점에 왕털갯지렁이를 소개한다. 우리는 1분 넘게 벌레를 보지 못하고 대신 운 나쁜 산호초 물고기가 구불구불 헤엄치는 길을 쫓아간다. 무언가가 곧 죽을 것을 알면서 지켜보기란 힘든 일이지만 내가 바꿀 수 있는 것은 없다. 왕털갯지렁이가 튀어나와서 공격한다. 턱으로 바닷물을 가르고 물고기를 붙잡아서 모래 속으로 끌고 들어간다. 물고기가 용케 탈출하더라도 근처에 다른 벌레가 숨어 있을지도 모른다. 해저에서 물고기가 갈 수 있는 장소는 그다지 많지 않다.

왜 자연 영상 속 먹잇감은 늘 "아무것도 의심하지 않을"까? "매복한 악어가 아무것도 모르는 먹잇감을 붙잡습니다." "세계 최대 거미가 아무것도 의심하지 않는 도마뱀을 삼킵니다." "갑오징어가 아무것도 모르는 게에게 최면을 겁니다." 이런 영상을 볼 때 우리는 공격자의 무기가 속도이든 꾀이든 완력이든 그 공격에 감탄하게 되어 있다. 먹잇감이 영상의 진정한 주제인 경우는 드물다. 우리가 눈밭에서 폴짝거리는 토끼를 보는 것은 토끼의 채집 방식을 알기 위해서가 아니라 북극여우가 먹잇감을 사냥하려고 매복하는 방식을 알기 위해서다. 바다사자가 얼음 밑을 잽싸게 헤엄치는 모습을 보는 것은 범고래가 떼로 사냥하는 방식을 알기 위해서다. 벌잡이새가 하늘을 나는 모습을 보는 것은 흰머리수리의 급강하 기술을 목격하기 위해서다.

물론 예외는 있다. 그리고 우리가 먹잇감의 내밀한 삶에 대해서 아무것도 듣지 못한다는 말은 아니다. 우리는 토끼의 두꺼운 겨울 털과 짧아진 귀에 대해서 듣는다. 바다표범이 물에 뛰어들었다가 물 밖으로 나갔다가 하면서 범고래의 악무는 턱을 피하는 것을 본다. 청록색 벌잡이새들이 절벽의 둥지 자리를 놓고 다투는 복잡한 집단역학을 본다. 하지만 대개 다큐멘터리는 시청자의 주의를 포식자에게 되돌리고 포식 장면을 클라이맥스로 삼아서 해당 시퀀스를 맺는다. 여우 턱에 물린 토끼, 물에 퍼진 바다표범의 피, 흰머리수리의 노란 발톱에 붙잡힌 보석 색깔의 새.

먹잇감은 방심하다가 잡힐 수도 있고 놀라서 잡힐 수도 있고 심지어 매복당해서 잡힐 수도 있지만 정말로 아무것도 의심하지 않다가 붙잡히는 경우는 없다. 먹잇감 동물은 트라우마에 반응하는 몸 혹은 트라우마를 예상하는 몸의 청사진을 진화시켜 왔다. 북극토끼가 여름에 청회색이고 겨울에 흰색인 것은 포식자에게 들키지 않기 위해서다. 어떤 동물은 심지어 몸의 일부를 포기하는 방향으로 적응하다 보니 그 부위가 재생되는 수준에 이르렀다. 갯민숭달팽이는 머리처럼 보이는 돌기를 댕강 떨어뜨리고, 게는 집게발을 희생하며, 도마뱀붙이는 잘린 채로도 꿈틀거리는 꼬리를 떨어뜨려서 자신이 탈출하는 동안 미끼가 되게 한다. 뱀은 죽은 척하고, 나비는 잎으로 가장하며, 문어는 먹물을 뿜는다. 이런 적응은 놀랍고 그래서 우리는 이런 동물을 특별하다고 여기지만 그래도 만약 포식자의 끝없는 위협이 없었다면 애초에 이런 적응이 필요하지도 않았을 것이다.

   이 포식 비유가 엉성하다는 것을 나도 안다. 나는 왕털갯지렁이가 허기를 느낀다고 해서 혹은 사냥한다고 해서 탓하려는 게 아니다. 그 벌레는 이미 죽고 털도 뽑힌 고기를 사서 먹는 나보다 훨씬 열심히 일하는걸. 내가 그 벌레의 몸을 징그럽게 여기는 것은 뱀 혹은 뱀처럼 움직이는 존재를 두려워하는 내 안의 동물에게 내재된 본능 탓도 있을 것이다. 왕털갯지렁이가 물고기를 낚아채 만찬을 즐길 때 그 벌레는 물고기의 감정 따위는 생각하지 않는다. 벌레에게는 복잡한 뇌와 도덕감각이 없으므로 벌레의 의도는 결코 잔인할 수 없다. 벌레가 자신이 알지도 못하는 의무를 회피할 수는 없다. 하지만 우리는 그럴 수 있다.

나는 내가 동의하기에 충분할 만큼 의식이 있지 않았을 때 나를 만진 남자들을 비난하려고 이 글을 쓰는 것이 아니다. 대신 나는 사회가 용인할 만하다고 보는 접촉의 게시판에 그들을 압정처럼 꽂아 보고 싶다. 나는 내가 그런 상태일 때 어땠는지, 뭐라고 말했는지, 혀가 어떻게 꼬였는지 모른다. 인생에서 대부분의 기간에 갈등이란 내게 생각만 해도 겁나는 일이었으므로 소란을 피하기 위해서라면 거의 뭐든지 하려고 들었다. 내 우선 사항은 자존심이지 육체가 아니었다. 나도 다음 중 어느 해석을 믿고 싶은지 잘 모르겠다. 그 남자들이 내가 그 일을 원한다고 생각했다는 해석, 그 남자들이 내게 동의할 만한 의식이 없다는 걸 알았다는 해석, 그 남자들이 상황을 의심하긴 했지만 그런 걱정을 묻어 두었다는 해석, 그 남자들이 애초에 신경 쓰지 않았다는 해석.

내가 의식이 끊어졌다는 사실(임상용어로는 "법적 무능력 상태"이지만 내가 이해할 수 있는 표현은 "의식이 끊어졌다"라는 것뿐이다), 그런 날 밤에 내 몸 밖으로 굴을 파고 나간 상태였다는 사실을 그 남자들이 알았는지는 모르겠다. 아무튼 만약 내가 법적 무능력 상태(의식이 끊어진 상태)였다면 동의할 수 없었다는 것을 나도 법적으로, 논리적으로는 알겠다. 그것을 사실로 믿기 위해서는 스스로 괜찮다고 말하면서 마음속 그늘에 밀어 둔 과거의 일부를 뒤엎어야 한다는 것, 그리고 스스로 감정을 느끼도록 허락해야 한다는 것도 알겠다. 그런데 이것은 내가 다 차지하기에는 막막하게 넓은 공간처럼 느껴진다. 솔직히 말하자면 대부분의 순간에 나는 괜찮다.

만약 내가 인생의 기억을 리본처럼 풀어서 빛에 비춰 본다면 그중 몇 년에 해당하는 대목이 완전히 해어져 있을 것이다. 누덕누덕 기워져 있고, 찢어져 있고, 구멍 나 있을 것이다. 어떤 면에서는 오히려 안도감이 든다. 인생의 그 기간에 벌어졌던 일들은 내게서 영영 사라졌고 만약 남아 있더라도 뭔가 본능 같은 것으로 변형되었다. 그것은 내 인생의 잃어버린 시간, 내가 무의식으로 살았던 시간, 내가 물리적으로 존재하는 육체였으나 내 행동과 내게 벌어지는 일을 이해할 능력은 없었던 시간이다.

몇 년 전 대학에서 알았던 한 남자아이가 그날 밤 자신의 행동을 사과한다는 메시지를 페이스북에서 내게 보내왔다. 나는 메시지를 뚫어져라 보면서 그 일이 과연 무엇이었을지 머리를 쥐어짰다. 아무것도 떠오르지 않았다. 친구에게 문자를 보내서 물어봐야지 싶었으나 그날 밤에 대한 무지를 알리면 내가 필름이 끊겼던 사실도 들킬 터라서 그만두었다. 메시지를 무시하고 그를 차단하고 싶었지만 그가 내가 가끔 방문하는 도시에 산다는 것을 알았고 내 친구 중 몇 명이 그의 친구라는 것도 알았다. 만약 그가 내게 따지면 어떡할지 걱정되었고 그가 내게 차단당한 사실을 우리가 공통으로 아는 사람에게 말할까 봐 걱정되었다. 그래서 나는 답장을 보냈다. 상황이 이상해 보이지 않도록, 내가 전혀 동요하지 않은 것처럼 보이도록 한 시간 내에 답장했다. "진짜 괜찮아!" 몇 초 후 내 답장이 실제로 무슨 일이 있긴 했다는 뜻으로 읽힐 수도 있을 것 같아서 다시 메시지를 보냈다. "별일 아니었는걸." 만약 내가 내 삶의 탐정으로서 좀 더 냉혹하다면, 그리고 내가 의식 끊긴 상태에서 한 행동과 내게 행해진 일을 다 알고도 스스로를 사랑할 수 있다고 좀 더 확신한다면, 그에게 그게 무슨 말이냐고 물을 용기를 낼 수 있었을 것이다. 하지만 나는 그렇지 않기 때문에 그렇게 하지 않았다.

아니, 나는 그 남자들을 비난하려고 이 글을 쓰는 게 아니다. 하지만 그들의 행동은 그들의 통제를 넘어선 체제에 의해 주입된 것이라고 봄으로써 그들을 용서해 주려는 것도 아니다. 우리가 소속된 거의 모든 체제는 잔인하다. 그 속에서 우리의 의무는 너무 자주 잘못을 저지르는 제멋대로의 법 체제로부터 독립된 도덕적 중추를 갖추고 스스로 그에 부끄럽지 않게 행동하는 것이다. 이것은 우리가 복잡한 뇌를 가진 생물로서 물려받은 숙제다. 복잡한 뇌에는 사랑이나 섹스나 차에서 더듬는 것 같은 불가해한 즐거움이 따르지만 또한 감정이입의 의무, 누가 비틀거리는 것이 무슨 뜻인지 이해하는 의무도 따른다.

내 경험은 예외적이지 않다. 빈도도 심각성도 그렇다. 하지만 나는 내가 더 어렸을 때 주변 남자들이 안전망으로 기능할 수 있었던 세상, 취해서 보도에서 비틀거리는 여자아이를 기회가 아니라 인간으로 볼 수 있었던 세상을 상상하고 싶다. 그들이 나를 보고 내 친구들에게 알려 주거나, 집에 데려다주되 건드리지 않거나, 그냥 혼자 놓아두었다면 좋았을 것이다. 나는 정말 괜찮았다. 토사물에 질식하거나 기절해 머리를 부딪칠 위험에 처해 있지 않았다. 그들이 발견하기 전까지 나는 괜찮았지만 그들이 발견한 뒤에는 그렇지 않았다.

어떤 바다에서, 왕털갯지렁이는 모노클브림(monocle bream)이라는 작은 물고기를 잡아먹는다. 이 물고기는 갑옷 색깔로 은색 몸에 검은색 줄이 하나 그어져 있을 뿐이다. 열대의 갖가지 화려한 물고기들 틈에서 뻔뻔하리만치 수수하다. 곧 잡아먹힐 처지일 때에만 자연다큐멘터리에 등장하는 종류의 물고기일 것 같다. 이 물고기는 요각류, 새우, 작은 갑각류처럼 역시 모래에 숨은 작은 생물을 먹고 산다. 그리고 사회적 집단을 이루어 무리 짓는다. 머릿수가 힘임을 알아서 여러 쌍의 눈으로 물속에서 위험을 주시한다.

모노클브림에게는 제 밑의 광활한 검은 모래밭이 텅 빈 듯 보일 수 있겠지만 사실 그곳에서는 왕털갯지렁이가 점액으로 다진 굴에 숨은 채 확 잡아챌 만한 먹잇감을 더듬이로 찾고 있다. 형세는 물고기에게 불리해 보인다. 물고기가 찾는 먹이가 침전물에 묻혀 있고 그 침전물은 물고기를 잡아먹으려는 벌레를 가려 주기 때문이다.

과학자들은 인도네시아 앞바다에서 어린 모노클브림들을 관찰하다가 이 물고기가 좀 특이한 행동을 하는 것을 알아차렸다. 그 행동은 늘 물고기 한 마리에서 시작된다. 한 물고기가 아래로 눈을 돌렸다가 모래에 의심스러운 보조개가 팬 것을 알아차린다. 그것은 살짝 파인 구덩이일 수도 있고 모래 위를 빠끔히 내다보는 더듬이일 수도 있다. 물고기는 주춤주춤 다가가되 새로운 움직임이 있는지 확인하고자 자주 멈추면서 다가간다. 이 물고기의 이상한 행동을 알아차린 다른 물고기들도 뒤에 모여서 모래에 시선을 고정시킨다. 이때 첫 번째 물고기가 입으로 물을 뿜기 시작한다. 물줄기는 모래를 휘저어서 그 밑에 숨은 벌레를 드러낸다. 모노클브림은 왕털갯지렁이에게 해를 끼칠 능력이 없다. 연약한 지느러미로는, 심지어 아무리 강력한 물줄기로도 외골격을 뚫을 순 없기 때문이다. 하지만 이 물고기는 왕털갯지렁이를 폭로하고 경고할 수 있다. 이들의 물 뿜기는 일종의 활발한 귓속말 네트워크처럼 근처의 다른 물고기들에게 왕털갯지렁이의 은밀한 존재를 알린다.

일단 정체가 드러나면 왕털갯지렁이는 더듬이 하나만 거둬들일지도 모른다. 어떤 때는 굴로 완전히 들어가서 사냥할 수 없을 만큼 깊이 후퇴한다.

모노클브림들은 가끔 한 마리가 잡힌 뒤에, 잡아채여서 모래로 끌려 들어간 뒤에야 물줄기를 뿜을 때도 있다. 한 번은 역시 작고 약한 물고기인 놀래기와 베도라치도 모노클브림 무리에 끼어서 굴에 시선을 맞추며 위험을 기억하는 모습을 보였다.

과학자들은 모노클브림의 이런 집단행동에 감탄했다. 왕털갯지렁이 같은 포식자에게 접근해 때로 공격한다는 것은 무척 위험할 수 있는 일이다. 물고기는 지느러미 하나나 피부 한 조각을 잃을 수도 있고 심지어 죽을 수도 있다. 하지만 과학자들은 벌레가 이 패거리에 맞서 싸우는 모습은 한 번도 보지 못했다. 물고기가 다른 물고기들에게 위험을 경고하다가 위험해지는 모습도 보지 못했다. 모노클브림은 산호초 주변을 헤엄치며 먹이를 찾지만 자신들의 구역에서 너무 멀리 벗어나진 않으며 내쫓기기를 거부한다. 이들은 이 위험한 장소를 서로에게 안전한 곳으로 만들기 위해서 자신이 할 수 있는 일을 한다.

과학자들은 모노클브림에 관한 논문을 발표하면서 이들의 행동이 "새롭다"고 말했다. 인간이 이전에 관찰한 적 없는 일이라는 의미에서는 맞는 말이었다. 하지만 우리가 이전에 찾아볼 생각이라도 했던가?

밀러의 피해자 의견 진술서를 읽은 지 1년 뒤 내가 언론계에서 처음으로 진짜 직장을 구해서 일하던 때였다. 한 친구가 "똥 같은 언론계 남자들"이라는 제목의 명단을 스크린숏으로 찍어서 이메일로 내게 보내 주었는데 그것은 모이라 도니건(Moira Donegan)이 사람들의 제보를 받아서 언론계에서 성추행이나 성폭행을 했다고 알려진 남자들의 이름을 취합한 명단이었다. 나는 명단을 훑어보았고 내 회사와 함께 일하며 내 팀과도 자주 협력하는 남자의 이름을 발견했다. 그는 상대의 의사에 반해 몸을 더듬은 일이 있다고 적혀 있었다. 나는 출퇴근길에 머릿속으로 그의 이름의 경음(硬音)을 발음해 보면서 그와 그의 부러운 직업을 떠올리게 되었다. 이따금 카페테리아에서 그를 보거나 엘리베이터에서 그의 옆에 설 때도 있었다. 몇 년 뒤 그가 주관하는 토론회에 토론자로 참여하지 않겠느냐는 초대를 받았다. 나는 거절했다.

그 시절에 나와 친구들은 주말마다 부시윅(Bushwick)에 있는 작은 클럽에 갔다. 바둑판무늬 바닥과 정신없는 화장실 세 개를 갖춘 클럽이었다. 우리는 늘 일찍 갔다. 입장료가 면제되는 시각에 갔다. 무대에 맨 먼저 오르는 사람이 우리일 때도 많았다. 디제이 부스에서 뿜어져 나오는 연기는 늘 자욱했지만 클럽 안쪽 벽에 흰 페인트로 적힌 메시지를 가릴 정도는 아니었다. **만약 당신이 이 업소에서 상대의 의사에 반해 여성의 몸을 만진다면, 우리가 당신 인생을 말 그대로 망쳐 놓겠다.** 클럽에 사람들이 차고 땀이 흐르기 시작해도 흰 글씨는 까딱거리는 머리들 틈으로 언뜻언뜻 눈에 들어왔다. 동이 트고 사람들이 흩어지면 경고문은 다시 또렷하게 공중에 나타났다. 매일 밤 그 경고문이 우리보다 더 오래 남았다.

내가 첫 여자 친구를 만난 날 밤 우리는 내 방에서 세 시간 가까이 이야기를 나누었다. 그는 공기로 부풀리는 소파에 앉았고 나는 침대가에 앉았다. 나는 너무 긴장해서 말이 구슬처럼 입에서 굴러떨어졌다. 나에 대해 미주알고주알 털어놓는 것을 유혹으로 착각했던 그때 내 말은 틀림없이 요령부득이었을 테지만 나는 그가 나를 위해서 거리를 지킨다는 점과 내게 귀 기울인다는 점에 감동했다. 우리 둘 다 조용해졌을 때 그가 내게 침대에 앉아도 되느냐고 물었다. "응." 나는 말했다. 그가 내게 허벅지를 만져도 되느냐고 물었다. "응." 나는 말하고 그의 손가락이 내 무릎을 어루만지는 것을 바라보았다. 그가 내게 키스해도 되느냐고 물었다. "응." 그가 내게 셔츠를 벗겨도 되느냐고 물었다. "응." 대답이 튀어나온 뒤에 나는 그만 참지 못하고 웃음을 터뜨렸다. 그가 내게 왜 웃느냐고 물었고 나는 지금까지 이런 걸 물어본 사람은 아무도 없었다고 말했다. 그가 그토록 조심스러운 것이 거의 바보 같아 보인다고 생각했던 것이 기억난다. 당연히 나는 그에게 키스하고 싶었고, 그가 내 셔츠를 벗기기를 바랐고, 그와 자고 싶었다. 우리는 결국 헤어질 터였고 당연히 질질 끌다가 지저분하게 갈라설 터였다. 그리고 나는 그에게 반했을 때처럼 그를 두고두고 생각했고 창피하리만치 오래 생각했다. 하지만 이 기억만은 언제까지나 보석처럼 깨끗하게 남아 있다. 이 달콤한 협의만은. 해도 돼? **응, 응, 응.**

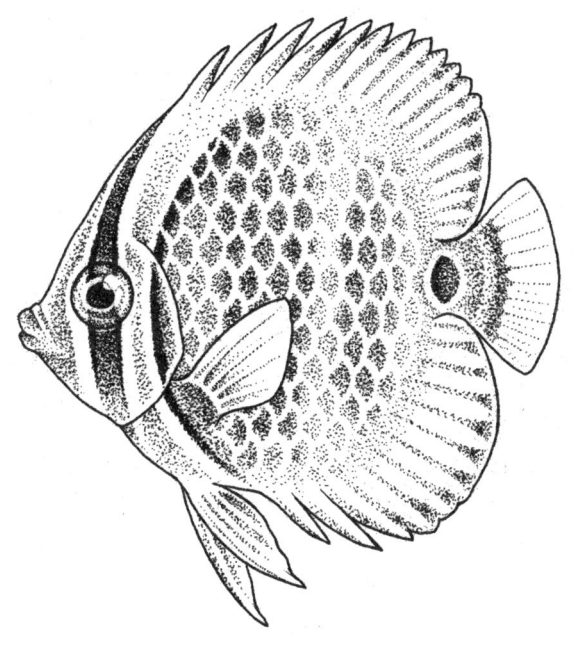

7장

잡종

이 에세이는 내가 만두를 빚는 장면으로 끝나지 않을 것이다.

이 에세이는 내가 중국인 조부모와 백인 아버지와 함께 딤섬을 먹으면서 100년 전만 해도 우리 같은 가족은 용인되지 않았을 것이라고 생각하는 장면으로 끝나지 않을 것이다. 에세이의 표면적 주인공인 내가 100년 전만 해도 존재하지 않았을지도 모른다고 생각하는 장면으로.

이 에세이에는 내가 뉴욕의 어느 잡지에서 파트타임 인턴으로 일했을 때 역시 아시아인과 백인 혼혈이며 이름이 S로 시작하던 다른 파트타임 인턴과 혼동되었던 장면이 나오지 않을 것이다. 같은 해 여름에 또 다른 곳에서 파트타임 인턴으로 일했을 때 관리자로부터 "너는 별로 짱깨 같아 보이지 않네"라는 말을 듣고 그가 나름대로 칭찬한 것이라고 이해한 장면도 나오지 않을 것이다. 이 에세이에는 나도 인종주의를 겪어 봤기 때문에 인종주의에 대해서 불평할 자격이 있다고 주장하는 증거로서 그런 장면이 나오는 일이 없을 것이다.

이 에세이에는 그런 이야기가 하나도 나오지 않겠지만 한때는 나왔다. 나는 그런 마지막 장면과 첫 장면과 중간 장면을 썼다가 다 지웠다. 그런 장면이 감상적이라는 것이 문제가 아니었다. 나는 감상적이다. 다만 그런 장면이 딱히 진실되게 느껴지지 않는다는 것이 문제였다. 솔직히 가공된 장면처럼 느껴졌다. 내가 쓴 방식대로라면 그런 장면은 내가 동의하는지도 확실치 않은 정체성의 깔끔한 수용을 나 자신에게 되뇌는 셈이었다. 혼혈로서 겪은 비소속의 세월을 달래 주는 마지막 소속의 순간. 그런데 그게 정확히 누구를 위한 글이지?

만약 내가 만두를 빚고, 딤섬을 먹고, 혼혈로서 내 몫의 미세 공격을 겪고, 멍해지리만치 표정을 읽을 수 없는 얼굴을 거울로 보면서 빠져들고, 기타 등등, 기타 등등으로 끝나는 글을 고등학생 때 읽었다면 나는 아주 좋아했을 것이다. 고등학생 때와 대학생 때에 나는 그런 에세이를 게걸스럽게 섭취했다. 그것은 우리를 비롯한 많은 사람에게 문이 닫혀 있던 텅 빈 기록보관소를 채우기 시작한 첫 글들이었다. 나는 가령 데이비드라는 이름의 백인 남성의 사적인 삶과 관찰을 읽는 데 워낙 익숙했던 터라 작가가 우리가 공유하는 혼혈의 경험을 가리킬 때마다 인정받는 기분에 정신이 번쩍 들었다. 새롭게 발견한 이 가시성, 재현성은 나를 꼭 안아 주었다.

그래서 나는 대학 때 그런 에세이를 한 편 써서 발표했다. 누가 나를 다른 아시아계 인턴과 헷갈린 일화를 소개한 글이었다. 나는 이국적이라고 불리는 경험에 대해서 썼고, 그것을 의도만 좋은 미세 공격으로 간주하며, 손쉬운 해법을 제시했다. 누구든 내 인종을 알고 싶은 사람은 그냥 내게 물어라, 그러면 내가 기쁘게 알려 주겠다 하고. 그 글로 나는 50달러를 벌었다. 내가 그런 해법을 제시한 것은 만약 어떤 문제에 대해서 쓰고 싶다면 해법도 글에 포함시켜야 한다고 배웠기 때문이다. 내가 그 해법에 정말로 동의했는지는 기억나지 않는다. 하지만 그때 내가 열아홉 살이었던 것, 그리고 내게 나만의 일관된 정치학이 없었던 것은 기억한다. 글이 출간되자마자 불안해졌던 것도 기억한다. **내가 지금, 아무나 낯선 사람이 내게 인종 비율을 물어도 괜찮다고 공개적으로 초대장을 보낸 건가?** 돌아보면 나는 그 에세이를 백인 편집자는 물론이거니와 백인 청중을 위해서 썼다. 작고 성실한 쓰레기 압축기처럼 정체성의 너저분한 무더기를 소화한 뒤에 나오는 다른 사람들이 감당할 수 있는 교훈으로 바꿔 냈다. 내가 아시아계 혼혈로서 다른 아시아계 혼혈 청중을 위해서 쓴 에세이가 어떤 모습일지는 생각해 보지 않았다. 혹은 내가 백인 혼혈로서 다른 백인 혼혈 청중을 위해서 쓴 에세이가 어떤 모습일지 생각해 보지 않았다고 해도 된다. 그리고 그런 글을 생각해 보려고 하면 내가 새롭게 할 말이 없을까 봐 걱정되었으므로, 나는 인종만은 제외하고 다른 모든 것에 대해서 쓰는 편이 더 쉽다고 결정 내렸다.

그런데도—이 에세이 자체가 스포일러다—나는 나의 혼혈성을 생각하기를 결코 멈출 수 없었다. 내 인종은, 혹은 그것이 무엇을 뜻하고 내가 어떻게 느껴야 하는지에 대한 집착은 남은 평생 나를 괴롭힐지도 모르는 주제다. 나는 오랫동안, 주로 대학생일 때 나 자신을 범주화함으로써 이 짜증을 해소할 수 있으리라고 생각했는데 그것은 내 정체성의 세부 사항에 집착한다는 뜻이었다. 내가 스스로를 무엇이라고 부를 수 있는지, 어떤 장소를 차지할 수 있는지, 언제 타인을 비난할 수 있고 언제 자신을 비난할 수 있는지. 이런 집착에 대해서 나 자신을 탓하진 않는다. 사람이 "너 정체가 뭐니?"라는 질문을 너무 자주 받으면, 답을 찾고야 말겠다고 작심하는 법이다.

비평가 시앤 나이(Sianne Ngai)의 용어를 빌리면, 나 자신에 대한 나의 짜증은 나의 못난 감정이다. 내가 나을 틈을 주지 않고 자꾸만 뜯는 딱지, 계속 덧나는 작은 상처다. 『못난 감정(Ugly Feelings)』에서 나이는 아리스토텔레스를 인용한다. 아리스토텔레스는 짜증을 이렇게 정의했다. "짜증이 많은 사람이란 잘못된 것에 짜증 내고, 적절한 수준보다 더 심하게 더 오래 짜증 내는 사람이다." 나이가 짜증의 시금석으로 삼는 사람은 넬라 라슨(Nella Larsen)의 1928년 소설 『퀵샌드(Quicksand)』의 혼혈 주인공 헬가 크레인이다. 헬가의 인종적 불안은 유별

나고 끝없는 짜증으로 드러난다. 헬가는 퀴퀴한 음식 냄새, 변색된 은, 못생긴 찻잔에 짜증 낸다. 나이는 헬가의 짜증이 너무 심하고 엉뚱한 대상을 향하기 때문에 독자가 헬가와 함께 짜증 내는 게 아니라 헬가에게 짜증 내게 된다고 말한다. 나는 내 글이 헬가의 짜증을 닮을까 봐 걱정된다. 내가 에세이 한 편의 주제로 삼기에는 너무 헛되고 시시한 문제에 집착하는 것일까 봐 걱정된다. 하지만 다른 선택지는 무엇인가? 헬가가 되어서 남은 평생 찻잔에게 괴물처럼 분노하는 것이다.

나는 소속의 문제를 어떻게든 해결하는 방향으로 글을 쓰는 데는 관심 없다. 어쩌면 이것은 성인기에 두 번 커밍아웃을 한 부작용인지도 모르겠지만, 나는 스스로에 대해 무언가 해결되었다고 느끼기를 바라지 않는다. 혼혈로서 내 경험은 고정된 게 아니라 늘 오락가락하는 것이다. 중국인과 백인 사이에서, 갈망과 짜증 사이에서, 자긍심과 죄책감 사이에서. 나는 혼혈인 내가 현재와 미래에 어떻게 존재할지 상상하고 싶다. 나의 혼혈성을 명사가 아니라 동명사로 생각하고 싶다. 내가 어떻게 계속 살아갈 수 있는지 상상하고 싶다.

최근에 나는 웬 나비고기 한 마리에 집착했다. 그 물고기는 1970년대에 그레이트배리어리프*의 리저드섬 남쪽에서 잠시 살았다. 그 물고기는 다른 두 나비고기와 함께 헤엄쳤는데, 그들은 반짝거리는 몸통에 금색 줄무늬가 나 있어서 꼭 버터 덩어리에 동전을 얹어 둔 것처럼 보이는 녀석들이었다. 내 나비고기는 몸집이 가장 작아서 다른 두 나비고기의 절반만 했지만

* Great Barrier Reef, 오스트레일리아 북동부 해안에 있는 세계 최대 규모의 산호초 지대.

산호초에서 먹이를 찾아 헤매는 트리오를 앞장서서 이끌었다. 어쩌다 다른 물고기가 다가오면 내 나비고기는 머리를 모래밭으로 향하고 지느러미살을 공격적으로 곤두세웠다. 내 나비고기는 수호자였다. 셋 중에서 다른 생물에게 가장 공격적이었고 낯선 존재에게 가장 예민하게 굴었다.

세 물고기는 그렇게 두 시간 동안 헤엄쳤다. 우리가 이 사실을 아는 것은 어느 해양생물학자가 트리오를 따라다니면서 자신이 본 바를 기록했기 때문이다. 두 시간 후, 해양생물학자는 내 나비고기를 사진으로 찍은 뒤에 물고기에게 충격을 가해서 기절시키는 폭발 장치인 7.7밀리미터 작살총으로 붙잡았다. 이렇게 표본을 수집하는 것은 보전생물학에서 흔히 쓰였고 요즘도 종종 쓰이는 방법이다. 사진이나 작은 지느러미 샘플만으로는 물고기를 충분히 연구할 수 없으므로 과학자들은 물고기를 통째 잡아서 썩지 않게 에탄올에 담가야 했다. 내 나비고기가 붙잡힌 것은 생김새가 달라서였다. 알려진 종 같지 않고 별개의 두 종이 섞인 것처럼 생겨서, 잡종처럼 생겨서였다.

나는 1977년에 발표된 논문을 통해서 내 나비고기를 알았다. 논문에서 과학자들은 각자 다른 종들의 조합으로 탄생한 잡종 나비고기 다섯 마리를 소개했다. 각 잡종 물고기의 증명사진과 함께 그 부모로 추정되는 종들의 사진, 그리고 그들의 머리 길이, 체고, 지느러미살 개수 등등의 측정값을 비교한 표가 실려 있었다. 나는 첫 네 잡종 물고기를 소개한 대목은 심드렁하게 읽었고, 사진을 훌훌 넘기면서 부모 종이 갖고 있는 점무늬와 줄무늬가 잡종 후손에게서 작아지거나 흐려지거나 아예 사라지는 것을 확인했다. 그것은 모두 죽은 물고기를 묘사한 글이었지만 내 나비고기는 예외였는데, 내 나비고기를 묘사한 대목에는 그날 산호초에서 그 물고기가 친구들을 지키면서 헤엄쳤던 모습을 관찰한 짧은 목격담이 실려 있었다. 논문이 물고기의 생김새나 부모나 가상의 생식력만이 아니라 실제 살아 있는 존재에게 관심을 보인 듯한 대목은 그것뿐이었다. 나는 그 묘사에 허를 찔렸고, 왠지 이 작고 고집 센 나비고기에 대해서 더 많이 알고 싶어졌다. 그 물고기가 다른 물고기들보다 훨씬 작은 이유를 알고 싶었다. 그 물고기가 왜 다른 두 금색 줄무늬 나비고기와 함께 다니게 되었는지, 그들이 친연 관계였는지 아니면 그냥 산호초에서 만난 사이였는지 알고 싶었다. 그 물고기가 어떤 삶을 살았는지 더 알고 싶었다.

잡종 물고기와 자신을 동일시하는 것은 위험한 일, 심지어 반대할 만한 일로 느껴진다. 나 또한 100년 전만 해도 잡종으로 여겨졌으리라는 점, 서구 과학은 퍽 최근까지도 인간을 여러 종으로 나누려고 했다는 점, 인종 간 혼인 금지법이 위헌으로 판결된 것이 겨우 1967년이라는 점, 아직도 인터넷의 어느 음산한 구석에서는 내 탄생을 심술궂게 볼 사람이 많다는 점을 고려하자면 그렇다. 하지만 가끔은 불편한 것이 가장 친숙한 것, 게다가 가장 정곡을 찌르는 것일 수도 있다. 내가 혼혈인을 "잡종"이나 "튀기"로 부르는 사람을 처음 본 것은 중학생 때 네오펫 채팅 게시판에서였다. 그 인종주의는 적어도 겉으로는 진보적인 교외 동네에서 살아가던 내 일상과는 너무 먼 듯 보였고, 어린이를 위한 가상 반려동물 웹사이트의 샛노란 바탕색을 배경에 둔 상태에서는 거의 웃기게 느껴졌다. 나는 나처럼 아시아계 혼혈인 친구 사야와 함께 몇 주 동안 그것으로 농담했다. 하지만 그것은 내가 처음 자신을 잡종으로 생각한 것이 열두 살 때쯤이었다는 뜻이며 아마도 그때부터 이 연관성이 줄곧 내 마음에 남았다.

과학용어와 비어의 경계는 늘 가변적이었다. "잡종(hybrid)"이라는 단어가 처음 쓰인 것은 1600년으로, 동식물의 이종 간 후손을 가리키는 의미였다. 하지만 결국 이 의미는 경계를 벗어나서 (모욕적으로) 혼혈인에게 쓰이게 되었고 (중립적으로) 혼합 연료 자동차에도 쓰이게 되었다.

20세기 초에 한 영국인 자연학자가 찰스 다윈의 자연선택 이론을 읽고 선택적 교배 원칙이 인간에게도 적용될 수 있다고 판단함으로써 생겨난 우생학 운동은 인종 간 혼인 금지법의 한 기틀이었다. 미국에서는 불과 몇십 년 전까지도 백인과 아시아인의 성관계를 공중보건상 위협으로 간주했다. 특히 중국인 여성은 모두가 성 노동자이자 성병을 갖고 있어서 백인 공동체에 퍼뜨릴 수 있다는 거짓된 근거에 따라 입국이 금지되었다. 섹스도 문제이지만 잡종 후손도 문제였다. 어떤 과학자들은 그런 후손이 별도의 새 인종이 될 수 있으며 결국에는 그들이 노새처럼 불임이 되고 말 것이라고 믿었다.

물론 혼혈인은 리저드섬의 나비고기를 잡종이라고 부를 때의 의미에 따르자면 엄밀히 잡종이라고 할 수 없다. 내가 개인적으로 '잡종'이라는 단어를 되찾고 싶은 것은 아니지만 그래도 내 눈에는 어쩔 수 없이 우리 사이의 유사성이 보인다. 이따금 매력적인 이름을 지닌 잡종의 발견에 관한 기사를 읽을 때가 있다. 희한한 날루가, 피즐리 곰, 스터들피시*. 하지만 그런 이야기에는 으레 경고가 담겨 있다. 인간이 세상을 주무르고, 생태계를 뒤섞고, 북극을 녹이고, 인간이 아니면 서로 만날 일

---

* 날루가(narluga)는 일각고래와 흰돌고래의 잡종, 피즐리(pizzly)는 북극곰과 회색곰의 잡종, 스터들피시(sturddlefish)는 러시아철갑상어와 아메리카주걱철갑상어의 잡종이다.

없었을 동물들을 섞어 놓음에 따라 잡종이 느는 추세라는 것이다. 나는 내가 태어나기 전에 내게 부여된 희망들을 생각해 보고, 내가 그것들을 어떻게 충족했거나 실망시켰는지 생각해 본다. 우리 엄마는 나와 동생 소피아에게 자신이 우리 아빠와 결혼한 이유 중 하나는 아빠가 키가 커서라고 말하곤 했다. 우리가 자신과는 달리 키가 크기를 바랐다는 것이다. 실험은 실패했다. 우리 중 제일 큰 사람이 160센티미터 언저리이니까. 우리 아빠는 소피아와 내게 자기 어머니, 즉 우리 할머니가 아시아계 혼혈 아기를 세상에서 제일 아름다운 아기로 여겼다고 들려주곤 했다. 적어도 그 실험은 성공했다. 내 생각에 나는 아주 아름다운 아기였다.

내가 어릴 때, 우리 가족은 거의 매년 여름 오아후(O'ahu)섬에 갔다. 아빠는 일 때문에 불려 갈 때가 많았고 그래서 엄마가 우리를 데리고 해변에 갔다. 엄마는 나와 소피아가 모래성을 짓는 것을 지켜보았고 내가 산호초에서 놀게 놔두었다. 나는 "하와이의 산호초 생물들"이라는 제목의 동정표 코팅지를 들고 헤엄쳤다. 그것은 반들반들한 파란색 바탕에 내가 만날 가능성이 있는 모든 물고기를 줄 맞추어 그려 넣은 환상적인 표였는데, 물고기마다 하와이에서 부르는 이름과 일반명 두 가지가 적혀 있었다. 윗줄 왼쪽 구석에서 현란한 노란색과 흰색을 뽐내는 나비고기들은 알아보기 쉬운 녀석들이었다.

    하와이에서 우리는 거의 매일 저녁을 숙소에서 전자레인지로 린퀴진*을 데워서 케이블방송을 보면서 먹었다. 하지만 주말에는 호텔 식당에서 먹었는데 그러면 종업원들은—식당을 메운 손

＊ Lean Cuisine, 미국의 냉동식품 브랜드.

님은 주로 백인 가족이었지만 종업원은 그들보다 소피아와 나를 더 닮은 경우가 많았다―엄마에게 우리 아버지에 대해서 묻곤 했다. "얘들 아빠는 백인이에요." 엄마가 이렇게 말하면 종업원들은 웃으면서 우리 같은 사람을 하와이 토착어로 하파(hapa)라고 부른다고 알려 주었고, 나는 이것이 아시아계 혼혈을 뜻하는 말인가 보다 하고 이해했다. 나는 하파를 편하게 느끼기 시작했다. 단일한 단어가 주는 응집력이 위로가 되었고, 더 이상 무슨무슨 계라고 불리지 않아도 되는 것에서 안도감이 들었다.

대학에서 나는 하파가 '부분'을 뜻하는 하와이어임을 알게 되었다. 그래서 가령 하파 하올레(hapa haole)라고 하면 일부분은 백인이고 일부분은 토착 하와이인인 사람을 가리킨다. 그렇다는 것은 곧 나 같은 사람들이 그 단어를 훔쳤다는 뜻이고 내가 사실은 하파도 아니라는 뜻이었다.

분류학의 아버지는―왜 과학 분과에는 늘 아버지가 있을까?―1만 2000종이 넘는 동식물의 이름을 지은 칼 폰 린네(Carl Linnaeus)다. 그는 지구의 모든 종에게 두 부분으로 나뉜 이름을 붙이는 이명법을 고안했다. 먼저 속명이 오고 그 뒤에 종명이 오는 체계다. 물론 그 종들 중 다수는 원래 이름이 있었다. 하와이 선주민은 린네가 나비고기에게 카이토돈(*Chaetodon*)이라는 속명을 붙이기 전에도 이 물고기를 알았다. 그들이 부르는 이름은 키카카푸(kīkākapu)와 라우하우(lauhau)였다. 린네의 체계에서 생물은 '발견되는' 족족 명명되었는데 이때 발견이란 보통 백인 남성이 처음 보았다는 뜻이었다.

과학자들이 잡종 나비고기를 묘사할 때 그들에게 이름을 지어 주진 않았다. 잡종은 독자적 종이 아니기 때문에 린네식 학명이 없다. 잡종은 설령 번식하더라도 생식력 있는 새끼를 낳지 못할 때가 많다. 잡종은 금세 혈통이 끊길 것으로 기대되는 존재다. 린네식 분류법에서 잡종은 수학식처럼 보인다. 두 종의 이름이 ×로 이어져 있기 때문이다. 가시나비고기와 줄무늬나비고기의 잡종은 C. 아우리가(C. auriga) × C. 리네올라투스(C. lineolatus)다. 이 이름은 잡종을 그 부모의 혈통으로 정의할 뿐 개별적 존재로 정의하지 않는다. 카리스마 있는 예외도 있기는 하다. 노새와 라이거, 날루가와 피즐리가 그렇다. 하지만 나비고기 잡종은 쉽게 볼 수 없는 우연한 존재인 데다가 독자적 종이 되거나 부모 종을 대체할 것 같지도 않으므로 우리는 그들에게 영속적인 이름을 주지 않는다. 만약 그들의 이름이 영속하더라도 그것은 부모 종을 언급하는 이름일 뿐이고 그들을 위해서 마련된 새로운 공간은 짧게 표기된 ×뿐이다.

이 ×는 우리 많은 잡종을 혼혈 조합과 무관하게 하나로 통합시킨다. 우리는 모두 술집에서 만난 남자나 일터에서 만난 남자나 그냥 남자가, 그야말로 아무 남자나 우리 혈통을 해부하려고 시도하는 것을 보면서 비참하게 서 있어 봤다. 미국의 혼혈 미래를 보여 주는 베이지색 피부의 여성이랍시고 만들어진 뿌연 합성 사진을 보면서, 왜 저렇게 백인처럼 생겼을까 의문스러워 해 봤다. 사람들이 우리의 모국이라고 부르는 나라에서 이방인처럼 느껴 봤다. 이 ×는 실체가 없고 엄밀히 말해서 그 자체로는 무의미하다. 하지만 내게는 무의미하지 않다. 이것은 우리가 온전히 우리 것임을 아는 유일한 것이다. 우리에게 ×가 있는 한 우리는 결코 세계들 사이에 낀 존재가 아닐 것이다. ×가 우리의 세계다. C. 아우리가 × C. 리네올라투스라는 이름을 읽을 때 내가 맨 먼저 보는 것은 ×다.

"너 정체가 뭐니?" 설령 질문자는 깨닫지 못할지라도 이것은 분류학적 행위다. 이것은 과학자들이 내 잡종 나비고기에게 던졌던 질문이다. 내가 수학능력시험(SAT) 문제지를 펼쳐서 사람들은 성인이 되는 조건으로 불공평을 받아들여야 하는가 하는 주제로 에세이를 쓰기 전에 문제지 양식이 먼저 내게 물었던 질문이다. 내가 어릴 때 쇼핑몰에서 낯선 사람들이 혹시 납득할 만한 조합의 부모가 나타날까 싶어서 시선을 내 바가지 머리 위에 둔 채 내게 던졌던 질문이다. 나는 평생 이 질문에 시달리며 살았다.

이 질문이 내가 가장 자주 만난 인종주의의 매개체였다는 점에서 나는 운이 좋다. 이 질문은 나를 불가해한 존재로 규정한다. 배양 접시에 든 이상한 아메바로, 이전에 이 연못에서 한 번도 보지 못했던 존재로 규정한다. 내가 다른 생물과 다르지 않다는 사실, 우리 인간과 비둘기와 세균이 똑같이 보도에서 항상성을 유지하는 존재라는 사실을 환기시키는 이 질문을 만약 다른 맥락에서 들었다면 나는 고마워할 것이다. 하지만 진정한 과학과는 달리 이때 이 탐구적 질문이 추구하는 것은 지식이 아니라 대상화다. 이 질문은 나를 한 사람이 아니라 대상으로서 이해한다. 내가 **누구냐**가 아니라 **무엇이냐**를 본다.

세월이 흐르면서 나는 이 질문을 묻는 사람들은 답이 아니라 확인을 바라는 것이라고 확신하게 되었다. 어떻게 아느냐 하면, 그들에게 내가 '무엇'인지 말했을 때 그들 중 일부는 반박하기 때문이다. "한국인이 아니라고요?" 한 리프트* 기사는 못 믿겠다는 듯이 내게 물었다. "틀림없이 한국인이라고 생각했는데요. 정말 한국인 아니에요?" 2019년 현재 뉴욕에서는 모두가 나를 한국인으로 생각하고 그 정도가 너무 심해서 나는 친구들에

* Lyft, 차량 공유 서비스 브랜드.

게 같은 경험을 하느냐고 물어본다. 중국인 친구 앤절라가 자신도 최근 한국인으로 오해되는 경우가 엄청나게 많다고 말하고, 우리는 적어도 브루클린에서는 한국인이 '인기'인 모양이라는 가설을 세운다. 한국인인 친구 해나도 최근 들어 점점 더 많은 사람이 자신에게 한국인이냐고 묻기 시작했다고 말하는데 예전에는 사람들이 늘 그를 중국인으로 여겼다고 한다. 나는 나만의 간단한 분류법을 개발한다. 인종을 묻는 사람들이 우리를 무엇으로 오해하는가에서 그들이 우리에게 바라는 것이 드러난다는 이론이다. 만약 그들이 우리를 한국인으로 부른다면 그것은 그들이 우리를 아름답다고 여긴다는 뜻이다. 만약 그들이 우리를 중국인으로 부른다면 그것은 그들이 우리가 떠나온 곳으로 돌아가기를 바란다는 뜻이다. 그들이 우리에게 일본인이냐고 묻는 일은 결코 없다. 우리에게 제시된 동아시아 인종 시음 메뉴판에 일본인 항목이 들어 있다면 또 모르겠지만.

예의 질문에 반대하면서 혼혈인이 더 이상 보도에서 해독되는 흥미로운 암호가 아닌 미래, 우리가 방해받지 않고 그저 존재할 수 있는 미래를 주장하는 글을 쓸까 하는 유혹도 느낀다. 그 질문을 던지는 사람을 재수 없게 만난 꼴통으로, 내 인생에 간섭하지 말고 자기 인생이나 잘 살면 좋겠는 사람으로 무시하는 것은 더 쉬운 일일 것이다. 하지만 나는 그럴 수 없다. 왜냐하면 나는 나와 비슷한 혼혈인을 만날 때마다 그 질문을 묻고 싶기 때문이다. 나는 그가 어떤 종류의 아시아인인지 알고 싶다. 그의 부모가 어떻게 만났는지 알고 싶다. 그가 제 정체성을 어떤 말로 표현하는지 알고 싶다. 그가 제 백인성을 얼마나 가깝게 혹은 멀게 느끼는지 알고 싶다. 낯선 사람이 내게 묻길 바라지 않는 질문들을 묻고 싶다. 달리 말해 나 또한 꼴통이다.

나는 결코 그 질문을 버릴 수 없으니, 우리 공통의 잡종성에 한없이 호기심을 느끼기 때문이다. 어쩌면 이것은 내가 우리 가족처럼 백인과 아시아인으로 구성된 가족은 수십 집 있지만 아시아계 혼혈 어른은 없는 환경에서 역할 모델을 갈망하며 자란 탓인지도 모른다. 우리는 모두 아이였고 새롭고 모호한 세대였으며 다들 자신의 불확실한 미래를 조금이나마 엿보고 자신이 자라서 어떤 사람이 될지 조금이나마 알기 위해서 우리 중 최연장자를 곁눈질했다.

한동안 나는 사람들이 그 질문을 물을 때마다 그들을 무시했고, 발끈해 걸음이 빨라졌다. 질문을 못 들은 척했다. 하지만 지금이라면 이렇게 대답할 것 같다. 나는 걸음을 늦춰서 아예 우뚝 선다. 사람들이 나를 둘러 지나가야 할 만큼 양다리를 넓게 벌리고 선다. 사람들이 내게 묻는다. "너 정체가 뭐니?" 나는 그들의 눈을 보면서 말한다. "×."

처음 내 나비고기를 소개할 때 나는 그것이 오스트레일리아 근처 리저드섬 앞바다에서 헤엄치고 있었다고 말했다. 하지만 이제는 리저드섬이라고 말하고 싶지 않다. 왜냐하면 그것은 제임스 쿡(James Cook) 선장이 단 한 번 그곳을 방문해 그가 생각하기에는 놀랍도록 많은 도마뱀을 보고, 섬 이름을 짓고*, 떠나서 붙은 이름이기 때문이다. 쿡이 초대장도 없이 도착하기 전에 그 섬에는 그곳에서 수만 년간 살아온 딩갈(Dingaal) 원주민이 붙인 지구루(Jiigurru)라는 이름이 있었다. 그레이트배리어리프 꼭대기에 자리 잡은 지구루섬은 이후 산호초와 산호초 거주 생물을 연구하는 과학자를 위한 세계적 연구 기지가 되었다.

* 리저드(lizard)가 영어로 도마뱀이다.

지구루의 잡종 나비고기를 묘사한 사람들 중 한 명은 하와이를 비롯한 열대 섬에서 경력 대부분을 보낸 백인 과학자 존 랜들(John Randall)이었다. 아직 많은 산호초 물고기 종에게 학명이 없던 시절에 연구한 랜들은 세상 그 누구보다 많은 종인 어류를 묘사했다. 랜들은 스쿠버 장비를 갖추고 잠수한 최초의 과학자 중 한 명으로, 바다의 새 영역을 열어 준 스쿠버 장비 덕분에 그는 바닷속에서 그때까지 알려지지 않았던 물고기를 수집할 수 있었다. 사람들은 그를 물고기 박사라고 불렀다. 그는 어류 834종을 명명했고 그 대부분은 그의 출신지가 아닌 열대 섬 근처 산호초에서 사는 종이었다.

나는 랜들이 죽은 직후인 2020년 봄에 처음 그를 알았다. 향년 95세였다. 한 부고에 따르면 유족으로 그의 아내이자 오랜 공동 연구자인 헬렌 아우(Helen Au)와 그들의 두 자녀가 있다고 했다. 나는 랜들을 소개한 옛 기사를 읽다가 젊은 커플이었던 랜들과 아우가 양쥐돔에서 발견되는 기생충을 설명한 포스터를 쳐다보고 있는 흑백사진을 보았다. 처음 그 사진을 보았을 때 나는 얼떨떨했다. 키가 크고, 하와이안셔츠를 입고, 갈색 머리카락을 단정하게 가르마 타고, 안경을 낀 백인 남자와 그보다 작고, 검은색 머리카락을 파마하고, 인종적으로 중국인인 여자. 그들은 꼭 내 부모 같았다. 랜들이 우리 아빠를 닮았다거나 아우가 우리 엄마를 닮았다는 뜻이 아니다. 다만 그들이 모두 똑같은 틀에, 내게는 으스스하리만치 익숙한 틀에 들어맞았다는 뜻이다. 나는 유사성을 떨치려고 애써 눈을 깜박거려야 했다.

그것이 하나의 틀임을 아는 것은 나도 그 일부로 인식되는 경험을 해 왔기 때문이다. 내가 더 어리고 더 여자아이처럼 보였을 때 사람들은 가끔 아빠와 나를 커플로 오해했다. 우리는 둘 다 그 사실을 간접적으로 깨달았다. 사람들의 시선이 우리 둘을 오가면서 불편함이나 판단을 내비치는 모습에서. 직접적으로 알 때도 있었으니, 호텔 직원이 우리에게 낭만적인 일몰 크루즈 상품을 팔려고 했을 때가 그랬다. 우리는 이런 부담스러운 시각을 척수반사적으로 일축하는 대응을 개발했고—둘 다 웃음을 터뜨렸다—나는 이 또한 아시아계 혼혈의 고전적 경험일 뿐이라고 스스로에게 일렀으며 나중에는 이 일을 소재로 웃긴 에세이도 한 편 썼다. 내가 이런 일화 중 하나를 페이스북에 썼을 때 아시아계 혼혈 친구 애나가 이런 댓글을 달았다. **나랑 우리 아빠도 그 와이프 사건 겪은 적 있어!!!!!!!! 기분 이상하고 더럽지.** 나는 이 잘못되고 반갑지 않은 가정을 누구 탓으로 돌려야 할지 늘 모르겠다. 그런 가정을 하는 사람들 탓인지, 아니면 못 보고 넘어가기에는 그 수가 너무 많은, 전 세계에서 자신보다 어린 아시아인 여성과 사귀는 나이 많은 백인 남성들 탓인지.

아시아계 혼혈의 메카인 베이에어리어에서 자라다 보니, 친구들의 부모와 내 부모를 비교하지 않을 수 없었다. 한 친구의 집에서 친구의 백인 아버지는 식탁에서 우리와 함께 식사했지만 아시아인 어머니는 뒤에서 요리하다가 모든 접시가 다 빈 후에 식사의 마지막 3분의 1만 함께했다. 또 다른 친구의 집에서 친구의 아시아인 어머니는 우리에게 스테이크를 구워 주면서 백인 아버지에게 통 양념을 쓸 줄 모른다고 놀렸다. 또 다른 친구의 백인 아버지는 아시아인 어머니보다 스무 살 가까이 더 많았다. 한번은 학교 행사에서 우리 부모들이 다 함께 잡담하는 것을 지켜보았는데 우리의 모든 백인 아빠들은 나이를 먹지 않는 우리의 아시아인 엄마들보다 그리고 그들을 지켜보는 10대

초반의 우리 아시아계 혼혈 자녀들보다 무한히 더 늙어 보였다. 이런 식의 인종적 도표 작성은 나의 강박이 되었다. 어떤 차원에서는 만약 내가 그런 커플을 충분히 많이 연구한다면 언젠가는 내 부모의 결혼이 좋은 결혼이었다고, 그것이 과연 무슨 뜻이든, 안심하게 되리라고 믿었던 것 같다. 그리고 바로 이 대목에서 여러분에게 내 부모가 어떻게 만났는지 알려 드려야 할 것 같지만 그러고 싶지는 않다. 내 가족의 어떤 부분은 나 혼자 간직해야 하기 때문이다.

많은 부고에 따르면 존 랜들은 널리 사랑받은 사람이었다. 그는 신기원을 연 해양생물학자였고, 꼼꼼한 분류학자였으며, 너그러운 선생이었고, 멋진 친구였다. 그를 나쁘게 말하는 사람은 아무도 없다. 그런데 랜들이 경력 말년인 2001년에 쓴 서른 쪽짜리 회고록을 발견하고, 나는 뻔뻔하고 남 일에 관심 많은 인간인 데다가 그와 아내의 관계를 더 자세히 알고 싶기 때문에 그 글을 훑어봤다. 그러다가 그림 2에서 멈춘다. 헬렌의 사진인데, 그를 "중국 혈통"이라고 소개한 설명이 밑에 달려 있다. 짜증이 난다. 백인 과학자의 사진에 "백인"이라는 설명이 달리는 경우는 전혀 없는데, 랜들 본인이 이 설명을 적었을까? 더 자세히 읽어 보다가 공교롭게도 랜들이 현재는 키리바시라는 국가가 된 곳에서 열다섯 살 소녀의 벌거벗은 가슴을 찬탄했던 일화를 회고하는 대목을 만난다. 랜들은 소녀를 묘사하되 이름은 알려 주지 않는다. 소녀는 랜들과 다른 과학자들의 연구를 도와서 나비를 수집하고 있었고 소녀가 나비를 수집하는 동안 그들은 소녀의 몸을 쳐다보았던 것이다. 나는 칠십 줄의 랜들이 대체 무엇에 홀렸기에 과학 저널에 발표한 어류학자 경력의 회고록 같은 글에 이 기억을 포함시켰는지 이해하고 싶어서 그 문단을 두 번 읽어 보는데, 첫 번째에는 혼란스럽더니 두 번째에는 역겹다. 그래서 지금 나는 그가 많은 물고기를 명명했다는 것을 알고, 과학의 한 분과를 형성했다는 것을 알고, 사람들이 그를 사랑했으며 그에게 많이 배웠다는 것도 알지만, 이제 내가 존 랜들을 생각할 때 맨 먼저 떠올리는 것은 그 사실이다.

일본인 아버지와 백인 어머니를 둔 내 친구 윌은 보전생물학계에서 일한다. 그는 세일리시해에서 범고래의 장내미생물 군집을 연구한다. 나는 자주 윌을 부러워한다. 그의 일에는 보트에서 오래 아름다운 나날을 보내면서 나 역시 사랑하는 동물을 연구하는 시간이 포함되어 있다. 가끔 만약 내 부모의 인종이 역전되었다면, 그래서 아빠가 아시아인이고 엄마가 백인이라는 덜 문제적인 조합이었다면, 그래도 내가 이 문제에 이렇게까지 몰두했을까 생각할 때가 있다. 그랬다면 이렇게 오래 집착하는 일은 없지 않았을까? 개인적 편집증에 시달리지 않아도 되는 나는 불안을 뭔가 생산적인 일에 쏟았을지도 모른다. 어쩌면 나도 윌과 함께 바다에서 고래를 구하고 있었을지도 모른다.

팬데믹 기간 중 언젠가 파트너 T와 나는 우육면을 먹으면서 막 읽은 책 이야기를 나눈다. 책은 세 여자에 관한 이야기로 그중 둘은 백인이고 나머지 한 명은 아시아인과 백인 혼혈이다. 나는 책이 아주 좋았지만 그래도 한 백인이 다른 백인에게 아시아계 여자의 부모 조합을 마치 사진 설명처럼, 표본 이름표처럼 설명하는 대목에―엄마는 중국인, 아빠는 유대인이야―불평한다.
"그는 왜 설명 없이 존재할 수 없어?" 나는 이렇게 불평하는

데, 불평하면서도 내가 위선적임을 알고 있다. 만약 그의 부모 조합이 제시되지 않았다면 나는 그가 무슨 혼혈인지, 나와 T와 같은 조합의 혼혈인지 (우리는 같은 조합이어서 우리끼리 단일-혼혈 관계라고 농담하곤 한다) 궁금해했을 것이다. 나는 T에게 지금 내가 이 에세이를 쓰느라 남들이 우리 같은 사람을 어떻게 보는지 열심히 생각하는 중이라서 불평하는 거라고 말한다. 세상이 우리에게 우리가 어떻게 존재하게 되었는가 하는 설명을 들을 권리가 있는 양 굴 때가 많다는 점에 불평한다. 거의 원하는 답을 끌어내기 위한 질문처럼 T가 내게 묻는다. 타인이 나에 대해서 이렇게 써 줬으면 하는 방식으로 예의 잡종 나비고기에 대해서 쓸 수 있겠느냐고, 그것의 부모 조합을 묻거나 추측하지 말고 그것이 어떻게 세상에 존재하게 되었는지 넘겨짚지도 말고 쓸 수 있겠느냐고. 나는 이 일화로 이 에세이를 끝맺을 수도 있겠지만 그것은 충분히 만족스럽게 느껴지지 않는다.

어쩌면 나는 친구 아리아와 주고받은 문자메시지로 이 에세이를 끝맺을 수도 있을 것이다.

> ㅋㅋㅋ 백인이 아시아인일 수도 있나
> 우리가 그런 거 같잖아
> 혼혈성이 패러다임을 엉클어뜨리는 게 너무 좋네
>
> 사실 우리는 더 많은 백인이 아시아인이 될 수 있도록
> 담/장벽/천장을 무너뜨리고 앞장서서 길을 닦는 중이라니까

혹은 T와 내가 우리 집주인들과 그 자녀들에게—아시아인과 백인 혼혈이다—저녁을 대접한 날의 장면으로 이 에세이의 요지를

강조할 수도 있을 것이다. 그때 나는 은밀히 전율을 느꼈다. 이 저녁 식사는 T와 나의 관계와 우리의 존재를 통해서 적어도 무의식적으로나마 이 아이들에게 그들의 미래를 보여 주고, 혼혈인 성인이 된다는 것의 의미를 보여 주는 자리일 수 있겠다고 생각했던 것이다. 하지만 집주인들의 10대 딸과 30분 대화한 뒤에 그 아이가 우리 공통의 혼혈성에 손톱만큼도 관심 없다는 것을 깨달았다. 어쩌면 그 아이는 제 혼혈성에 대해서도 아무 생각이 없을지 모른다. 어쩌면 이제 이것은 중요한 문제가 아닐지도 모른다.

어쩌면 이 모든 장면을 섞어서 T와 내가 우리의 혼혈 공동체에서 공존하는 모습을 묘사한 몽타주로 만들 수 있을지도 모른다. 우리가 혼혈 호박을 조각하고, 혼혈 야채를 볶고, 혼혈 문자를 주고받고, 혼혈 피자를 굽고, 혼혈 수다를 떠는 것이 얼마나 기분 좋은 일인지 모른다고 감탄하면서 말이다. 어쩌면 그런 순간이 가르쳐 주는 바는 그 즐거움이 나와 비슷한 사람과 함께하는 데서 오는 게 아니라 나와 같은 방식으로 짜증 내는 사람과 함께하는 데서 온다는 사실인지도 모른다. 어쩌면 집이란 우리의 불평을 듣고 자신도 그게 뭔지 이해하기 때문에 끄덕여 주는 사람인지도 모른다. 어쩌면 우리의 불평을 이해하는 사람에게 불평을 털어놓는 일이 지상에서 가장 순수한 위안 중 하나인지도 모른다. 어쩌면 여기서 중요한 것은 우리 공통의 배경이라기보다는 우리 공통의 짜증, 집착, 불만, 두려움, 분노인지도 모른다. 우리는 아직 우리 자신과 우리가 어떻게 세상에 존재하게 되었는가 하는 문제를 해부하고 있지만 그래도 이제 질문은 우리가 한다.

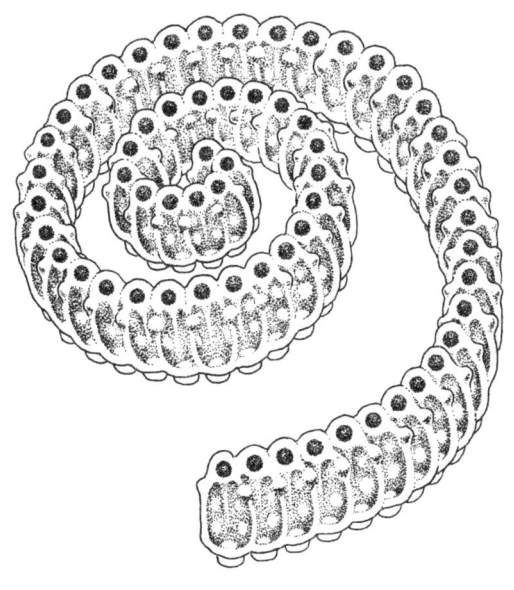

8장

우리는 떼 짓는다

2년 전 4월, 혹등고래 한 마리가 뉴욕 제이컵리스해변에 좌초해 배를 위로 하고 죽었다. 흰 지느러미발이 모래 위에 눈 천사처럼 펼쳐졌고, 골이 진 목은 여태 공기를 삼키고 있는 것처럼 두둑했다. 고래의 죽음은 지역신문에 났다. 몸길이 8.5미터의 고래는 보고된 바 그해에 그 일대에 좌초한 첫 고래였다. 고래의 몸은 죽은 고래의 몸이 깨끗할 수 있는 한 최대로 깨끗해 보였다. 일주일 뒤에 고래는 묻혔다. 해변에서 이뤄진 매장도 지역신문에 났다.

고래의 짧은 부고를 읽었을 때 나는 제이컵리스해변의 어디에 고래가 좌초했는지 알고 싶어서 눈을 가늘게 뜨고 사진을 살폈다. 나는 제이컵리스해변에 자주 가고, 그래서 그 풍경의 어디에 고래를 놓으면 되는지 알고 싶었다. 고래가 내가 걸었던 곳에서 죽었는지 알고 싶었고 아니면 미래에라도 고래가 죽었던 곳의 모래밭을 걷고 싶었다. 하지만 사진에는 장소가 드러나지 않았고 고래는 지형지물이라고는 저 멀리 사구 몇 개와 비바람에 낡은 나무 말뚝의 스카이라인만 보이는 텅 빈 모래사장에 볼록 솟아 있었다.

그동안 나는 리스해변에 좌초했지만 신문에 보도될 만큼 크거나 특별하지 않은 생물을 많이 보았다. 여태 부풀어 있던 작은부레관해파리의 홀로그램 같은 광택, 모래에서 거품처럼 반짝이던 그 모습을 기억한다. 속이 빈 밤색 투구게 껍데기는 옆구리가 큼직하게 떨어져 나가 있었고, 내가 그것을 집어들자 깨끗한 그물무늬 꼬리가 바르르 떨렸다. 움직이지 않는 게가재의 배에는 작은 셔벗 색깔 알이 가득 차 있었다. 이런 동물도 고래와 같은 방식으로 죽었지만—따뜻한 물이나 거친 해류에 떠밀려서 해변에 너무 다가온 것이다—이들의 좌초가 뉴스에 나는 것은 집단으로 나타날 때뿐일 것이다. 작은부레관해파리가 줄지어 파도타기 하거나, 뒤집힌 투구게가 무더기로 널렸거나, 탈피한 게가재 껍데기가 산처럼 쌓인 채 파도에 부드럽게 씻기고 있거나 해야만 말이다. 기사 제목에서 이런 생물은 "좌초"한 게 아니라 "밀려왔을" 뿐이다. 왜 그럴까? 어쩌면 좌초라는 말 자체에 그 생물이 주목할 가치가 있다는 뜻, 구할 가치가 있다는 뜻이 담겨 있는지도 모른다.

이런 문제를 관장하는 미국 연방해양대기청(National Oceanic and Atmospheric Administration, NOAA)은 해양 포유류와 바다거북의 좌초를 주시하는 연락망을 갖추고 있다. 좌초를 보고하는 사람이 따라야 할 체계가 있고, 마치 좌초한 생물의 최근친에게 알리기라도 하는 양 보고자가 연락해야 할 사람들과 기관들이 정해져 있다. 심지어 고래와 돌고래를 위한 앱도 있다. 하지만 게가재나 작은부레관해파리처럼 더 작고 얼굴 없는 생물을 위한 좌초 연락망은 없다. 그들의 몸은 파도에 쓸려 가거나 분해되어 모래에 묻히거나 하는 식으로 스스로 지워진다.

몇 년 전 9월, 어른어른 빛나는 젤리 같은 방울이 리스해변에 산더미처럼 좌초한 것을 보았다. 그날 물 가까이 간 사람은 모두 그 방울을 목격했다. 내 친구들도, 내가 반한 사람도, 내가 반한 사람이 반한 사람도(슬프게도 그것은 내가 아니었다). 하지만 그들은 반짝이는 사구처럼 쌓인 방울들을 조사해 보기를 꺼렸다. "이거 살아 있나?" 누가 물었다. "쏘이기 싫은데." 다른 사람이 이렇게 대답하고는 물에서 떨어져서 찰싹이는 파도로부터 먼 지점에 수건들과 낡은 우산을 펼쳤다.

"쏘지 않아요!" 파도가 부서지는 지점에서 날름거리는 불꽃

무늬 스피도 수영복을 입은 사람이 잠수하기 직전에 우리에게 외쳤다. 나는 그의 목소리 쪽으로 갔고, 파도가 칠 때마다 찐득한 자갈들이 배를 때리는 것을 느끼면서 물에 몸을 담갔다. 바다는 이상하게 진득해서 거의 끈적할 정도였고 수면으로 올라갈 때마다 타피오카 펄만 한 투명 공들이 내 팔에서 굴러떨어졌다. 물을 헤치면 그것들이 느껴졌는데 구슬 커튼을 헤치는 것처럼 손으로 그 생물들을 가르면 이내 방울들이 다시 한 덩이 물처럼 뭉쳐졌다. 나는 스피도 수영복 사람 근처까지 첨벙첨벙 다가갔다. 그의 친구들은 찐득한 공의 정체를 추측하고 있었다.

"새끼 해파리가 분명해." 초록색 벙거지모자를 쓴 사람이 말했다.

"하지만 안 쏘잖아." 불꽃 스피도가 이름 없는 생물을 변호하려고 반박했다.

"물고기 알인 것 같아." 어떤 수영복을 입었는지가 바다에 가려서 보이지 않는 또 다른 사람이 말했는데 그가 뚜껑도 없이 물 위로 위험천만하게 치켜든 로제와인 잔에 이따금 파도가 부딪쳤다. 우리는 계속 머리를 맞대고 궁리하다가 이따금 큰 파도가 밀려오면 점프하거나 잠수했고 수영하려고 해변에 온 사람들이 작대기와 머뭇거리는 발가락으로 방울을 쿡 찌르는 것을 보면 소리쳐서 안심시켰다.

"쏘지 않아요!" 우리는 몸으로 방울을 건드려 보았다는, 그 몸을 건드려 보았다는, 그래도 아무도 다치지 않았다는 공통의 감각 말고는 공식적으로 아무런 전문성이 없지만 그래도 이렇게 합창했다. 우리는 그 반드르르한 것들 속에서 빙글빙글 돌면서 마치 풀장에서 노는 아이처럼 끈끈한 방울들을 이리 치고 저리 쳤다. 그것들은 수가 어찌나 많은지 파도가 때리는 힘을 희석하는 지경인 듯했고 최고조에 달한 오후의 너울이 거의 나른할 만큼 낮아졌다. 무엇인가가 뭉친 구름 속에 떠 있는 것, 그 속에서는 가라앉을 수도 없을 듯 무엇인가가 너무 빽빽하게 모인 것 속을 헤엄치는 건 이상한 기분이었다.

나는 모래로 손을 뻗어서 공들을 한 줌 쥐고 살펴보았다. 그것은 해파리처럼 보이지 않았다. 적어도 종 모양 머리에 촉수가 늘어진 전형적인 모습의 해파리는 아니었다. 물고기 알이라고 하기에는 너무 컸고, 작은부레관해파리나 그 밖에 내가 리스해변에 밀려온 걸 본 적 있는 다른 큰 생물의 조각이라고 하기에는 너무 대칭적이었다. 그것은 빗방울처럼, 눈물방울처럼 혹은 낙하 중인 물처럼 보였다. 그것이 죽었는지 살았는지도 알 수 없었다. 그것 하나를 하늘로 쳐들었더니 보조개 파인 젤리 같은 그것이 프리즘처럼 빛을 흩뜨려서 햇살이 넋을 잃을 듯한 형광 파란색, 벚꽃 분홍색, 해초 초록색으로 바뀌었다. 방울을 한 움큼씩 머리 위로 던져 보았다. 하늘을 가린 작은 방울들이 햇빛을 찢어 무지개로 만들었다.

해변을 떠나고 며칠이 지난 뒤에도 머릿속에 방울들 생각이 가득했다. 나는 별 기대 없이 인터넷에서 검색해 보았다. "해변에 좌초한 작고 반투명한 원들" "해변에 있는 투명한 젤리 같은 덩어리, 쏘지 않음" "내가 해변에서 본 끈적한 것은 무엇" "해파리 새끼는 어떻게 생겼나" "로커웨이에 밀려온 이상한 물질?!!" 하지만 방울의 존재에 대한 기록은 내 기억 외에는 없었다. 그것에 관해서 쓴 사람은 아무도 없었고, 그것이 무엇인지 혹은 어디서 왔는지 추측해 본 사람도 아무도 없었다. 어쩌면 이것은 방울의 잘못이거나(지역신문에 기사로 나기에는 너무 무해하고 형체가 없다) 그것이 좌초한 위치의 잘못일 수도 있었다(야생 생물 목격담이 아니라 퀴어 방문객으로 악명 높은 해변이다).

나는 이후 몇 년 동안 이따금 그 방울을 떠올렸다. 그러다가 마침내 데이브라는 이름의 공원 관리인에게—모든 공원 관리인은 데이브라는 이름을 갖고 있다는 나의 현재진행형 이론을 뒷받침하는 사례다—이메일을 보내 내가 몇 년 전에 봤던 방울을 아는지 물어보기로 했다. 그것에 대한 구체적인 증거는 없었고 방울 같다는 것 외에 더 나은 표현도 없었다. 질문하는 게 한심하게 느껴질 지경이었다. 그렇게 오래전에 본, 그렇게 하찮고 무정형적인 것을 누가 기억한다고?

공원 관리인 데이브는 사진이 있느냐고 물었지만 나는 찍어 둔 게 없었다. 나는 그에게 그것이 단단하면서도 젤리 같았고 난형에 투명했다고 말했고, 그는 바다에 사는 많은 것이 투명하고 진득한 공처럼 생겼다고 말했다. 나는 데이브에게 그 방울이 혹시 생애 일부를 제 클론들에게 둘러싸여서 사는 군체동물인 살파(salp)의 일종일 수 있겠느냐고 물었다. 그는 좋은 추측이라고 말하며, 하지만 사진이 없으니 우리는 방울의 진정한 정체를 영영 알 수 없을 것이라고 말했다. 하지만 그는 지난 4월에 해변에 밀려왔던 길이 8.5미터의 고래에 대해서라면 기꺼이 이야기해 주겠다고 덧붙였다. 신문에서 보신 적 있는지? 어쩌면 나는 그 방울이 무엇인지 결코 알 수 없을 테고, 심지어 그것이 무엇일 가능성이 있는지조차 알 수 없겠지만, 그래도 그것에게 이름이 있기를 바랐으니, 그것이 내게 중요하기 때문이었다. 그래서 나는 그것을 살파라고 기억해도 좋다고 나 자신에게 허락했다.

따분한 이름에도 불구하고(뭔가 아름다운 것을 보고서 그것을 살파라고 이름 짓는 사람이 어딨겠는가), 살파는 환상적인 생물이다. 충분히 깊게 잠수해서 보면 어떤 살파는 심지어 빛난다. 해변에서 살파는 투명 젤리로 된 구슬처럼 보인다. 하지만 물속에서는 약동하는 사슬 형태로 존재하는데, 그 사슬은 뱀처럼 구불거리거나 달팽이 껍데기처럼 비비 꼬일 수 있다. 사슬은 동일한 살파 수백 개가 한 줄로 다닥다닥 붙어 있는 것이다. 클론 하나하나가 서로 구분되는 원통형 개체이지만, 그래도 클론들이 모인 군체 전체가 하나로 붙어서 하나로 움직이는 하나의 살파인 셈이다. 많은 사슬이 최대 6미터까지 자라고, 거대한 석영 팔찌처럼 바닷속을 떠다닌다. 따라서 살파에게 개체의 정체성이란 혼란스러운 것이니, 살파는 자아 개념이 복수로만 존재하는 생물이다. 살파에게 집이란 전체 살파에서 자신을 제외한 나머지다.

 살파에게는 팔다리도 뚜렷한 근육도 명확한 목표도 없지만 그래도 그들은 몸을 움직여서 바다의 이쪽 편에서 저쪽 편으로 이동한다. 살파는 제트추진 방식으로 움직인다. 개체마다 원통 몸의 한쪽 끝으로 물을 빨아들인 뒤 몸을 쥐어짜서 반대쪽 끝으로 물을 내뿜는 것이다. 살파 사슬은 모든 개체가 동시에 물을 내뿜음으로써 전체가 하나로 조화롭게 움직이는 방식을 취하지 않는다. 이 사실이 놀라워 보일 수도 있다. 여러 개체가 구불구불 연결된 사슬은 당연히 모두가 같은 타이밍에 물을 빨아들이고 쥐어짜고 내뿜어야 더 효율적으로 움직이지 않겠는가. 적어도 해파리는 그렇게 움직여서, 속도를 확 냈다가 딱 멈췄다가 하기를 리듬감 있게 반복할 때 몸의 나머지 부분이 뒤따라오도록 기다린다. 하지만 살파는 모든 개체가 대충 같은 방향을 향하되 저마다 다른 속도로 추진하도록 허락한다. 이처럼 모든 개체가 저 좋을 대로 물을 빨아들였다가 내뿜는 방식은 조화로운 물장구만큼 빠르진 않아도 장기적으로 지속하기가 더 좋다. 느려도 꾸준히 가는 거죠, 살파는 말한다. 결국 우리가 모두 그곳에 다다를 수 있다면 얼마나 빨리 가느냐는 중요하지 않아요. 우리는 모두 다른 속도로 움직일지도 모르지만 수평선에는 다 함께 도달할 거예요.

대부분의 시간에 살파는 우리 눈에 띄지 않는 곳에서 자기들끼리 살아간다. 살파는 물이 차고 영양분이 풍부한 수심 수천 미터 심해에 숨어 있다. 그곳에는 배도 그물도 난파선도 없으므로 살파는 자신들의 끈끈한 그물망에 걸리는 양분을 삼키면서 평화롭게 헤엄쳐 다닌다. 몇몇 종은 식물성플랑크톤을 먹기 위해서, 그리고 다른 살파를 만나 증식하고 번식하기 위해서 밤에 해수면으로 올라온다. 그랬다가 하늘에 해가 뜨기 시작하면 자신들의 유리벽 같은 몸이 햇빛에 어른거려서 포식자를 끌어들이기 전에 깊은 물속으로 돌아간다.

이따금 바람과 지구 자전으로 생성된 해류가 깊고 찬 물을 수면으로 끌어 올릴 때가 있는데 그때 살파는 떼 지어 상승한다. 찬 물기둥은 비료처럼 작용해 엄청나게 많은 식물성플랑크톤을 먹이고 그 식물성플랑크톤을 먹은 살파 무리는 빠르게 번식해 크게 넘실거리는 살파 구름으로 일어난다. 이때 살파는 아찔할 만큼 순식간에 증식했다가 사라진다. 수면으로 상승한 수십억 마리 떼가 자신을 복제해 넓디넓은 바다를 반드르르하고 뿌옇게 뒤덮는다. 1975년에는 하나가 엄지만 한 살파 무리가 뉴잉글랜드 앞바다 10만 제곱킬로미터를 뒤덮었다. 살파들은 몇 달간 그곳에 머물면서 물에 떠다니는 식물성플랑크톤을 먹고 보들보들 털이 난 것처럼 생긴 사각형 똥을 배설했으며, 그러면 그 똥은 얼른 빛을 피해서 가라앉았다.

매년 6월이면 우리는 뉴욕에서 떼를 짓는다. 우리는 사방에서 온다. 다른 구에서 전철을 타고 오고, 다른 주에서 차를 타고 오고, 몇 분에 한 번씩 지하철 차량이 지상으로 빠져나올 때마다 마치 숨을 뱉는 양 흔들리는 다리를 자전거로 건너온다. 어떻게 오든 우리는 늘 서로 알아본다. 우리는 팔다리를 메시나 망사나 가죽에 꿰고, 이를 드러내고, 젖꼭지를 드러낸 사람이다. 우리의 티셔츠에는, 티셔츠를 입었다면 말이지만, 우리가 살고 싶은 세상의 조건이 적혀 있다. TERF* 없는 세상, ICE* 없는 세상, 제국주의 없는 세상. 우리는 종종 가독성보다 메시지의 특수성을 중시한 종이 피켓을 들었고, 목을 쭉 빼고 남들의 구호를 읽어 보는데, 읽을 가치가 있음을 알기 때문이다. "성 노동도 노동이다"라는 구호가 쪼글쪼글한 분홍색 원피스에 에어브러시로 적혀 있고, "똥구멍 먹기는 자본주의하에서 유일하게 윤리적인 섭취 형태"라는 구호가 까만 마분지에 동글동글한 글씨로 적혀 있다. 우리는 우리 중 다수가 아무 용건이 없는 맨해튼의 한 구역에서 만난다. 전면에 유리를 쓴 가게와 금속성 사무실에 둘러싸인 작은 녹지다. 일단 그곳에 모이면 우리는 더 커진다. 친구들이 친구들을 만나고, 마실 물을 구하려는 사람은 몸들의 장애물 코스를 헤치고 가야 한다. 우리가 떼 짓는 것은 함께하는 기쁨으로 충만하기 때문이고, 우리를 배제하거나 멸절하려

---

* '트랜스젠더를 배제하는 급진적 여성주의자(Trans-Exclusive Radical Feminist)'의 두문자어.

* '미국 이민세관집행국(Immigration and Customs Enforcement)'의 약어.

는 체제에 대한 분노로 충만하기 때문이고, 미래의 가능성에 대한 희망으로 충만하기 때문이다. 우리가 보도로 흘러넘치는 것 그리하여 우리의 도착에 대비해 마음을 단단히 먹은 고급 비누 가게에 몸을 부비는 것을 막는 철제 바리케이드는 없다.

이튿날, 도시는 대문자 P를 쓰는 퍼레이드를 감독하기 위해서 바리케이드를 세우고 경찰 인간 띠를 배치할 것이다. 원래 해방의 날이라는 이름을 썼지만 나중에 프라이드(Pride)라고 브랜드명을 바꾼 행사, 도시와 뱅크오브아메리카와 아마존과 그 밖에도 우리가 현금화할 수 있는 무언가가 되지 않는 한 우리에게 관심이 없는 기관들이 후원하는 행사 말이다. 이튿날, 매일 복용해야 하는 HIV 예방약 트루바다를 제조해서 월 복용량 기준 원가 6달러인 것을 1500달러에서 2000달러 사이에 판매하는 제약회사 길리어드의 초대형 퍼레이드 차량을 에스코트하기 위해, 무지개색 NYPD* 로고로 장식한 흉측하고 흰 경찰차에 탄 경찰들이 골목마다 밀려들 것이다.

하지만 아직 일요일이 아니다. 지금은 토요일, 다이크* 행진의 날이다. 그리고 이것은 우리 중 누구라도 여러분에게 상기시킬 테지만 행진이 아니라 시위다. 다이크 행진은 공식 허가를 받지 않고, 기업 후원을 받지 않고, 경찰을 초대하지 않는다. 행진하는 사람들을 교차로에서 갈라놓는 철제 바리케이드는 없다. 열광하는 우리 무리가 끝어지지 않는 하나의 거대한 사슬로 미드타운의 회색 격자를 행진할 수 있도록 맨해튼의 한 대로를 가로질러 손에 손 잡고 선 자원자들이 있을 뿐이다. 어

---

* '뉴욕 경찰(New York Police Department)'의 두문자어.
* dyke, 남성적 특성을 가진 여성 레즈비언을 비하하는 멸칭이었으나, 이를 재전유해 현재는 레즈비언 일반을 가리키는 연대의 표현으로 사용한다.

떤 시점이 되면—우리는 보통 시간을 잘 맞추지만 그래도 늘 늦게 온 사람을 환영한다—우리는 도로로 넘쳐흘러서 시내로 이동하기 시작한다. 우리는 힘차게 걷는다. 다만 부드럽게, 가장 느린 동행의 속도에 맞춰서 걷는다. 신발 끈을 묶거나, 옛 애인에게 인사하거나, 친구에게 혹시 가죽 하네스를 한 저 사람이—아니, 가죽 하네스를 한 저 다른 사람이—마치 지하 동굴처럼 꾸며져 있고 천장에 종유석이 남근처럼 매달려 있던 술집에서 레즈비언 파티가 열렸을 때 우리가 휴대품 보관소에서 키스했던 그 사람이냐고 물을 때는 멈춰 선다.

어느 해에는 우리가, 그러니까 나와 방금 전에 만난 사람 몇 명이 떼 지어 파네라 브레드*로 들어가서 서슴없이 가게 안쪽으로 돌진한다. 우리는 화장실에서 분출한다. 칸막이 문을 닫기도 전에 바지를 내린다. 매니저가 우리에게 나가 달라고 외치는 소리가 들리고 우리는 물과 머핀을 사겠다고 제안한다. 매니저는 그래도 안 된다고 화장실은 모두에게 닫혀 있다고 말하고, 우리는 이곳은 무슨 신성한 홀이 아니라 파네라 브레드라고, 우리는 여기 아니면 오줌 눌 곳이 없다고 외친다. 마지막 한 명이 오줌을 눌 때까지 화장실에 바리케이드를 치고서 머리나 화장을 가다듬고 뺨에 묻은 반짝이를 닦은 뒤 다 함께 심호흡하고 문을 연다. 그 순간 나는 계산대에서 일하는 직원과 눈이 마주치는데 그의 얼굴이 멍하고, 우리가 그의 하루를 더 힘들게 만들었다는 것을 알기에 나는 입 모양으로만 "미안해요!" 하고 말한다. 우리는 재빨리 파네라 브레드를 나와서 거리로 돌아간다.

프라이드 행진과 달리 여기서는 행진하는 사람과 구경하는 사람이 엄격하게 구분되지 않는다. 우리는 막힘없이 도로를 넘

* Panera Bread, 베이커리 메뉴를 파는 미국의 패스트푸드 프랜차이즈.

나든다. 소수의 고정 구경꾼은 종종 예수그리스도와 죄와 우리가 영원히 지옥에 처박힐 것이라는 약속에 대해서 뭐라 뭐라 쓴 피켓을 들고 항의하러 온 남자들이다. 하지만 거기에는 늘 "이 사람은 취미가 필요해요!"라고 적힌 우리 피켓을 들고 남자를 거품처럼 둘러싼 우리 무리가 있다. 재미의 절반은 우리 자신을 구경하는 것, 고개를 돌려서 우리 뒤에 걸어오는 모든 사람을 보는 것이다. 그중에는 내가 알 법한 혹은 파티에서 봤을 법한 사람이 많다. 볼링셔츠*를 입은 젊은 축의 다이크들이다. 하지만 내 눈은 늘 이날이 아니라면 만나지 못했을 법한 사람들에게로 옮겨 간다. 파란색 하와이안셔츠를 맞춰 입은 백발의 커플들, 스파이크가 박힌 옷을 입고 오토바이에 탄 부치*들, 아기띠나 유아차에 태운 아기를 동반한 다이크들. 어느 해에 나는 "남들이 이해하지 못하는 삶을 살아도 괜찮아"라고 적힌 피켓을 든 짧은 백발의 중년 여성을 본다. 젊은 참가자들이 그의 곁을 스쳐갈 때 그는 자신만의 속도로 느려도 꾸준히 나아가고 있다. 나는 그에게 다가가서 고맙다고 말하고 싶은 충동에 휩싸인다. 그를 위해서 행진하고 싶다. 그가 지금 여기까지 오기 위해서 희생해야 했을 것들을 생각해 본다. 하지만 내 친구들이 드러머를 따라잡고자 빠르게 걷고 있으므로 나는 뒤돌아서 앞으로 달려간다.

우리 떼는 매년 달라 보인다. 익숙한 얼굴들이 새 복장과 새 연애와 새 관계로 오고 옛 참가자들이 새 도시로 떠나기도 하지만 새로 뉴욕대학교에 진학해서 나타난 새 참가자들도 있다. 아무튼 우리는 늘 같은 방식으로 끝맺는데, 점점 커진 우리 함

---

* bowling shirt, 볼링 경기를 할 때 입는 넉넉한 서양식 웃옷.
* butch, 레즈비언 중 전통적으로 남성적으로 여겨지는 외모, 옷차림, 행동 양식을 표현하는 사람들을 가리키는 정체성 용어.

성이 워싱턴스퀘어공원의 위풍당당한 돌 아치 밑을 통과하고, 우리 몸들이 광장의 돌바닥을 가로질러 흘러들고, 우리는 우리 중 몇몇이―용감한 사람, 감상적인 사람, 특별히 세균에 내성이 있는 사람이―뜨거운 열광을 식히기 위해서 상의를 벗고 분수에 뛰어드는 모습을 구경한다. 그곳에서, 물속에서 우리는 서로 물을 튕기고, 키스하고, 끌어안는다. 우리의 부드러운 부분이란 부분은 죄다 흔들면서 마지막으로 하나의 떼로서 함께 약동한 뒤 조금씩 나뉘어서 각자의 길로 흘러간다.

살파가 평생 거대한 사슬이나 나선형 군체를 이뤄서 제 클론들에게 둘러싸인 채 살지는 않는다. 이 생물은 서로 전혀 달라 보이는 군체 단계와 단독 생활 단계를 오가면서 산다. 단독 생활 중인 살파는 내가 리스해변에서 봤던 군체와는 달리 속이 빈 관을 닮았다. 우리 눈에 보이는 것은 황금색 후추 같은 내장뿐이다. 단독 생활 중인 살파는 미래에 군체가 될 자신들을 제 몸속에서 기른다. 유전적으로 동일한 클론들이 진주 목걸이의 진주알처럼 한 줄로 엮여서 몸속에 담겨 있는 것이다. 살파가 자라면 몸속의 클론 사슬도 자라고 그러다가 충분히 길어지고 커진 사슬은 원래의 몸을 찢고 나간다.

해방되어 바다로 뛰쳐나간 클론들의 사슬은 액체 척추처럼 구부러지고 흔들리면서 하나로 헤엄친다. 사슬을 구성하는 클론들은 각자 난자를 하나씩 갖고 있고 그 난자가 근처의 다른 살파가 내뿜은 배우자(gamete)를 만나서 수정되면, 클론은 어린 배아가 혼자 헤엄치고 단독 개체로서 삶을 시작할 수 있을 때까지 속에 그것을 품고 다닌다. 그러다가 배아가 떠나면 클론은 정소를 길러 내고 그 정소가 몸 밖으로 정자를 뿜어내어,

물속에 흩어진 정자가 다른 클론들의 난자를 수정시킨다. 살파는 이렇게 떼 짓는다. 이렇게 한 사슬이 새 사슬 수백 개를 만들고 방대한 바다를 뒤덮어서 생태계를 뒤집어 놓는다. 바다에 살파의 사슬과 나선과 소용돌이가 들끓게 되면 우리는 그것을 살파 대증식이라고 부른다.

서로 거의 닮지 않은 생애 단계를 오가면서 사는 살파는 오랫동안 과학자들의 시선을 피했다. 살파가 처음 기록된 것은 1756년으로, 기록을 남긴 사람들은 살파가 어떻게 살고 번식하는지 알지 못했다. 그들이―뒤이은 많은 과학자도 마찬가지였지만―딱히 열심히 알아본 것도 아니었다. 머리가 없고, 뇌도 없고, 몸은 쉽게 손에서 미끄러지며, 예측하지 못한 시점에 거대한 구름으로 나타났다가 금세 해체되어 사라지는 살파는 추적하기 어려웠고 연구하기는 더 어려웠다. 동물성플랑크톤을 연구하는 생태학자는 표본 채취 때 살파를 가급적 피하려고 한다. 살파는 골치 아프게 수가 많고, 분류가 어렵고 복잡하며, 그 유리 같은 몸이 그물에 걸리면 조각나기 때문이다. 살파는 혼자 움직일 때는 눈에 띄지 않는다. 떼로 움직일 때도 대단한 위협이 되진 않지만 그저 거추장스럽게 느껴진다. 수백 년 동안 분명한 사실은 하나뿐인 듯했으니 살파는 어디에 있든 우리가 원치 않는 존재라는 것이었다.

그래서 어느 바다에서도 살파에 관한 역사적 장기 기록은 없다시피 하다. 20년 이상 거슬러 올라가는 데이터 집합은 드물고 드물게 살파를 기록한 데이터 집합도 살파가 일시적으로 대증식한 순간만을 기록한다. 과학자들은 살파가 거대한 무리를 이뤄서 도저히 무시할 수 없는 존재로 나타난 순간에만 그것에게 관심을 둔다. 어쩌면 우리는 살파가 대증식하지 않는 한 그것을 보지 않는지도 모르겠다. 많은 과학자가 살파를 성가신 종으로 여기니, 왜냐하면 떼 지은 살파는 어망을 끌어내리거나 배를 멈춰 세울 수 있기 때문이다. 2012년에는 캘리포니아의 마지막 원자력발전소인 디아블로캐니언발전소의 취수관을 살파 떼가 막았다. 살파가 단체로 할 수 있는 일은 놀랍다.

최근 일부 과학자들은 살파를 비롯한 젤라틴성 동물성플랑크톤을—몸의 95퍼센트 이상이 물인 생물체를 말한다—생태 교란을 알리는 달갑지 않은 보초병이자 기후변화에 의해 황폐화된 미래로 여기고 있다. 이들이 때로 폭증해 문제를 일으킨 사건에 대한 목격담이 넘친다. 이들은 어망을 가득 채워서 끌어내렸고, 핵추진 항공모함인 로널드레이건호의 냉각관을 침범했다. 지난 200년간 살파와 해파리의 대증식이 엄청나게 많이 기록되어 온 것은 사실이다. 하지만 일군의 연구자들은《바이오사이언스》에 발표한 논문에서 이처럼 "해파리 대증식 횟수가 늘어난 듯이 인식되는 것은 기준선 이동의 사례인지도 모른다"고 주장했다. "대중의 인식은 역사적 기준선 부재와 집단 기억의 불연속성으로 인해 형성된 것이다."

다이크 행진 다음 날, 즉 프라이드 행진 날, 맨해튼의 넓은 부분이 가로지를 수 없는 상태가 되는 날, 나는 리스로 간다. 이 해변은 원래 뉴욕의 비좁고 누추한 공동주택에서 사는 이민자들을 사진으로 찍어 보도함으로써 20세기 초의 무참한 생활 환경을 폭로했던 기자 제이컵 리스(Jacob Riis)의 이름을 땄다. 리스는 1914년에 죽었고, 같은 해에 이 해변에 그의 이름이 붙었다. 리스는 생전에 이 해변의 동쪽 끝이 퀴어와 트랜스젠더의 안식처가 되는 걸 보지 못했는데, 아마 잘된 일일 것이다.

그가 가난하고 불우한 사람들을 위해서 크게 공헌하긴 했지만, 그는 '동양인'을 사악하다고 묘사하고 이탈리아인을 불결하다고 묘사한 사람이었으니 동성애자에 대한 입장이 어땠을지는 충분히 상상할 수 있다.

우리는 리스의 명랑한* 구역에 떼로 모인다. 우산을 다닥다닥 세우고 수건을 겹쳐지게 깐다. 머라이어 케리와 쿵쾅거리는 전자 소음의 테크노음악을 트는 스피커들이 각자 미기후를 이룬다. 해변은 누추하지 않지만 깨끗한 것과도 거리가 멀다. 파도는 모든 쓰레기를 길이 1.5킬로미터의 리스해변에서도 이 명랑한 끄트머리로만 몰아오는 듯해, 비닐봉지가 구겨진 해파리처럼 떠다닌다. 모래사장 너머의 쓰레기통은 넘쳐흘러서, 찢어진 과자 봉지의 금속 날개와 색종이 같은 과자 부스러기가 모래에 흩날리고 그것으로 갈매기들이 잔치를 벌인다. 이 모든 것 너머에, 퀴어 인파와 각종 흩날리는 표류물에게 바짝 다가든 곳에, 어린이 결핵환자를 위한 요양소의 버려진 건물이 철망 담장을 두르고 가시철사를 걸친 채 서 있다. 리스해변에서 제일 볼품없는 구역이 퀴어들의 것이 된 것은 전혀 우연이 아닌 듯하다. 이성애자들은 해변 끝 돌투성이 땅에 수건을 펼치고 싶지 않았던 모양이고, 칙칙한 요양소 벽돌 건물 밑에서 일광욕하기를 바라지 않았던 모양이라 덕분에 이제 이곳은 우리 것이다.

프라이드 행진 날의 리스해변은 제약회사가 후원하는 행사와는 딴판이다. 리스는 내가 사랑하는 사람을 모두 볼 수 있는 곳, 적어도 내가 사랑하는 사람 중에서 퀴어이자 뉴욕에 사는 사람을 모두 볼 수 있는 곳이고, 그것은 내가 사랑하는 사람 전

---

* 이 대목에 쓰인 영어 단어 "gay"에는 '명랑한'이라는 뜻과 '게이'라는 뜻이 둘 다 있다.

체의 큰 부분에 해당한다. 일요일에 리스에서 나는 올루를 보고, 올루로부터 최근에 반한 사람 얘기를—매달 바뀐다—듣고, 아마도 나와 파트너 T를 차에 태워서 그곳으로 데려다주었을 CV를, 맨날 적어도 한쪽 눈에 선크림이 들어가고 마는 CV를 캐럴라인과 인디고와 함께 보고, 물론 인디고가 제때 일어났다면 말이지만, 멀리서 내 옛 애인을 보고, 잠시 그의 곁에 앉아 있는 동안 T는 자기 옛 애인과 이야기 나누고, 그러다 보면 반드시 트레이스가 흩어진 친구들을 찾아서 모래밭을 갈지자로 누비며 어슬렁어슬렁 지나가는데 사실 이것은 플라토닉한 표현이고, 나는 또 키야나와 레이철이 햄버거 노점 옆에 비단 같은 아이보리색 텐트를 치고 앉은 것을 보고, 조이와 매즈와 메르가 빨간색 우산 밑에 포개져 있는 것을 보고, 리사가 리클라이너에 불가사리처럼 늘어져 있는 것을 보고, 내 옛 이발사인 얼래나를 보고, 얼래나의 바닷물 젖은 머리카락이 평소처럼 완벽한 것을 보고, 내가 틴더에서 매치된 적 있는 아이스크림 판매원이 내가 어제 다이크 행진 때 길에서 만났다가 귀가하는 지하철에서도 만나서 그 만남이 완벽한 하루의 시작과 끝을 받치는 북엔드처럼 느껴졌던 사람과 함께 있는 것을 보고, 내가 작년 행진에서 만났던 커플로서 그때 그들은 막 사랑에 빠진 참이었으나 나는 사랑에서 빠져나오는 참이었던 이들을 보고, 매리언이 바다가 그의 선글라스를 훔친 지 몇 시간째인 지금까지 파도에 뛰어들어 찾고 있는 것을 보고, 리스의 단골들, 이를테면 검은색 끈 팬티를 입고 황소 튜브를 탄 나이 지긋한 사람, 늘 여장한 바비들에게 둘러싸여 앉아 있는 사람, 내가 제일 좋아하는 디제이, 내가 제일 좋아하는 디제이가 제일 좋아하는 디제이, 우리 동네에 사는 레즈비언 도공, 레즈비언 박제사가 등장하는 소설의 출간 기념회에서 알게 된 친구 무리, 그 밖에도 이름을 다 기억하진 못하지만 얼굴을 아는 사람들을 보고, 내가 손 흔들면 그들도 손 흔들고, 그러다가 인파 속에서 나는 빈 모래밭을 발견하고 그곳으로 달려간다. 수건을 펼친다. 윗옷을 벗고 온몸의 털이 소금기로 바삭거리는 것을 느끼며 T에게 키스하는데, T는 우리가 패들볼*을 꺼내기 전에 선크림부터 발라야 한다고 주장하고, 그래서 나는 눈을 감은 채 T가 내 등에 차고 희고 끈적거리는 것을 바르는 것을 느끼며 내가 안전하다고 느낀다. 이 기분은 물론 자랑스러움이지만 해방감 같기도 하다.

리스에서 우리는 스피커를 지나친다. 우산을 빌려준다. 여섯 캔짜리 맥주, 로제와인, SPF 30 선크림, SPF 70 선크림, 그리고 창백하거나 태평한 사람을 위해서는 알로에베라를 나눈다. 고글, 모자, 구름이 태양을 가릴 때는 셔츠를 나눈다. 맥주 한 캔을, 먹다 만 샌드위치를 나눈다. 패들볼, 카드, 전화번호를 나눈다. 튜브 꼭지에 입술을 대고 바람을 넣는다. 모래톱으로 헤엄쳐 가서 파도가 덮칠 때에 대비해 서로 손잡고 발을 모래에 박아 넣는다. 해가 구름 뒤로 사라지고 하늘이 어두침침해지면 우리는 투덜거리면서 우산을 탁탁 편다. 해가 다시 나오면 우리는 환호한다. 날이 다시 화창해진다. 적어도 당분간은.

당분간은, 물론 당분간만 그렇다. 하늘은 곧 어두워질 테고, 비가 올 수도 있고, 그다음에 겨울이 올 것이다. 우리 중 일부는 다른 곳으로, 다른 구나 다른 주로 이사할 수도 있다. 우리 중 일부는 아이스박스를 들고 두 시간 동안 버스를 타고 와서 시끄러운 20대들 사이에 앉아 있기에는 자신이 너무 나이 들었다고 느낄 수도 있다. 어떤 초심자는 Q35 버스를 내려서 처음

* paddleball, 탁구채보다 큰 라켓으로 공을 떨어뜨리지 않고 주고받는 스포츠.

으로 무지갯빛 리스를 보고 우리가 그랬듯이 사랑에 빠져서 계속 찾아올 수도 있다. 우리는 영원하지 않다. 리스가 우리보다 오래 남을 수도 있겠지만 리스 또한 높아지는 해수면에 잠겨서 언젠가 사라질 것이다. 하지만 지금은 우리가 여기에 있다. 지금은 우리 인생에서 최고의 날이다. 이곳에 다시 오기 전까지는 그렇다. 지금은 우리가 이 모든 사랑을 흡수한다. 사랑은 소금기 묻은 등에서 굴러떨어질 정도이고, 그러면 우리는 소리 지르며 바다로 뛰어든다. 지금은 우리가 서로 너무 사랑하기 때문에 잠수해 열을 식힐 필요가 있고 그렇게 하면 이 모든 것이 사라지는데, 그랬다가 다시 수면으로 올라와서 눈 뜨는 순간 우리는 새롭게 감탄한다. 이 모든 것이 여전히 여기 있다는 사실에. 우리 모두가 여전히 여기 있다는 사실에.

리스해변의 동쪽 끝이 일찍이 1940년대부터, 어쩌면 1930년대부터 동성애자들의 안식처였다는 사실을 알았을 때 나는 이 장소의 수명과 우리가 물려받은 유산에 깜짝 놀랐다. 이곳의 역사가 기껏해야 수십 년일 것이라고 생각했지 거의 한 세기에 이를 줄은 몰랐다. 처음 이 해변을 찾기 시작한 것은 당연히 백인 남성 동성애자들이었다. 그다음 1950년대에 (백인) 레즈비언들이 왔고, 1960년대에 흑인과 라틴계 퀴어들도 와서 이 해변을 자신들의 것이라고 주장했다.

퀴어 기록자들과 역사가들은 그동안 자신들만의 해변 역사를 정리해 왔다. 그것은 신원 미상의 미소 띤 해수욕객들이 찍힌 거친 회색 사진, 그리고 1960년대에 이곳에서 열렸던 파티 전단지로 구성된 역사다. 이보다 공식적인 기록, 정부와 주류 언론이 수집한 역사는 경찰이 대중목욕탕에서 벌어지는 성행

위를 단속했던 기록, 그리고 해변의 퀴어 인구에 대한 막연한 사회학적 관찰로 리스를 기억한다. 1974년에 《뉴욕타임스》는 제이컵리스공원에서 남색 행위를 한 남성 열한 명이 체포되었다고 보도했다. 1991년에는 이 해변의 동쪽 끝을 "주로 동성애자들이 찾는다"라는 묘사가 신문에 실렸다.

사랑스럽게 찍혔지만 누구인지 알 수 없는 익명의 사진도 있다. 한 사진에서는 희멀건 피부부터 잘 그은 피부까지 다양한 남자들이 둥글게 서 있고, 그 뒤에 지금보다 깨끗한 벽돌 건물이 있다. 이보다 선명하지 못한 단체 사진에서는 웬 여자들이 색이 날아간 바다를 뒤로하고 서서 해를 보며 눈을 찌푸리고 있다. 한 1960년대 사진에서는 흰 하이힐을 신고, 흰 터번을 두르고, 흰 테리 천 수건을 허리에 감아 늘어뜨린 사람이 손을 가슴에 모으고 어깨 너머로 카메라를 보며 눈썹을 치켜올리고 있다. 이들은 아름답다. 마치 파도에서 생겨난 존재들 같다.

그런 사진을 볼 때, 나는 그들이 리스해변에 있다는 사실을 의심의 여지 없이 안다. 어디나 같아 보이는 모래밭이나 시간을 초월해 철썩거리는 파도 때문이 아니다. 우리의 많은 사진에도 의도치 않게 배경이 돼 주는 예의 거대한 벽돌 건물 골조가 다양한 퇴락 상태로 등장하기 때문이다. 요양소는 기록보관소의 명암만 있는 사진에도, 갑자기 색깔이 등장한 1980년대 폴라로이드 사진에도, 우리의 아이폰 사진에도 등장한다. 가끔은 튼실한 건물 전체가 보이고, 가끔은 담장만 보이며, 가끔은 긴 그림자만 보인다. 건물은 이곳에 닻을 내리고 있다. 건물은 우리 모두를 보았다. 퀴어 해수욕객인 우리는 왔다가도 가겠지만, 버려진 어린이 결핵환자 병원은 돌아온 우리를 늘 맞이할 것이다.

20세기 전반(前半)에는 병원을 둘러싼 테라스에서 아이들이 이른바 향일성 치료로 해를 쬐었다. 도시가 병원을 닫은 것은 1955년 뉴저지의 미생물학자가 결핵 치료법을 발견한 뒤였다. 1961년에 병원은 뉴욕 최초의 시영 양로원으로 재개장했다. 1985년에는 시장 에드 코치가 이미 비어 있던 네폰싯건강센터 별동으로 HIV/에이즈 환자 열 명을 옮기겠다고 발표했다. 부유하고 다수가 백인이며 바이러스의 전파 방식을 오해했던 네폰싯 지역민들은 항의했고, 뉴욕에서 에이즈 위기가 우후죽순으로 퍼질 때 별 조치를 취하지 않은 것으로 유명한 코치는 그들의 요구에 굴복했다. 환자들은 다른 곳에서 죽었으니, 아마 바다에서 더 먼 곳이었을 것이다. 병원은 계속 운영되다가 1998년에 리스해변을 휩쓴 폭풍우로 건물 외벽의 돌과 벽돌이 떨어진 사건을 겪고 나서 닫았으며, 이후 요양소는 쓰러져 가는 모습으로 뉴욕 퀴어들의 삶에 붙박이가 되었다.

최근 몇 년간, 해변을 소중하게 여기는 사람들이 서서히 병원을 점령하기 시작했다. 나는 그 건물이 쓰러져 가는 것을 봐왔지만, 동시에 그것이 과거와 미래의 퀴어들 삶에 바치는 일종의 제단으로 탈바꿈하는 것도 보았다. 2018년에는 콘크리트 방벽 일부가 미즈 콜롬비아를 기리는 추모비로 피어났다. 미즈 콜롬비아는 무지개로 장식한 드레스를 입고 풍성한 턱수염을 형광 노란색으로 물들인 연기자였는데, 어느 수요일 아침에 리스 앞바다에서 익사했다. 철야 추모객들은 철조망에 조화와 의상을 붙여서 그의 실루엣을 재창조했고, 한 벽화가는 보석 색깔 하트 속에 그의 이름을 그려 넣었다. 그 후 언젠가는 콘크리트의 다른 지점에 동글동글한 글씨체로 "다이크와 패곳*이 뉴욕을 굴린다"라고 적은 그라피티가 등장했다. 또 누군가는 병

* faggot, 남성 동성애자를 비하하는 멸칭이나, 재전유해 사용한다.

원 건물을 기어올라서 한쪽 탑 꼭대기에 마시멜로 같은 통통한 대문자로 "퀴어 트랜스 파워"라고 적었다. 그것은 우리의 집요한 부드러움을 상기시키는 그라피티였다.

바다에서 살파의 몸은 종종 구릿빛 점들이 박힌 유리 같은 집게발을 지닌 작은 단각류에게 다른 용도로 사용된다. 그런 단각류 중 한 종인 프로니마 세덴타리아(*Phronima sedentaria*)에게는 진홍색 망막의 둥근 눈이 있는데, 그 덕분에 원래 탁 트인 바다에서 투명해 보이는 살파 같은 생물을 알아볼 수 있다. 살파를 발견한 P. 세덴타리아는 움켜쥘 수 있는 다리로 살파에게 매달린 뒤, 낫 모양 집게발로 살파의 피막에 구멍을 내고 속으로 기어들어서 마치 칼처럼 기능하는 입으로 살파의 무른 내부를 파낸다. 속을 다 파면 편리하게도 유체역학적인 새 고치로 들어가서 며칠을 그곳에서 보내는데, 앞다리들과 몸통은 살파 안에 두고 깃털처럼 늘어진 뒷다리들은 반대쪽 끝에서 살파 밖으로 내민 채다. 이 단각류는 이렇게 살파의 원통형 몸통 안에서 알을 수백 개 낳고, 이때 살파의 몸은 해류의 충격을 약화하는 부드러운 방패로 기능한다.

   이 관계는 전문용어로 기생 관계이지만 P. 세덴타리아는 기생생물보다는 숙주를 아예 죽이는 포식 기생생물에 가깝다. 이 단각류는 살파의 몸을 차지할 때 그 내부를 거의 다 파내지만, 그럼에도 불구하고 산 생물체와 죽은 생물체, 혹은 거의 죽은 생물체 사이에 이상하고 놀라운 동거가 이뤄진다. 살파는 이제 온전한 존재라고 할 수 없고 생물체라기보다는 은신처랄까 집 같은 것으로 변한 상태다. 그런데도 살파의 세포들은 여전히 살아 있고, 그 상태로 단각류와 그 새끼들, 알들은 물론이거니와 갓 부화해 아직 은신처를 떠나기에는 너무 작은 새끼들과 공존한다. 살파의 몸은 썩지도 분해되지도 않고, 기이하지만 깨끗한 상태로 보존된다. 다르게 말하자면, 이것은 내가 상상하는 한 유령과 함께 사는 것에 가장 가까운 모습이다.

나는 익사할 뻔한 적이 없지만, 바다에서 헤엄칠 때면 가끔 그 가능성이 머리에 떠오른다. 가끔 리스에서 오후의 큰 너울이 우리를 향해 올 때, 어쩌면 그것은 우리 생각보다 더 위험하겠지만, 우리는 물에 남아서 함께 꺅꺅거린다. 살아서, 심장을 쿵쾅거리면서. 그러다가 파도가 물러나면 수면으로 고개를 내밀어서 입을 벌리고, 그러면 찬 공기가 우리를 부풀려서 똑바로 세워 준다.
  하지만 9월에 리스에서 그 방울들과 함께 헤엄친 그날, 물속에 그들의 몸이 얼마나 빽빽하게 들어찼던지 그 순간에는 익사가 불가능하게 느껴졌다. 나도 논리적으로는 그렇지 않다는 것을 알았지만 물속에서 발을 찰 때마다, 심지어 몸부림칠 때마다 뭔가 살아 있는 것, 혹은 거의 살아 있는 것이 내 몸에 닿았다. 그날 물속에 떠 있을 때 나는 평생 어느 때보다도 강한 부력을 느꼈다. 내가 척추 없고 살점 없는 방울이라고, 95퍼센트의 물이라고, 내 몸이 물의 몸이 되었다고 상상해 보았다. 수십억 년 전 우리를 상상해 보았다. 살파조차 존재하기 전, 우리 모두가 어떤 원시 바다의 방울이었을 때, 최초의 미생물이 되어 가던 때. 우리 모두가 생명을 발명하는 참이었을 때. 지구 최초의 세포는 방울을 닮아서 거품을 지방산이 둘러싼 형태였고, 그것들이 바다를 순환하면서 존재와 비존재 사이를 오락가락했다. 그때는 온 세상이 바다였다. 지구는 간간이 섬이 박힌 푸른 바다로만 이뤄져 있었다. 생명이 살 수 있는 장소는 물속뿐이었다.

시인 로스 게이(Ross Gay)는 이렇게 묻는다. 혹시 우리의 모든 슬픔을—우리의 모든 죽은 친족과 깨진 관계를, 삶이 불가능해 보이는 모든 순간을—하나로 잇는 것이, 그 모든 크고 작은 비통함을 하나로 잇는 것이, 혹시 그것이 기쁨이 되지 않겠느냐고. 그날 정체가 모호한 방울들 속에 떠 있는 다른 해수욕객들을 볼 때, 이 이상한 순간을 공유하기 전에는 다들 서로 낯선 사람이었던 그들을 볼 때, 나는 내 몸이 그들의 몸에 사슬처럼 이어져 있다고 상상했다. 내 슬픔이 그들의 슬픔과 이어져 있다고. 내 생존이 그들의 생존과 이어져 있다고.

이 글을 쓰는 시점에 나는 리스에 2년 동안 가지 못했다. 적어도 진짜 리스, 내가 아는 리스에는 가지 못했다. 지난여름에 작은 팬데믹 무리*와 함께 그 해변에 가서 멀리서 다른 무리들을 보긴 했지만 다들 서로 너무 가까워지는 것을 겁내다 보니 그곳이 리스처럼 느껴지지 않았다. 해가 화창했지만 나는 외로웠다. 언제 다시 리스에 갈지는 모르겠지만 나는 가고 싶고, 그것을 원하고, 리스를 원하고, 땀에 젖어 함께 어른거리는 사람들의 떼, 모래 위 햇볕에 그은 물고기 떼 같은 내 사람들을 원한다.

내 모든 옛 애인들을 보고 싶고—얼마든지 오라고 하자—파도처럼 밀려드는 추억을 느끼고 싶다. 내가 그들을 가장 사랑했던 시절을, 우리가 가장 강하게 연결되었던 순간을, 우리가 함께 미래를 상상하는 단계에, 이를테면 남부에 집을 짓는 미래, 태평양 북서부에서 범고래를 보는 미래, 우리가 자란 마을에서 늙어 가는 미래를 상상하는 단계에 가장 가까이 다가갔던 순간을 느끼고 싶다. 도시 밖으로 이사한 사람들, 로스앤젤레

* pandemic pod, 코로나19 봉쇄 기간 동안 접촉이 허용된 소규모 모임.

스로 이사한 사람들, 혹은 지리를 넘어선 이유로 멀어진 사람들이 그들의 친구들과 애인들, 옛 애인들, 미래 애인들과 뒤엉켜 있는 걸 보고 싶다. 그리고 불가능하지만 다른 무엇보다도 내가 원하는 바, 처음 리스를 안식처로 삼았던 사람들, 누구도 원치 않는 모래밭에 앉았던 사람들, 그들이 사라지거나 죽기를 바라는 이들이 있음에도 불구하고 살아갔던 사람들을 보고 싶다. 어쩌면 그들은 이 해변이 무엇이 될지 상상했을 수도 있고, 아니면 자신들이 만드는 미래를, 리스가 계속 계속 계속 이어지리라는 사실을 전혀 눈치채지 못했을 수도 있다. 나는 기록보관소에 존재하는 것보다 더 많이 알고 싶다. 그들을 알고 싶다. 그들 삶의 질감이 어땠는지, 그들이 누구를 사랑했는지(그리고 누구를 경멸했는지), 하루하루를 어떻게 보냈는지, 가방이나 꾸러미에 무엇을 담아서 해변에 가져왔는지, 어떤 음악을 듣고 만들었는지, 어떻게 근근이 기쁨을 이어 갔는지 알고 싶다. 결핵에 걸린 아이들도 와도 좋다. 그들도 우리 틈에 섞여 앉아서 햇살의 약속을 쬐게 하자. 그럼으로써 보살핌 받는다는 게 무엇인지 우리 모두 다시 배우자.

파도가 새로 부서질 때마다 그것이 우리를 가르는 세월을 무너뜨려서 하나의 시간선으로, 해변에서의 하루로 합쳐 준다면 좋겠다. 이곳에서는 누구도 공간을 두고 다투지 않을 테고, 모두가 함께 있을 것이다. 이 해변에 온 적 있는 사람들은 물론이거니와 다른 생물들도 함께 있을 것이다. 리스해변에 와서 죽은 몸길이 8.5미터나 8.8미터나 9.1미터의 혹등고래들도, 최후의 종종걸음을 쳤던 투구게들도, 콩알만 한 조개들과 그들을 쪼아 먹은 물떼새들도, 어쩌면 살파일지 모르는 것들도, 그 밖에도 물을 떠나면 형태를 잃는 이상한 젤리 같은 것들도 어느 하나 빼놓지 않고 모두가. 우리의 부드러운 몸들이 모두 한데 눌린다면 좋겠다. 우리 모두가, 바글거리는 무리들이, 시끌벅적한 소용돌이들이, 착착 쌓여서 결국 우리가 여름 이상의 무엇, 생명 이상의 무엇이 된다면 좋겠다.

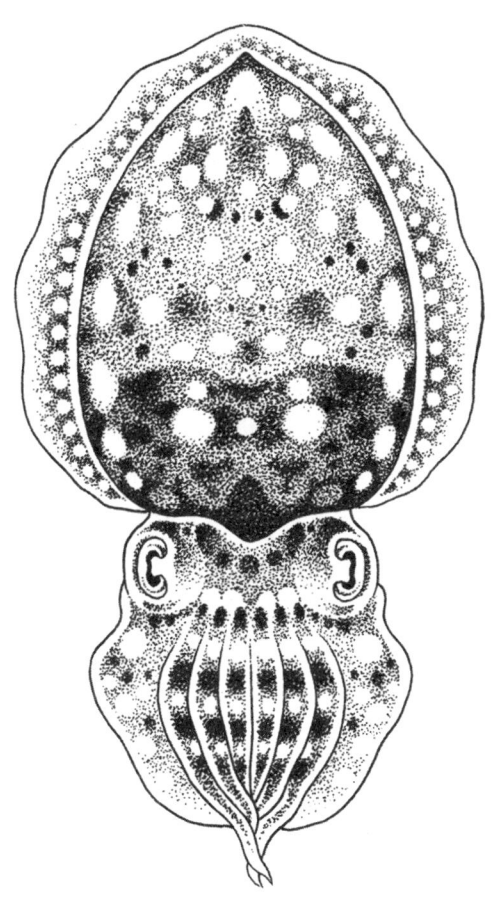

9장

갑오징어처럼 변신하기

당신이 달팽이 비슷한 존재라고 상상해 보자. 당신의 껍데기는 요정의 모자를 닮았다. 꼭대기는 뾰족하고 아래로 갈수록 넓어지다가 끝에 부케 같은 촉수들이 달려 있다. 이 촉수가 당신이다. 껍데기도 당신의 일부이지만, 엄밀하게 따질 때만 그렇다. 껍데기는 부드러운 주름 장식 같은 당신의 몸을 보호하는 외골격이다. 어쩌면 당신은 껍데기가 없는 편을 선호할 수도 있겠지만, 당신이 사는 바다는 위험하다. 때는 캄브리아 후기, 약 5억 년 전으로 바다에는 기꺼이 당신을 잡아먹으려는 포식자가 우글거린다. 당신이 방패 속에 틀어박혀 있는 것이 합리적이다. 당신은 헤엄을 빠르게 치지 못한다. 그래도 그럭저럭 움직인다. 물기둥에서 위아래로 움직이도록 부력을 제공하는 나선형 방에 몸을 숨긴 채, 바닷속을 까딱까딱 돌아다닌다. 누구나 당신의 껍데기를 볼 수 있지만, 당신이 허락하지 않는 한 누구도 그 속에 웅크린 몸을 보지 못한다. 그 덕분에 삶이 덜 위험하다. 비록 지구에서 산다는 것은 언제나 어떤 식으로든 위험하겠지만 말이다.

때는 데본기 후기, 당신 위쪽 세상에서 생명이 노을처럼 느리지만 확실하게 변하기 시작한다. 육지에서 진드기와 노래기가 우뚝 솟은 양치류와 최초의 종자식물 주위를 터덜터덜 다니고 그 식물들은 점차 지붕을 인 숲을 이룬다. 바다에서 물고기들은 점점 더 커지고 빨라지고 당신을 잡아먹는 데 능숙해진다. 그들은 당신의 껍데기를 비집어서 당신을 꺼내는 법, 당신의 껍데기를 반으로 쪼개는 법, 당신의 껍데기에 구멍을 뚫어서 흡사 빨대로 밀크셰이크를 마시듯이 당신의 살을 쪽쪽 빨아먹는 법을 익힌다. 이제 껍데기가 예전보다 훨씬 덜 유용하고 가끔 방해마저 되는 듯하다. 껍데기 무게가 발목을 잡으므로 당신은 일이 초 만에 휙 도망갈 수 있는 생물보다 더 잡기 쉬운 먹잇감이 된다. 그래서 주변의 다른 종들이 껍데기를 버리기 시작하자 당신도 그렇게 한다.

이제 당신은 물렁물렁하고 헐벗었다. 누구든 가까이 다가온 상대에게 당신은 당황스러우리만치 뻔히 보이는 존재다. 당신의 드러난 살은 다른 생물들에게 유혹적이고 당신을 손쉽고 빠르게 씹을 수 있는 간식으로 선전하는 셈이다. 당신은 더 빨리 헤엄칠 수 있으니, 몸을 어뢰 모양으로 압축했다가 쌩 하고 물을 가르는 방식이다. 당신의 껍데기는 작고 가벼워져서 이제 부드러운 몸속에 감싸여 있다. 당신은 먹물 구름을 이쪽저쪽으로 뿜어낼 수 있고 그것으로 심지어 제 몸의 복제 같은 그림자를 만들어 낼 수도 있다. 그래도 여전히 위기일발의 순간은 너무 많다.

당신은 계속 진화한다. 그리고 2억 년이 흐른 뒤 당신의 뇌가 풍선처럼 커져서 특별한 능력을 끌어낸다. 당신의 피부가 수많은 화소로 이뤄져서 일렁이는 화면이 된 것인데 흙색 색소가 들었으며 근육으로 열었다 닫았다 할 수 있는 주머니들이 피부에 박혀 있는 것이다. 그 근육을 쥐어짜면 몸 전체로 변화의 파문이 퍼진다. 그래서 당신, 갑오징어는 1초도 안 되는 시간 만에 생김새를 바꿀 수 있다. 홀로그램 호랑이처럼 줄무늬를 띨 수도 있고 모래로 된 진흙땅처럼 얼룩덜룩해질 수도 있다. 몸이 가만히 있는데도 피부가 움직이는 것처럼 보이게 만들 수도 있다. 심지어 사라질 수도 있다. 이렇게 변신하는 능력 덕분에 당신은 상어, 바다표범, 물고기, 심지어 큰 벌레 같은 포식자를 피한다. 하지만 일단 위험이 지나가자 당신은 이 변신력을 탈출 이외의 일에도 쓰고자 간직하고 싶을 수도 있다. 도망치지 않는 순간에 당신은 무엇이 될 것인가?

어릴 때 나는 소녀가 되는 데 능했다. 벌룬원피스*를 입었고, 웨지부츠*를 신었고, 꼴불견일 만큼 많은 베레모를 썼다. 머리카락을 길러서 까맣고 기름진 꽃잎을 얼굴에 늘어뜨렸다. 다른 많은 소녀처럼 거울에서 나를 응시하는 제멋대로의 이목구비가 뭔가 아름다운 것으로 재정렬되기를 초조하게 기다렸다. 사춘기가 왔다 갔다. 그래도 나는 아름다워지지 않았다. 적어도 나는 아름답다고 느끼지 못했다. 사람들이 내게 아름답다고 말할 때면 세상이 내 자존감을 높여 주기 위해서 나만 빼놓고 공모한 것 같았다. 대학생 때 나는 와인에 취하면 친구들을 귀찮게 구는 아이, 떨떠름한 친구들을 화장실로 끌고 가서 내 얼굴이나 몸이 어디가 어떻게 잘못되었는지 설명하는 아이가 되어 있었다. 이게 안 보인단 말이야?

어느 날은 눈썹이었고(너무 가늘다), 아니면 뺨이었고(너무 통통하다), 아니면 배였다(매력적인 배라는 게 있기는 해?). 대학을 졸업하고 몇 년이 흐르자 나는 젖살이 빠져서 광대뼈가 드러났고, 눈썹 그리는 법을 배웠다. 이제 거울을 보면 봐 줄 만한 사람이 되었다 싶었는데 그 안도감이 얼마나 컸던지 그 사람이 정말 내가 되고 싶은 사람인지는 구태여 생각해 보지 않았다.

팬데믹 첫 해 여름 몇 주간, 나는 거울을 보기를 그만두었다. 일부러 그런 것은 아니었다. 하지만 어쩌다 며칠 동안 거울을 보지 않았다는 사실을 깨닫고는 할 수 있는 한 오래 해 보기로 결심했다. 그 일은 무서우리만치 쉬웠다. 내게는 직장도, 영상

* balloon one-piece, 허리 부분과 도련에 주름을 잡아 풍선처럼 부풀게 한 원피스.
* wedge boots, 밑창이 쐐기 모양인 부츠로 보통 고무 소재의 한 조각이 밑창과 뒤꿈치 역할을 함.

통화도, 동료도 없었다. 손 씻을 때는 화장실 세면대를 쳐다보았고 신발 끈을 묶을 때는 문을 쳐다보았다. 나 자신을 손과 배로, 희멀건 다리와 멀리 있는 발로만 보았다. 내가 몸을 원하지 않은 것은 아니었다. 나는 몸을 간절히 원했다. 다만 바뀌고, 변하고, 진화할 수 있는 몸을 원했다. 나는 가슴이 배와 같은 높이로 느껴질 때까지 꽉 동여맸다. 팔에 힘을 줘서 정맥이 큰 흰 수염고래처럼 튀어나왔다가 도로 피부에 녹아드는 것을 보았다. 얼굴을 하도 자주 만지작거려서 턱에 크고 아픈 뽀루지가 돋았다. 내가 거울 안 보기 놀이를 멈춘 것은 그것을 보기 위해서였다. 흰 모자를 쓴 경이로운 그것을 보기 위해서.

나와 몸이 균열되어 있다는 느낌 때문에 나는 내 몸을 문신과 삭발과 피어싱으로 바꿀 수 있었음을 다행스럽게 여겼다. 만약 내가 한 개체가 아니라 종이라면, 수백만 년에 걸쳐서 자신의 원형을 만들어 내는 존재라면, 언젠가 내 몸이 마땅히 되어야 할 모습을 취하리라고 믿을 수 있을지도 모른다. 어쩌면 나는 길어진 팔다리로 물 위를 달리거나 뼈가 있는 지느러미발로 모래를 밟을지도 모른다. 어쩌면 젤라틴 층이나 접어 넣을 수 있는 척추를 가질지도 모른다. 어쩌면 나는 자신을 진화적 시간 척도에서만 벌어지는 물리적 변화를 수용할 수 있는 존재로서 이해하는지도 모른다. 어쩌면 내 이상적 형태는 성공적이지 않은 형태, 이를테면 너무 화려하거나 느려서 스스로에게 해로운 돌연변이, 모사사우르스에게 금방 절멸되고 마는 형태인지도 모른다. 하지만 지금 이 짧고 멋진 인간의 삶에서는 진화가 나를 위해 이상적 형태를 찾아 주도록 놓아둘 수백만 년이 없다. 나는 스스로 변형을 시작해야 한다.

갑오징어는 변신을 위해 태어난 존재다. 모든 갑오징어에게는 최대 수백만 개 색소포가 있는데, 피부 세포의 일종인 그것은 속에 담긴 색소 주머니를 잡아 열거나 꽉 닫을 수 있다. 그렇게 빨간색과 노란색과 갈색을 모자이크하는 방식으로 갑오징어는 몸 색깔을 바꾼다. 표층의 색소포들 밑에는 어른어른 빛나는 홍색소포라는 기관들의 층이 있다. 단단한 키틴 판에 둘러싸인 홍색소포는 마치 넘어진 도미노들처럼 착착 겹쳐져 있다. 빛이 갑오징어를 때리면 빛의 일부가 이 키틴 판에 부딪혀서 갈지자로 반사된다. 이때 홍색소포의 개입으로 빛의 어떤 파장이 반사될 것인지가 결정되고 그리하여 영롱한 무지갯빛으로 어른거리는 색이 난다. 홍색소포에서 반사되지 않은 빛은 흡수되거나 쌀알처럼 생긴 백색소포들의 층에서 반사되는데 이 백색소포는 자신이 받은 빛의 색깔을 그대로 띤다. 이렇게 해서 갑오징어는 돌이 됐다가, 해초가 됐다가, 모래밭이 됐다가 할 수 있다.

구글에서 "갑오징어 위장"이라고 검색했을 때 맨 먼저 나오는 결과 중 하나는 흑백 바둑판에 놓인 갑오징어를 찍은 영상이다. 갑오징어는 제 등의 색을 바꿔서 검은 테두리를 두른 흰 사각형이 됨으로써 자신도 바둑판이 되었다. 그런데 나는 이 영상을 보면 볼수록 덜 감탄하게 된다. 갑오징어처럼 부드러운 무정형의 존재에게 각진 사각형 속에 숨으라고 요구하는 것이 잘못으로 느껴진다. 매사추세츠의 과학자들이 아이팟과 갑오징어의 지느러미 신경을 전선으로 연결함으로써 색소포들이 힙합의 전류에 맞춰 깜박거리게 만들었다는 기사도 읽었다. 그 결과를 찍은 영상을 보면 갑오징어 근육의 오렌지색과 크랜베리색 점들이 〈뇌가 미쳤어〉*의 리듬에 맞춰 팽창했다가 수축했

* Insane in the Brain, 미국 힙합 그룹 사이프러스 힐의 노래.

다가 하는데 아마 이 선곡도 농담의 일부일 것이다. 그런데 내 생각에는 세상의 어떤 존재라도 억지로 그래야 하는 상황에 처했을 때는 변신할 수 있을 것 같다.

자기방어 면에서 갑오징어에게는 위장 이상의 능력이 있다. 갑오징어는 포식자의 종류에 따라 각각 다르게 가장할 줄 안다. 만약 농어가 다가온다면 갑오징어는 두 검은 안점을 깜박깜박 윙크함으로써 자신이 실제보다 훨씬 큰 얼굴을 가진 것처럼, 어쩌면 훨씬 큰 동물인 것처럼 보이게 만든다. 한편 돔발상어에게 목격당한다면 갑오징어는 몸을 어둡게 붉히고 달아난다.

우리는 종종 갑오징어의 변신 능력과 위장 능력을 하나로 여겨서 갑오징어가 포식자로부터 숨을 때만 그런 능력을 쓴다고 생각한다. 자연다큐멘터리는 갑오징어를 위장의 명수라고 부르곤 한다. 하지만 내게는 이것이 갑오징어의 특징 중 가장 덜 흥미로운 것으로 보이는데, 갑오징어가 녹아드는 배경이 보통 칙칙하기 짝이 없다는 점에서도 그렇지만 그보다도 위장은 갑오징어가 포식자를 비롯해 자신을 해치거나 삼키려는 상대에게 구사하는 몸짓언어라는 점에서도 그렇다. 어떤 생물을 그 위장 능력으로 이해하려는 것은 그 생물의 진정한 본성, 온전한 모습을 이해하려는 노력으로서는 번지수가 틀린 것 같다. 그것은 얼룩말이 사자를 피해 달아나는 모습만 연구하는 것, 혹은 생쥐가 빈 통나무에 숨어 있는 모습만 연구하는 것과 마찬가지일 것이다. 나는 갑오징어가 주변에 상어가 없을 때, 주변에 다른 갑오징어만 있을 때 어떻게 변신하는지 알고 싶다. 갑오징어를 움직이는 동기가 공포가 아니라 공동체와 섹스일 때 그것이 어떤 변형을 해내는지 알고 싶고, 그런 능력을 나는 위장이라고 부르고 싶지 않다.

첫 몇 번의 데이트 중에 나의 첫 여자 친구는 혹시 자신이 내가 평생 데이트할 여자 중 마지막이 아니냐고 물음으로써 나를 괴롭힌다. 여름이 끝날 무렵 잠수 이별을 당해 상심한 나는 별 목적지 없이 몇 시간 동안 기차에 앉아서 사람들이 타고 내리는 것을 구경한다. 그 순간 그 기차에 있는 모든 사람과 키스하고 싶은 순간이 있고, 딴 사람을 원한다는 건 상상조차 할 수 없는 순간도 있다. 나는 코르크판에서 떨어진 압정이다.

대학 졸업반을 앞두고 본가에 돌아갔을 때 샌프란시스코에서 가장 게이스러운 미장원으로 보이는 곳을 발견한다. 정액을 부르는 속어를 이름에 붙인 곳으로, 카스트로 지구에 있는 곳이다. 나는 담당 스타일리스트 수지에게 넷플릭스에서 제일 유명한 레즈비언 사진을 참고로 보여 준다. 수지는 내게 미소 짓고 사진을 제 주머니에 쑤셔 넣은 뒤 그것에 관해서 한마디도 하지 않는데, 나는 나중에야 깨닫지만 고마운 일이다. 수지는 내 머리카락을 감기면서 왜 스타일을 바꾸냐고 묻고, 나는 얼굴을 붉히면서 얼마 전부터 여자와 데이트하기 시작했다고, 어쩌면 영원히 그럴지도 모른다고 허풍 떤다. 나는 첫 퀴어 관계의 시시한 사연을 털어놓고 수지는 그럴 필요가 없는데도 친절하게 듣는다. 내 긴 머리채가 바닥에 떨어진 것을 보고 나는 헉, 숨을 삼킨다. 하지만 면도날이 목과 두피와 귀 주변 뻣뻣한 털을 감싸듯이 미끄러지며 윙윙거릴 때 나도 함께 윙윙거리는 것처럼 짜릿하다.

이후 몇 년 동안 머리카락이 어깨나 가슴까지 다시 길어진 꿈을 꾸곤 한다. 수중에 날카로운 것이 아무것도 없어서 그것을 자를 방법이 없다. 꿈에서 나는 늘어진 머리카락을 무겁게 틀어 올린 채 서랍을 뒤져 보고, 길에서 가위를 찾아본다. 꿈은 내가 다시 머리를 밀면 조용해진다. 한동안은 이것으로 충분하다. 하지만 결국 충분하지 않은 날이 온다.

오랫동안 많은 갑오징어 연구자는 수컷 갑오징어에 집중했다. 과거에 과학의 많은 분야에서 흔했던 관행이다. 오스트레일리아의 참갑오징어 중에서 몸집이 작은 수컷은 제 몸의 무늬를 바꾸어 암컷처럼 보이게 만듦으로써 우두머리 수컷의 눈을 피해 그 암컷 짝을 슬쩍 수정시킨다. PBS 자연다큐멘터리는 이것을 "기만적인 드래그* 행위"로 간주했고 《네이처》 기사는 심지어 이 갑오징어를 "비열한 복장 도착자"라고 불렀다.

 수컷 편향의 한 예외로서 주목할 만한 연구가 2006년에 발표되었다. 암컷 갑오징어들이 스플라치(splotch, 큰 얼룩점)라는 인식 표지를 공유한다는 것을 발견한 연구였다. 스플라치는 이름대로 생겼다. 갑오징어의 머리, 팔, 외투막 전체에 젖빛 얼룩 같은 반점이 나타나는 것이다. 과학자들은 암컷 갑오징어가 다른 암컷들에게만 혹은 거울에 비친 자신에게만 스플라치를 나타낸다는 것을 발견했다. 암컷들이 왜 스플라치를 나타내는지는 알 수 없었다. 그것은 일종의 소통일까? 만약 그렇다면 뭐라고 말하는 것일까? 하지만 과학자들은 암컷 갑오징어가 다른 개체를 잠재적 위협으로 간주한다는 것, 그래서 팔을 휘두르다가도 특정 신호를 받으면 멈춘다는 것, 그 특정 신호가 스플라치일 수도 있다는 것을 알아차렸다. 그래서 과학자들은 스플라치가 다른 개체의 공격을 예방하는 방법인지도 모른다고, 마치 게이들끼리의 묵례처럼 안전과 동질성을 확인하는 물리적 신호인지도 모른다고 주장했다. 나는 이것을 일종의 사랑

* drag, 남성이 오락의 목적으로 전형적인 여성 복장을 입는 것.

언어로 본다. 네가 스플라치 한다면 나도 스플라치 할게.

사람의 눈으로는 갑오징어 수컷과 암컷을 구별하기가 사실상 불가능하다. 수컷과 암컷 모두 제 외모를 바꿔서 자신이 바라는 어떤 모습으로든 보일 수 있기 때문이다. 과학자들에 따르면, 산 갑오징어의 암수를 감별하는 유일한 방법은 갑오징어를 거울 앞에 두고 어느 개체가 '진한 얼룩말 무늬'라고 불리는 선명한 흑백 줄무늬를 드러내는지 보는 것이다. 수컷 갑오징어는 다른 수컷을 봤을 때 선명한 얼룩말 무늬를 드러내고 이것은 공격의 예고이자 싸움의 약속이다. 하지만 이 방법도 확실하진 않은 것이 갑오징어도 과학자들처럼 착각할 수 있기 때문이고 따라서 확실히 알 수 있는 방법은 사검뿐이다.

대학 졸업 후, 나는 대륙을 횡단해 시애틀로 이사한다. 옛 애인이 시애틀을 사랑했고 나는 여전히 그를 사랑하기 때문에 나도 그 도시를 사랑하리라고 여긴 것이다. 나는 그를 생각하기를 멈출 수 없고 내가 누구와 함께하고 싶은 것인지 아니면 그 사람처럼 되고 싶은 것인지 모르겠다는 퀴어의 오래된 궁지에 빠진 채 아마도 후자인 것 같다고 생각한다. 옛 애인의 남성성은 내가 제일 잘 아는 남성성으로, 낡은 스웨터와 기능적인 바람막이로 흡사 걸어 다니는 L.L.빈* 카탈로그처럼 보이는 남성성이다. 그 덕분에 나는 분명 퀴어처럼 느끼지만 동시에 백인처럼, 암벽 등반을 하는 누군가를 코스프레하는 것처럼 느끼기도 한다. 나는 가슴을 사라지게 할 수단으로 스포츠브라를 차기 시작한다. 이따금 남자로 지칭되고 그것에 개의치 않는다. 여드름 치료제 아큐테인을 집중 복용하기 시작하고, 그러자 의

* 1912년에 설립된 미국의 아웃도어의류 회사.

사들과 약사들이 끊임없이 내게 언제라도 임신할 수 있다는 사실을 상기시키는데, 사실 나는 섹스를 하고 있지 않지만 그 약이 태아에게 심각한 선천성 기형을 일으키기 때문이다. 그래서 나는 자동적으로 "임신 가능성 있는 여성 환자를 위한 이소트레티노인 복용 안내"를 제공하는 아이플레지(iPLEDGE) 프로그램에 등록되고, 프로그램에 따라 매달 임신 테스트와 함께 안전한 섹스에 관한 다지선다형 질문지에 답해야 한다. 질문지는 가령 내 파트너가 언제 콘돔을 껴야 하는가(정답은 "발기하자마자"), 물속에서도 임신할 수 있는가(정답은 "가능해 보인다") 하는 것을 묻는다. 이 프로그램이 내가 여자가 아니라는 것을 깨닫게 하는지, 아니면 그냥 '아이플레지 여자'가 아니라는 것을 깨닫게 하는지 잘 모르겠다.

시애틀에서 살 때 내 사무실은 수족관에서 걸어서 8분 거리였다. 기삿거리가 뜸한 날이면 나는 수족관에 간다. 검은 배경에 환히 밝혀진 해파리들을 지나고, 체험용 웅덩이로부터 초록색 촉수를 늘어뜨린 한 마리 큰태평양문어를 지나서, 난쟁이갑오징어들이 든 작은 수조 옆에 앉는다. 난쟁이갑오징어들이 나를 알아차리고 짙은 보라색으로 몸을 빛낸다. 구체적으로 나를 알아본 것은 아니고 그냥 나라는 존재를 느낀 것인데, 그들에게 나라는 존재는 제 수조로부터 걱정스러운 거리에 나타난 어렴풋한 그림자가 아닐까 싶다. 몸을 빛내는 것은 위장의 정반대다. 이것은 갑오징어를 간과할 수 없는 존재로 만든다. 갑오징어는 이처럼 색채의 신기루가 되어서 먹잇감을 현혹하고, 포식자를 혼란시키고, 짝을 유혹한다. 난쟁이갑오징어는 남들에게 보이고 싶을 때 제 몸을 밝힌다.

가끔 수족관이 텅 비다시피 한 오전에 난쟁이갑오징어들 곁에 오래 앉아 있으면 그중 몇 마리가 몸 밝히기를 그친다. 그들의 피부가 뾰족뾰족해지고 짙은 구름과 잉크 얼룩 같은 무늬가 피부에 파문처럼 흘러간다. 갑오징어의 표현력 풍부한 눈은 상대를 유심히 쳐다보는 듯하고, 구불구불한 동공은 갑오징어의 표정을 읽을 수 없게 하며, 얇은 지느러미는 어찌나 빠르게 물결치는지 갑오징어의 윤곽이 흐릿해 보일 지경이다. 우리는 그렇게 반년간 거의 매주 서로를 본다. 그동안 나는 그들이 나를 알아보기를, 그리하여 경고의 의미로 몸을 색색으로 밝힐 필요를 더는 느끼지 않기를 헛되이 바란다. 마지막으로 수족관을 찾았을 때 아큐테인 복용 반년째인 나의 여드름투성이 피부는 이제 매끈하고 촉촉한 분홍색이 되어 있다. 이런 나를 보고 갑오징어들이 몸을 밝히고 나는 그들을 비난할 수 없다. 그동안 나도 변신해 왔으니까.

갑오징어는 아마 위장술로 가장 유명하겠지만 그들의 시각언어가 가장 현란하고 복잡한 수준에 이르는 것은 같은 종의 다른 개체들과 이야기할 때다. 스플라치와 모방을 제외하고도 갑오징어는 인간에게는 보이지 않는 다른 몸짓언어로 다른 갑오징어만 인식할 수 있는 신호를 내는지도 모른다. 햇살이 바닷속으로 흘러들면 그 빛이 편광되는데, 빛의 파동들이 물속에서는 서로 좀 더 비슷한 방향으로 진동하게 된다는 뜻이다. 갑오징어는 동물계를 통틀어 가장 뛰어난 편광 시각을 갖고 있다. 과학자들은 인간이 색에 의존해 세상을 인식하듯이 갑오징어가 편광에 의존하는지도 모른다고 말한다. 갑오징어는 색소포와 돌기를 가만히 둔 채 빛을 반사하는 홍색소포만 살짝 움직임으로써 몸에 편광 무늬를 띨 수 있는데 이것은 아마 포식자를 끌지 않고 같은 종의 다른 개체에게만 말 걸기 위해서일 것이다.

인간이 인식할 수 있는 갑오징어 무늬 중 제일 근사한 것은 '흐르는 구름'이다. 이것은 고정되어 있지 않고 쉼 없이 움직이는 무늬로 짙은 색 리본이 마치 물결치는 컨베이어벨트처럼 갑오징어 몸 위에 흘러가는 것이다. 이때 갑오징어는 다른 바다 생물들이 하늘을 볼 수 있도록 열린 그린 스크린 같다. 이 무늬는 비행하는 거위 떼의 흐릿한 V 자들을 닮을 수 있고, 물웅덩이에 비친 그림자를 닮을 수 있고, 환각적인 얼룩말 무늬를 닮을 수도 있으며, 로르샤흐테스트*처럼 해석될 수 있다. 과학자들은 흐르는 구름 무늬를 헤엄치는 갑오징어에서, 짝짓기 중인 갑오징어에서, 사냥하는 갑오징어에서, 쉬는 갑오징어에서 목격했으니, 이 말인즉 과학자들이 이 무늬의 의미를 전혀 모른다는 뜻이다. 나를 먹지 마/거기 너 안녕/나랑 섹스할래/나는 독이 있어/저 새우 먹음직스럽다/신경 쓰지 마, 난 괜찮으니까. 뜻은 청중에 따라 달라진다.

갑오징어는 먹물로 자신을 만들어 낼 수도 있다. 문어와 오징어처럼 갑오징어는 어른거리는 피부 밑에 먹물주머니를 숨기고 있다. 대개 먹물은 최후에 의지할 수단이다. 위기에 처한 갑오징어가 먹물을 뿜어서 연막을 치고 그 틈에 탈출하는 것이다. 하지만 어떤 갑오징어는 먹물 거품과 점액으로 그 실루엣이 자신을 꼭 닮은 형체를 순간적으로 만들어 낸다. 가짜 몸(pseudomorph)이라고 불리는 찐득한 유인책에는 도파민이 함유되어 있어서 포식자의 감각을 일순 마비시킨다. 갑오징어가 도망치는 동안 포식자는 망연자실해 감각을 되찾으려고 애쓰

* Rorschach test, 좌우 대칭의 불규칙한 잉크 무늬를 활용해 사람의 정신상태를 판단하는 검사법.

면서 어떻게 그렇게 단단해 보였던 몸이 잉크처럼 증발할 수 있는지 의아해한다.

다시 뉴욕으로 이사한 뒤 나는 경영대학원에 다니는 사람과 사귀기 시작한다. 우리는 경영대학원에 있는 한 줌의 퀴어들과 파티에 다닌다. 그곳에서는 모두가 면바지를 입고 여름의 컨설팅 인턴십을 이야기한다. 경영대학원이 주최한 한 행사에서 나는 "신흥 시장" "대투자자 관계" 따위를 논하는 대화를 흘려듣다가 바에 가는데 바에 있던 경영대학원 남자들이 내게 아름답다고 말한다. 다음 주말에 나는 머리를 밀고 가슴에 문신을 새긴다. 내 몸이 반항하는 것이, 내 몸이 그가 깃들어 사는 세상의 정반대가 되려고 애쓰는 것이 느껴진다. 몇 달 뒤에 나는 이것으로도 충분하지 않다는 것을 깨닫고 우리는 카페 그럼피에서 헤어진다.

나는 곧 다른 사람과 사귀기 시작한다. 그리고 그의 집에서 시간을 많이 보내다 보니 그의 옷을 입기 시작한다. 처음에는 장난으로, 나중에는 습관으로 그런다. 그의 스웨트팬츠와 후드 티셔츠를 입고 식품점에 갔더니 계산원이 나를 예전에 만난 적 있는 사람처럼 맞고, 그래서 나는 내가 그와 비슷해 보인다는 것, 왜곡 있는 거울에 비친 모습처럼 보인다는 것을 깨닫는다. 그의 집으로 돌아가는 길에 식품점이나 서점 유리에 비친 내 모습을 보면서 욕망 혹은 자부심, 그도 아니면 두 가지가 묘하게 섞인 감정을 느낀다. 과일을 들고 돌아온 나는 그에게 식품점에서의 사건을, 내가 거의 그로 통했다는 이야기를 숨 가쁘게 들려준다. "웃기지!" 나는 포멜로*를 입에 물고서 묻는다. 그는 소리 내어 웃는다. 그러고는 사실 우리는 전혀 닮지 않았고

* pomelo, 대형 감귤류에 속하는 과일.

그저 둘 다 아시아계일 뿐인데 어떤 사람들에게는 그 점만으로도 충분하다는 것을 부드럽게 상기시킨다.

내 옷으로 갈아입고 기차로 집에 갈 때, 내가 혹시 누가 되었든 섹스하고 싶은 상대에게 동화되는 행동양식을 발달시켰나 하는 의문이 든다. 내 외모가 혹시 내가 반한 사람이나 내 연인의 반영으로 혹은 옛 애인의 굴절된 반영으로 변해 온 게 아닐까 싶은 것이다. 나는 옛 애인들이 주었거나 모르고 남기고 간 옷을 무심코 입곤 한다. 그들의 반바지를, 유니클로 버튼다운 셔츠를, 초록색 패딩 재킷을 입는다. 시간이 흐르고 다시 혼자가 되었을 때 나는 허벅지에 중국 사자상 문신을 큼지막하게 새긴다. 친구들에게는 내 중국 혈통과 이어진 느낌을 갖고 싶어서 했다고 말하지만 이것은 반만 사실이다. 집에 와서 비닐 랩을 벗겨 보니 잉크가 피부에 짙고 쭈글쭈글한 지형을 새겨 놓았다. **문신이 꼭 의미 있어야 할 필요는 없지**, 스스로에게 이렇게 말하면서 화끈거리는 다리에 여행용 애쿼퍼* 한 통을 다 바른다. **섹시하다고 느끼기 위해서 문신하는 것도 괜찮아.** 하지만 나는 스스로 섹시하다고 느끼기 위해서 문신한 게 아님을 안다. 내가 이 문신을 한 것은 타인에게 욕망되기 위해서였다. 이제 나는 그동안 내가 몸을 바꿔 온 것이 어느 정도가 나를 위한 일이었고 어느 정도가 타인을 위한 일이었는지 궁금해진다.

불꽃갑오징어라는 이름은 이 갑오징어가 보석 같은 진홍색과 금색으로 몸을 밝힌다는 점에서 왔다. 수족관에서 불꽃갑오징어는 색채의 향연으로, 너무 가까이 다가오는 사람에게 작은 촉수들을 흔들면서 번쩍번쩍 일렁일렁 몸을 빛낸다. 하지만 야

* Aquaphor, 보습용 화장품 브랜드.

생에서 불꽃갑오징어는 겁을 먹거나 성적으로 흥분하지 않은 한 좀처럼 불꽃 같지 않다. 평소에 이 두족류는 진흙 위를 터덜터덜 다니면서 그저 진흙처럼 보인다. 하지만 포식자가 다가오면 현란한 색깔을 터뜨림으로써 자신을 잡아먹으려는 상대를 혼란에 빠뜨리고 그 틈에 탈출한다. 불꽃갑오징어는 밝은 빛과 음흉한 그림자 앞에서만 불꽃 같으니 그럴 때 이 갑오징어가 놀라고, 얼굴을 붉히고, 위험을 느끼기 때문이다.

또 다른 예외는 불꽃갑오징어가 짝짓기하기로 마음먹을 때다. 몸집이 더 작은 수컷은 흐르는 구름 무늬를 몸에 띠어 피부가 적자색과 흰 소용돌이와 긴 금색 줄무늬로 짜인 태피스트리가 된다. 수컷은 위장 중인 구애 상대에게 물결치는 색조 대비를 보여주면서 눈부시게 빛난다. 이 구애 행위는 지나가는 포식자에게 수컷을 노출시키므로 자칫 수컷이 쏨뱅이에게 잡아먹힐 수도 있다. 하지만 만약 수컷이 운이 좋다면 암컷 갑오징어가 짝짓기에 동의할 테고 암컷은 탁 트인 해저 모래밭에서 유일하게 안전한 장소인 코코넛 껍질 속에 알을 낳을 것이다.

불꽃갑오징어는 최대 2년을 살고, 봄의 몇 주 동안에 짝짓기한다. 그 기간에 암컷은 내키는 대로 다른 많은 상대하고도 짝짓기한다. 암컷은 알을 낳은 뒤에 곧 죽을 테니 자신이 아직 부드럽고 약동하고 살아 있는 동안에 기회를 최대한 활용해야 한다.

대학에 다닐 때 한번은 친구 에번과 함께 나중에 합성이 아니었을까 의심하게 되는 엘에스디(LSD)를 섭취했다. 환각 체험의 시작은 여느 때와 다르지 않다. 우리는 소금쟁이처럼 잽싸게 시간의 안팎을 넘나들고 풀밭과 하나가 되어 땅에 녹아들고 싶은 열렬한 충동에 굴복한다. 하지만 에번의 집에 돌아갔을 때 나는 벽이 허물어지고 문이 무너지는 것을 본다. 갈색 유리구슬 같은 에번의 눈동자가 얼굴에서 굴러떨어져서 날카로운 턱선에 대롱대롱 매달리는 것을 본다. 나는 놀라서 입이 딱 벌어지고 눈알이 바닥에 떨어지기 전에 받아야겠다는 생각에 본능적으로 손을 내민다. 그런데 내 팔을 보니 그것은 마치 뼈가 없는 듯, 살과 피를 지탱할 단단한 것이 내 안에 전혀 없는 듯 엿가락처럼 완벽하게 구부러져 있다. 친구 리즈가 늘어진 관 같은 내 팔을 꽉 쥐어 본 뒤에 괜찮다고, 팔이 부러지지 않았다고 말해 준다. 나는 정신을 차리기 위해서 샤워를 하고, 그러면서 타일만 보려고 애쓰는데 타일 색깔이 자꾸 바뀐다. 그래서 줄눈에 집중하지만 줄눈이 점균처럼 스르르 시야를 빠져나간다. 로레알 샴푸 통에 그려진 만화풍 눈알을 보니 그것도 똑 떨어진다. 참지 못하고 내 몸을 본다. 내 몸이 눈앞에서 흔들거린다. 다리가 베이컨처럼 구불구불하고 한쪽 가슴이 뱀처럼 바닥까지 늘어져 있다. 나머지 한쪽은 어디 갔는지 보이지 않고 젖꼭지만이 책상에 놓인 지우개처럼 평평한 가슴 위에 태연히 놓여 있다. 나는 샤워실을 나가서 에번에게 이 감각을 이야기하고 우리는 내 몸이 실제 변신하는 것을 내가 봤을 리 없다는 데에 동의한다. 그 사실을 부인하니 침착해지는 데 도움이 된다. 하지만 내가 느낀 것은 실제였다. 내 팔이 고무 같았던 것도, 내 손가락들이 묘목처럼 자랐던 것도, 내 무한한 가슴이 욱신거리는 우주 같았던 것도.

    오랫동안 나는 그 환각 체험을 마음에서 지우고 거의 잊고 산다. 그런데 예의 지난여름 몇 주간 샤워실에서 내 몸을 내려다볼 때, 먼 발과 희멀건 다리를 볼 때, 갑자기 뭔가 느껴진다. 환각지처럼 더럭 기억이 느껴진다. 나는 손가락을 들어서 그것들이 줄어들거나 길어지는지 본다. 그것들은 그러지 않는다. 나는 이미 기회를 놓쳤고, 그래서 이제 변할 수 없는 내 몸에, 내 틀에 갇혔다.

카멜레온과 달리 갑오징어는 질감도 바꿀 수 있다. 한순간에는 대리석처럼 매끄럽다가 다음 순간에는 해초처럼 우툴두툴할 수 있다. 이런 변화는 돌기라고 불리는 근육다발 덕분인데 이 근육다발은 매끈하게 있다가도 팽창하면 돌출된다. 젖꼭지가 단단해지는 것과 좀 비슷하다. 갑오징어의 돌기에는 이 근육이 한 쌍씩 있고 둘 중 어느 쪽을 꽉 쥐거나 푸는가에 따라서 돌기가 돋을지 제자리로 들어갈지가 결정된다. 한 과학자는 이것을 물풍선을 움켜쥐는 것에 비유한다. 우리가 물풍선의 중앙을 꽉 쥐면 꼭대기가 불룩해질 테고, 쥐었던 것을 풀면 풍선이 도로 축 늘어질 것이다.

갑오징어는 보는 것만으로도 질감을 흉내 낼 수 있다. 흉내 낼 물질과 물리적으로 접촉할 필요가 없는 것이다. 갑오징어의 돌기들이 튀어나와서 딱딱하게 굳는 걸 보면 꼭 지각변동을 구경하는 것 같아서, 마치 화산의 탄생이나 숲의 성장을 새의 시선으로 구경하는 것처럼 느껴진다. 갑오징어는 종마다 다양한 돌기 형태의 레퍼토리를—못 모양, 가시 모양, 버섯처럼 둥근 모양—갖고 있고, 그 덕분에 피부 표면이 마치 살아 춤추는 것처럼 자갈밭 위에서는 매끄러워지고 산호 가지 앞에서는 뾰족해진다. 일단 돌기들이 갑오징어가 바라는 모양이 되면 갑오징어는 돌기들을 그 상태로 고정하고 나머지 근육들은 느슨하게 풀어서 편하게 헤엄칠 수 있다. 갑오징어는 에너지를 더 쓰지 않고도 최대 한 시간까지 그 상태를 유지할 수 있으니, 몸은 새롭게 변신한 상태로 고정시킨 채 감각은 자유롭게 다른 것을 경험하는 것이다.

올여름에, 파트너의 얼굴을 손으로 감싼 채로도 그를 만족시키고 싶다는 마음에서 시작된 갈망이 곧 음경을 갖고 싶다는 갈망으로 변한다. 내가 몸에 차는 것을 넘어서 가끔은 내 몸의 일부처럼 느껴지는 음경을 갖고 싶다는 갈망이다. 이때까지 내가 찼던 딜도는 내가 아니라 파트너에게 속한 것이었다. 첫 번째였던 라벤더색 딜도는 특수 설계된 면 팬티에 끼워 넣는 형태로 아주 편했지만 한 번 빨 때마다 한 번만 쓸 수 있었는데 그것은 대학 시절에는 충분하지 못한 주기였다. 두 번째는 묘하게 골동품처럼 보이는 물건으로, 칙칙한 회색 기둥이 하네스로부터 돌출되어 흔들리고 그 하네스는 마치 가죽 서류 가방으로 만들어진 양 버클과 끈이 달렸고 가장자리가 갈라진 물건이었다. 세 번째는 보풀이 인 천을 벨크로로 여미는 착용 장치로부터 새까만 무광 시가 같은 것이 솟아난 물건이었고, 네 번째는 많은 딜도가 그렇듯이 홈 없이 매끈하고 가지처럼 생긴 물건이었다.

    나는 착용식 딜도를 섹스의 영역 밖에서도 생각하기 시작하고 그것을 차고 다니면서 내 사타구니에 뭔가 단단한 형체가 달린 것을 보면 얼마나 기분이 좋을지 생각하기 시작한다. 그러니 내가 구입하는 최초의 착용식 딜도는, 결국엔 파트너 T와 함께 쓰게 되겠지만, 나를 위한 물건이다. 나는 몇 달 동안 결정을 미룬다. 수많은 선택지에 갈팡질팡하며, 내가 점찍은 물건이 엉덩이에 끼진 않을지, 세척이 쉬울지, 골반에 착용감이 편할지 몰라서 망설인다. 사용 후기를 훑느라 몇 시간을 들이고, 수많은 선택지에 어지럽다. 내 물건이 내가 원하는 어떤 색깔이든 될 수 있다는 사실에 감탄한다. 보라색, 검은색, 빨간색, 청록색. 더 예쁜 색도 가능하다. 자수정색, 흑요석색, 투르말린색, 청금석색. 그것은 반짝거릴 수도 있고, 금속 같을 수도 있고, 홀치기염색을 한 것처럼 구름무늬가 있을 수도 있다. 딜도에 특별한 질감이 있어야 하는지도 고민된다. 혈관이 으스스하게 솟아 있어야 할지 아니면 더 추상적으로 쥐어짠 수건처럼 골이 파여 있거나 호박처럼 줄이 그어져 있어야 할지 고민된다. 형태도 뭐든지 다 있다. 손가락처럼 끝이 구부러진 것도 있고 버섯처럼 끝이 볼록한 것도 있다. 흡사 정동석 내부처럼 보이는 길쭉한 페리윙클색 결정도 있다. 그 물건이 부드러우리라고는 전혀 상상할 수 없고 그것에 살이 닿으면 베일 것만 같다. 하지만 베이브랜드*에서 직접 만져 보니 그것은 손바닥 안에서 고분고분 휜다. 그 깔쭉깔쭉함은 착시였다.

나는 정동석이 아니라 더 단순한 물건을 산다. 검은색 실리콘 딜도로 은색 금속과 검은색 가죽이 얽힌 하네스의 금속 고리 위에 재규어의 정면 얼굴이 그려져 있다. 배송된 딜도는 핸드백 냄새가 나고 감촉은 버터 같다. 그날 밤에 나는 내 방에서 혼자 그것을 차고 이리저리 걸으며 묵직한 음경이 위아래로 까딱거리는 것을 느낀다. 사이즈가 맞는지 시험 삼아 차 본 것이지만 이제 벗을 수 없는 듯 혹은 벗고 싶지 않은 듯 느껴진다. 눈을 감으면 그것이 거의 몸의 일부처럼 느껴진다. 내 몸의 일시적 연장, 늘 내 안에 숨어 있었지만 이제서야 유연하게 발기된 형태로 나타난 부위처럼 느껴진다. 마침내 그것을 벗은 뒤 나는 그것을 곁에 두고 어루만진다. 그것을 꽉 쥐면 그것이 자라나는 것처럼 보인다. 그것은 육체 이탈의 경험이다. 그것은

* Babeland, 섹스 토이 전문점.

내 몸의 일부인 동시에 추상적인 의미에서 내 파트너의 일부다. 그것을 가지니 뭔가 변하고 나는 편안해진다. 그것을 차지 않을 때도, 그것이 서랍에 있을 때도 혹은 T가 그것을 찰 때도 그것을 내 것으로 느낀다. 나는 내 몸을 해체되고, 흩어지고, 재결합될 수 있는 것으로 생각하기 시작한다.

갑오징어의 학명은 세피아(*Sepia*)다. 갑오징어가 세피아 색깔에 이름을 준 것이지 거꾸로가 아니다. 고대 그리스인은 갑오징어 먹물로 글을 썼다. 죽은 갑오징어의 먹물주머니에 펜촉을 담가서 그 특유의 거의 반투명한 갈색 색조를 얻었다. 이후 세피아는 물질 자체보다 색을 묘사하는 말이 되었는데, 이 색은 과거와 연관된 색, 오래된 영화와 온통 베이지색으로 변색된 사진에 연관된 색이다. 갑오징어의 먹물을 그 몸에서 떼어서 그것으로 그리면 갓 그려진 그림이나 글씨라도 늘 빈티지처럼 오래되어 보인다.

나는 이 에세이를 쓰려고 시도할 때마다 매번 내 몸, 내 젠더, 나 자신에 대해서 다르게 느낀다. 매번 아직 이 글을 쓸 준비가 되지 않았다고 결론짓는다. 무언가를 다 겪은 뒤 몇 년 반추하며 기다렸다가 쓰는 편이 좋다는 게 보통의 조언이다. 하지만 만약 내가 지금 쓰지 않는다면 어떻게 나 자신의 진화를 추적한단 말인가? 그래서 나는 이 글을 가짜 몸, 차오르는 중인 달, 현재의 나이자 미래에는 나를 닮지 않았을지도 모르는 사람을 그린 먹물 실루엣으로 명명한다.

지난 2년 동안 T와 나는 서로를 파트너라고 부르는 단계를 넘어서(지나치게 공식적이고 무슨 기업 용어 같다) 남자 친구라고 부르는 단계로 접어들었다(재미있고 이해하기 쉽다). 처음에는 길에서 누가 우리를 남자 둘로 착각했던 일에서 시작된 것 같은데, 우리는 곧 그것이 착각이 아니라는 데 의견이 일치했다. 이 덕분에 나는 이성애자였던 과거의 나로 돌아간 듯 느껴지는 드문 순간들을 겪는다. 가령 이삿짐 운반업자가 내게 남자 친구와 살림을 합치는 거냐고 물을 때가 그렇다(나는 맞아요 하고 대답하고, 우리는 이 상황을 서로 다른 관점으로 본다). 나는 스스로 이성애자라고 생각했던 시절 이래로 "남자 친구"라는 말을 거의 쓰지 않았지만 이 단어는 은근한 노스탤지어를 간직하되 이성애의 부담은 짊어지지 않은 채로 자연스럽게 내 어휘에 복귀한다. 우리는 우리 음경을 침실 서랍장에 각각 보관한다. 먼지가 묻지 않도록 지퍼백에 담아서 더는 입지 않지만 차마 버리지 못하는 옷들 옆에 둔다. 그 물건들은 내가 살면서 무방비 상태가 되는 짧은 순간에 몸으로 구현할 수 있는 내 자아들이다.

  몇 달 전부터 나는 불을 끄고 샤워하고 있다. 처음 몇 번은 젖은 타일에서 미끄러졌고, 샴푸를 손바닥이 아닌 다른 곳에 짰으며, 물이 너무 뜨거워지면 손잡이를 찾아 더듬거렸다. 이제는 문을 조금 열어 두어 미끄러지지 않을 정도로만 빛이 들어오게 한다. 물을 틀고 수도꼭지에서 쏴쏴 쏟아지는 온기로 들어간다. 가는 물줄기들이 내 위로 흘러내리고 나는 거품 속에 든 나를 물이 덮싼다고 상상한다. 아니면 거품의 정반대를, 그러니까 공기가 물 덩어리를 덮싸는 것을 상상한다. 눈을 감고 내 손가락이 자라는 것을, 턱이 선반처럼 넓어지는 것을, 엉덩이에 V 자로 깊게 골이 파이는 것을 상상한다. 매번 다른 몸을 상상한다. 가끔은 우람한 이두박근이나 불끈불끈한 등처럼 내가 달성할 수 없는 몸이다. 또 가끔은 흉터와 꿰어 붙인 젖꼭지처럼 달성하려면 할 수도 있는 몸이다. 이럴 때 나는 이제 캘리포니아에 살지 않는다는 점에, 그래서 매 순간 가뭄을 염려하지 않고도 수도꼭지를 틀어 둘 수 있다는 점에, 물속에서 나를 상상할 수 있다는 점에 감사한다. 굴절되고 산란되어 끝내는 빛과 비슷한 무언가가 되는 나를.

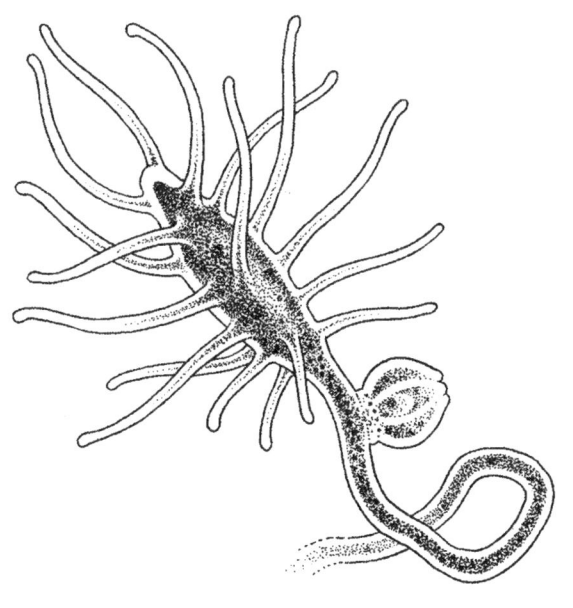

10장　　　영원한 우리

기고자(글이 소개된 순서대로): C 테일러, 에번 실버, 후타바 시오다, CV 사이스, 로즈메리 하투니언 앨럼보, 알렉시스 아세베스 가르시아, 제피어 리소스키, T 장, 에이미 잭슨, 커스틴 밀크스, 카밀 베레직, 게이브리얼 슈타인보덴하이머, 다시 커웬, 마사 하비슨

늘 굶주리는 바다에서 그 이름에 걸맞게 정말로 불멸하는 불사해파리는 거의 없다. 그들은 이론적으로는 평생 죽지 않고 살 수 있지만 대부분은 그러지 않는다. 그들은 우리와 같은 방식으로 통증을 느끼지 않고 어쩌면 통증이 무엇인지 이해하지 못할 수도 있지만, 그래도 손상될 수 있고 게다가 종종 그렇게 된다. 불사해파리는 나이를 먹을 수 있고, 감염에 굴복하거나 핀셋에 찔려서 펄프처럼 될 수도 있고, 원자력발전소의 팬 날에 찢길 수도 있다. 통째 삼켜질 수도 있다. 입을 가진 것이라면 무엇에게든 잡아먹힐 수 있는데, 불사(不死)가 무슨 의미일까? 대다수 불사해파리는 이처럼 철저히 통상적인 방식으로 죽는다. 질병이나 노쇠를 겪지 않을 만큼은 운이 좋지만, 누군가의 위산 속에서 분해될 만큼은 운이 나쁘다.

   불사해파리는 반투명한 돔이 위에 있고 그 테두리에 촉수들이 매달린 것이 꼭 유령의 술처럼 생겼다. 크기가 아주 작아서 대략 콩알만 하고 물속을 떠다닐 때면 마치 몸의 일부를 다른 차원으로 보낼 수 있는 것처럼 유리 같은 몸이 보였다 안 보였다 깜박깜박한다. 불사해파리는 생식선에만 색깔이 있다. 찐득한 우산 안에 떠 있는 적갈색 점 네 개가 생식선이다. 촉수는 보통 최대 열여섯 개까지 있고 모든 촉수가 꼭 끈끈한 손처럼 끝이 부풀어 있다. 불사해파리는 뇌도 심장도 눈도 없다. 구멍은 딱 하나 있어서 입이자 항문인 그것으로 먹고, 배설하고, 물을 내뿜어서 종처럼 생긴 몸을 움직인다.

불사해파리도 삶을 시작할 때는 여느 해파리와 다르지 않다. 수정란이 자라서 쌀알 모양 유생(幼生)이 되고, 그 유생이 해저에 자리 잡은 뒤에 나뭇가지 같은 모양으로 펼쳐지면 그것이 폴립이다. 폴립은 마치 과일 나무처럼 팔에서 작은 싹들이 돋아나고, 그 싹이 떨어져 나간 것이 해파리의 최종 형태인 메두사다. 작은 메두사들은 한 달 만에 몸집이 불어나서 성체 해파리 무리가 된다. 이때부터 다른 해파리들은 차츰 성숙하고, 알을 낳거나 정자를 분출한 뒤 서서히 죽음으로 다가갈 것이다.

하지만 불사해파리는 만약 몸이 나빠지기 시작하면 나이를 거꾸로 먹는다. 병든 몸은 해저나 그 밖의 단단한 표면으로 가라앉은 뒤 스스로를 재편해 꼭 알처럼 생긴 혹은 세포처럼 생긴, 원시적이고 모든 가능성을 다 담고 있는 미끈한 덩어리로 바뀐다. 그것은 키틴질 껍질로 자신을 감싸고 그 안에서 세포들의 의미를 이리저리 뒤섞는데, 그럼으로써 그것은 폴립으로 바뀌고 그 폴립이 자라서 해파리 한 마리가 아니라 수많은 클론을 낳는다. 요컨대 손상된 해파리 한 마리가 그보다 젊고 가능성 있는 자기들의 무리로 바뀌는 셈이며 그 클론들도 모두 동일한 재생능력을 갖고 있다. 우리가 아는 한 이 해파리는 이 일을 몇 번이고 반복할 수 있다. 손상을 입을 때마다 매번 반복해 거의 영원히 살 수 있다.

이 특이한 재생 능력을 맨 처음 보고했던 과학자들은 학명으로 투리톱시스 도흐르니이(*Turritopsis dohrnii*)라고 불리는 이 생물을 "불사"해파리라고 부르길 선택하지 않았다. 한 과학자는 자신은 결코 그 단어를 쓰지 않았으리라고 꼬집어 밝히기까지 했다. 그는 원래 이 해파리에게 "개체 발생 역전" 능력이 있다고만 말했는데, 이것은 이 해파리가 보통의 생애주기 진행 방향을 뒤집을 수 있다는 뜻이다. 하지만 "개체 발생 역전 해파리"라는 표현으로는 뉴스에 나가거나 연구 지원금을 딸 수 없으므로 이 생물은 결국 불사해파리가 되었다. 이 해파리는 자신이 불사의 몸이라는 것을 모르고 설령 불사의 몸이 아니라도 그런 것을 갈망하지 않을 것이다. 이 해파리는 뭔가 이상하다는 감각을 느끼지 못하니, 왜냐하면 아무것도 느끼지 않기 때문이다. 몇몇 과학자들은 이런 생물학적 단순함이 이 해파리의 불멸성을 설명해 주는지도 모른다고 말하는데, 그렇다면 진화적 거래가 이뤄진 셈이다. 나는 이 주장을 읽고 납득한다. 만약 지적 생물체에게 삶을 다시 살 기회가 주어진다면 그 생물체는 영영 자라지 않는 편을 원할지도 모르겠다는 생각이 들기 때문이다.

여느 수많은 필멸자들처럼 나도 불사해파리 이야기를 처음 들었을 때 이 생물이 부러웠다. 내가 탐냈던 것은 불멸 그 자체가 아니라 그 메커니즘이었다. 우리의 전통적 불멸 개념은 너무 나른하고 수동적이다. 가령 영원한 10대인 제시 터크[*]는 마법의 샘을 마신 뒤에 영원히 17세로 살게 되고, 영화 〈트와일라잇〉의 에드워드 컬렌도 마찬가지다. 나는 불멸을 무언가를 마시거나 한입 먹거나 알약을 삼킴으로써 얻는 것, 정적이며 되돌릴 수 없는 상태인 것으로 생각하며 자랐다. 하지만 불사해파리의 불멸은 이런 뜨뜻미지근한 영원이 아니다. 불사해파리의 불멸은 능동적이다. 불사해파리는 끊임없이 나이를 먹거나 나이를 줄인다. 종은 수축했다가도 팽창하고, 촉수는 몸통으로 움츠러들었다가도 꿈틀꿈틀 뻗어 나오며, 그렇게 늘 자신을

---

[*] Jesse Tuck, 내털리 배빗의 1975년작 청소년소설 『트리갭의 샘물(Tuck Everlasting)』의 주인공.

재발명한다. 불사해파리는 영원히 사는 게 아니라 영원히 다시 산다. 불사해파리가 나이를 거꾸로 먹을 때 그 몸은 영원을 선택하는 게 아니라 죽음을 거부하는 것인데, 내게는 두 가지가 전혀 다른 일로 보인다. 그리고 그 해파리가 선택하는 삶은 영원히 비리비리한 17세로 머무르는 청년기가 아니라 아동기다. 해파리는 다시 자란다.

많은 퀴어와 트랜스젠더가 두 번째 사춘기를 겪는다는 말은 이제 잘 알려진 표현이다. 첫 번째 사춘기는 남들과 같은 시기에 오는데, 다만 그때 당신은 당신 자신이 아니다. 당신은 세상에서 말을 걸 수 있는 사람이 자기 자신뿐인 듯 느낀다. 딴 사람의 진실을 살아간다. 아니면 어떻게 해야 퀴어 어린이로 살 수 있는지 모를 수도 있고 어떤 이유에서든 그 문제를 생각조차 안 했을 수도 있는데, 그렇게 모든 게 납득되지 않는 채로 살다가 스무 살이 된 어느 날, 이른바 돌파구라고 불리는 경험을 하고서는 갑자기 어린 시절의 장면들이 되밀려와서 모든 게 납득되는 몽타주로 맞춰지는 것을 본다. 리어나도 디캐프리오가 서서히 얼어 죽는 모습을 반복 시청하면서 당신이 평생 키스하고 싶은 남자는 오직 그뿐이 아닐까 생각했던 일. 1미터짜리 샤니아 트웨인 포스터를 벽에 붙이고 그 옆에서 잤던 일. 같은 반 여자아이들 꿈을 꾸고서는 몽롱한 혼란 혹은 창피함을 느끼며 깼던 일. 이제 당신의 두 번째 아동기, 두 번째 사춘기가 온다. 어쩌면 당신은 머리카락을 자를 수도 있고, 초커를 맬 수도 있다. 어쩌면 평생 처음으로 퀴어 연애에 빠질 수도 있는데, 그것은 시작될 때는 교향곡처럼 느껴지고 끝날 때는 세상이 끝나는 것처럼 느껴진다. 이 두 번째 사춘기는 달곰쏩쓸하다. 더없이 황홀하지만 이 모든 것이 첫 번째 때에 당신의 것일 수도 있었다는 생각을 도무지 떨칠 수 없다.

그러니 만약 당신이 그것을 다시 겪을 수 있다면 어떨까? 그러고도 또다시 겪을 수 있다면? 당신은 어떤 몸을 선택하겠는가? 어떤 사람이 될 테고, 어떤 사람을 사랑하겠는가? 그것을 다시, 또다시, 또다시 반복하겠는가?

삶 #2: C

나는 열두 살 아니면 열세 살이다. 그때 나는 어머니의 전기면도기를 몰래 빌리기 시작한다. 그때 축구팀에서 제일 못된 여자애들이 내 정강이 보호대 위에 검은 못처럼 솟은 다리털에 대해서 수군거리기 시작한다. 그들은 내가 들을 수 있을 만큼 크게 수군거린다. 게이이자 그 자신도 수군거림의 대상인 코치가 못 들을 정도로 작게 수군거린다.

나는 열두 살에 면도하지 않는다. 열세 살에도 하지 않는다. 열네 살에도, 열다섯 살에도, 열여섯 살에도 하지 않는다. 그냥 면도를 하지 않는다. 보드라운 허벅지 살결이 붉어지거나 가려워지는 일은 없다. 아차 하다가 실수로 베여서 샤워 물줄기를 타고 흐른 피가 발목을 분홍색으로 물들이는 일은 없다. 털은 자란다. 털은 자라고, 부드러워지고, 온몸을 덮는다. 털은 내가 맨다리로 오래오래 자전거를 탈 때 바람을 맞는다. 나는 가끔 내 내부에서도, 허파에서 간까지, 털이 나를 덮는다고 상상한다. 나는 털투성이, 퀴어 인간, 만지면 따뜻하고 부드러운 존재로 중서부의 겨울을 난다.

삶 #3: 에번

남자애들을 위한 팀버레인 캠프에서 제이슨과 나는 울퉁불퉁한 나뭇가지 마법봉으로 숲속에서 마법을 부림으로써 살아남는다. 결국 다른 아이들도 눈치챈다. 그들은 터치 풋볼이나 깃발 빼앗기 게임을 중단하고, 대신 우리가 마법을 부리는 것을 구경하려고 모인다. 우리 힘을 다른 사람들에게 숨길 필요가 없고, 그것을 너무 깊게 억누른 나머지 그로부터 10년이 흐르고서야 우리가 내내 마법 그 자체였음을 깨달을 필요도 없다. 오랜 뒤에 게이 데이팅 앱에 제이슨의 프로필이 뜰 때 나는 창피함과 회한으로 얼굴을 붉히지 않는다. 이번에는 그에게 인사하고 이렇게 묻는다. "어떻게 지내?"

삶 #4~8: 후타바

중학교 시절에 아버지의 옷장을 몰래 뒤질 때 나는 넥타이를 모조리 챙긴다. 넥타이를 제대로 매는 법을 익히고, 7학년 내내 하루도 빼놓지 않고 넥타이를 매고 다닌다.

쉬는 시간에 남자애들이 나를 풋볼 시합에 끼워 주지 않고 선생님들은 웃으면서 지켜보기만 할 때, 나는 공을 싹 다 가져다가 바람을 빼서 운동장에 묻는다.

호텔방에서 그 예쁜 여자애가 내 얼굴에 화장해 줄 때, 나는 변기에 토한다. 비명을 지르며 복도로 달려 나간다. 엘리베이터를 타니 천장 거울에 내 얼굴이 비치지 않는다. 나는 반영되지 않는 존재가 되어 그로부터 백만 층 먼 곳을 떠다닌다.

만약 그 관계로 돌아갈 수 있다면 나는 좀 더 관심을 쏟을 것이다. 내가 머리카락을 기르기를 그가 원했다는 점에, 그가 수염을 기르기를 내가 원했다는 점에. 아마도 이것은 우리가 서로 바뀌기를 원했다는 뜻일 것이다. 아마도 우리는 서로 거울의 반대편에서 상대를 사랑했다.

당신도 시도할 수 있도록 불사해파리가 어떻게 그 일을 해내는지 다시 한 번 설명해 드리겠다. 당신은 거의 눈에 보이지 않는 몸과 촉수를 다 가진 성체다. 당신의 우산 테두리에는 필요한 경우에 펼쳐져서 새 촉수가 될 싹이 많이 나 있다. 종처럼 생긴 몸통에는 입이 달린 관의 바닥에서 뻗어 나온 속 빈 관들이 나란히 뻗어 있다. 관들은 당신의 하나뿐인 구멍을 드나들면서 온몸으로 음식물을 나른다. 당신의 우산은 겨우 깨알만 하게 자그마하다. 몸의 95퍼센트가 물이니 당신은 동물이라기보다 호수에 가깝다.

당신은 두근두근 맥동하면서 정처 없이 바다를 헤엄치는데—해파리는 방향을 잡고 움직일 필요가 적다—그러다가 무슨 일이 벌어진다. 당신은 스트레스를 받고, 상처를 입고, 허를 찔린다. 어쩌면 주변 물의 화학물질 조성이 바뀌었는지도 모른다. 어쩌면 당신 몸의 일부가 더 큰 생물의 입에 뜯겨서 떨어져 나갔는지도 모른다.

그래서 당신은 변형한다. 입이 달린 관이 쪼그라들고, 돋았던 싹들이 종 가장자리로 후퇴한다. 촉수들은 분해되어 너덜너덜해지거나 뭉툭해진다. 잔 받침처럼 생긴 몸통에 쏙쏙 들어간 곳이 생기더니 마치 당신이 스스로에게 새 삶의 행운을 빌어 주는 듯이 네잎클로버 모양 몸통이 된다. 매끄럽던 가장자리가 삐죽빼죽하게 혹은 물결 모양으로 갈라진다. 당신의 일부가 스스로에게도 낯선 모습으로 바뀌었다.

이렇게 자신을 파괴하는 과정에서 쪼그라들어 당신은 이제 예전 몸집의 4분의 1이 되었다. 당신은 이제 깨알보다 작다. 몸통 속을 이리저리 달리던 관들이 하나로 융합한다. 종 밑에 근육이 얼마나 달려 있었는지 몰라도 당신은 그것을 다 떨어낸다. 당신은 이제 누가 봐도 타원형이다. 당신은 작은 알약이 되었다. 당신은 이제 표층으로 몸을 감싼 뒤 타원형에서 원형으로 살짝 변신한다. 자, 어려운 대목은 다 마쳤다. 당신은 가장 가까이 있는 단단한 표면에―돌이든 산호든 유리든 뭐든 좋다―작고 둥근 몸을 붙이고 쉰다. 필요한 만큼 얼마든지 쉬어도 좋다.

그다음이 가장 신비로운 대목, 우리가 아직 완전히 이해하지 못하는 단계다. 당신은 제 몸의 성질 자체를 바꾸기 시작한다. 한때 당신을 성숙한 성체로 만들어 주었던 세포들을 파괴한 뒤 다음번 당신을 이룰 세포들로 변형시킨다. 뒤섞여 있던 신경세포와 외배엽 세포와 내배엽 세포가 모두 주근(走根, sto-lon) 세포로 바뀌어 당신이 곧 길러 낼 나뭇가지 같은 몸을 형성한다. 성체의 세포 한 종류가 다른 종류로 변신하는 것은 불가능한 일로 보일지 모른다. 오직 줄기세포만이 무엇이든 원하는 세포로 바뀔 수 있다는 것이 생물학의 법칙 아닌가. 하지만 어떻게 해서인지는 몰라도 당신은 독자적인 재발명 메커니즘을 만들어 냈고, 오래된 세포를 새 세포로 바꿔 냈으며, 자신에게 필요한 것을 스스로 공급했다.

준비가 끝나면 당신의 몸 곳곳이 삐죽빼죽해지다가 쑥 튀어나와서 가지가 된다. 당신은 차츰 젤리로 만들어진 야자수를 닮는다. 한자리에 앉은 채 가지들을 뻗고 마치 잎사귀들의 왕관을 쓴 것처럼 촉수들을 위로 펼친다. 당신은 이제 폴립이 되었다. 단단히 뿌리 내린 채 주변에 흘러가는 것을 뭐든 흡입하고, 좀처럼 다루기 힘든 살점이라면 촉수를 꿈틀꿈틀 움직여서 입으로 가져간다. 당신은 곧 첫 싹을 틔우고 그 싹은 뱅그르르 떨어져 나가서 작은 종 모양 메두사가 된다. 과거의 당신보다 어린 클론이 탄생한 것이다. 당신은 계속 싹을 틔워서 점점 더 많은 자신을 만들어 낸다. 어린 해파리들은 모두 당신의 과거를 공유하지만 자신의 미래를 스스로 결정한다. 그 모두가 당신이고, 당신이고, 당신이고, 당신이고, 당신이다. 당신의 모든 가능성 있는 미래들이 각자 새로운 방향으로 까딱까딱 떠나간다. 당신의 옛 몸은 이제 사라졌다. 하지만 당신은 이제 이 젊고 완벽한 해파리들이고 그 모든 당신들이 다시 온전해져서 예전과 다른 방식으로 먹고 떠다니고 살고 상처 입을 준비를 마쳤는데 왜 과거를 생각하겠는가?

삶 #9: CV

대학을 다닐 때 나는 해부 실습실에서 일한다. 매직펜으로 "팔" "발목" 하고 무뚝뚝하게 이름표를 적어 둔 아이스박스에서 매일 사람의 팔다리를 꺼낸다. 내 일은 해부하기에 알맞도록 그것을 해동해서 준비하는 것, 그것의 신원을 기록하는 것, 실습이 끝난 뒤에 뒷정리하는 것이다. 실습실 관리자는 가끔 의대생들이 떠난 뒤에 외과의사의 손재주가 남은 팔다리를 내가 해부해 봐도 좋다고 허락한다. 나는 인대를 도르래처럼 당겨서 그 반응으로 발가락, 손가락, 종아리가 움직이는 것을 본다. 팔다리가 몸에서 떨어져 나왔을 때 어떤 모습이 되는지를 본다.

해부가 끝나면 실습실에서 내가 마지막으로 하는 일은 팔다리를 포장해서 폐기하는 것이다. 나는 그것들을 쓰레기봉투에 단정하게 담아서 유해폐기물 전용인 작은 금속 쓰레기통에 넣는다. 쓰레기통 테두리에 닿아 서 있는 손을 보며, 이 최종 폐기

단계 이후에 그것이 원래 소유자와 재결합하게 될지 생각해 본다. 가끔 양동이에 담긴 팔다리를 꿈에서 볼 때도 있다. 육체적인 것의 자리에서 정신적인 것이 자랄 수도 있을지 생각해 본다. 부분이 제거된 전체에게는 어떤 일이 일어날까?

어느 날 밤 해부 실습실에서 나는 내 가슴을 평평하게 만들기로 결심한다. 나는 그것을 해부용 탁자에 얹고 다른 해부 대상에게 그랬던 것처럼 그것을 어루만져 본다. 인간의 형체에 대해 약간의 거리를 둔 경외감과 존경심을 느낀다. 나는 내 샘플의 이름표를 직접 쓴다.

CV, 20세

그 부드러운 형태를 마지막으로 손에 들어 본다. 피부에 바인더에 쓸린 자국이 난 것을 찬찬히 살펴보고, 젖샘을 하나씩 도려내어 기능을 몰수한다. 살점을 유해폐기물 봉투로 싸서 내버린다.

삶 #10: 로지

나는 열일곱 살의 나에게 죄에 관한 찬송을 부르는 것보다 여자와 키스하는 것으로 신을 더 잘 섬길 수 있다고 말해 준다. 내 생각에 그는 이미 알고 있다. 그래도 나는 내가 갖지 못했던 자유를 그가 갖기를 바라고 그는 내 말을 믿는다. 그래서 그는 제 신성하고 성스러운 퀴어성을 종교 지도자들에게 설득시킬 성경적 논증을 고안하는 일에 헛된 시간을 그렇게 많이 낭비하지 않는다. 그해 여름에 자신의 육신이 지옥을 겪도록 놔두지 않는다. 첫 바지형 수영복을 5년 더 일찍 산다. 제단 초청 순서가 진행되는 동안 예배실 뒤에서 자신의 성경 수업 지도자와 키스한다.

삶 #11: 알렉시스

2021년 나는 과거와 현재와 미래의 나를 찾아가는 최면 수업을 듣는다. 최면술사의 목소리와 낮은 탁자에 놓인 촛불에 집중하다가 눈을 뜨니 나는 할머니네 뒷마당에 두 줄로 선 레몬나무와 밀감나무 사이에 있다. 나는 하늘로 둥실 떠올라서 황금빛 빛의 길에 들어서며, 내가 지금 내 인생의 시간대 중 어느 지점으로 향하는지 궁금해한다.

나는 과로하던 2018년의 나를 찾아간다. 그때의 나는 맨해튼의 웨스트 24번가와 5번 애비뉴를 걸어서 일하러 가는 중이다. 셔츠는 땀에 젖었고 낙천성은 바닥났다. 나는 내게 다정한 말을 외쳐 준다. 이런 말들. "사랑해, 넌 바른 길로 가고 있어. 알아, 아무것도 말이 안 되는 것 같지. 사실 그건 미래에도 마찬가지일 거야. 하지만 언젠가 너는 크나큰 기쁨과 자신에 대한 친밀감을 느끼는 순간들을 겪을 거야. 그리고 난 널 사랑해, 사랑해, 사랑해."

나는 옛집 근처 햄버거 가게에서 엄마와 젠더에 관해 어려운 대화를 나누고 있는 나를 찾아가서 옆자리에 슬쩍 앉는다. 내가 그 자리에 있는 것은 증인이 되기 위해서다. 내가 매일같이 느끼는 다중적인 자아로서 내 곁에 앉아 있기 위해서.

나는 유치원에 다니는 나를 찾아간다. 그때 나는 스페인어만 할 줄 알았고 친구가 별로 없었다. 꼬마 알렉시스가 내게 교실을 구경시켜 준다. 바퀴 달린 칠판 뒷면에 붙은 세계지도를 보여 주고, 그 위 벽에서 떨어지려고 하는 코팅된 영어 알파벳 포스터도 보여 준다. 내가 다시 자라고 싶은 순간은 거기서부터다. 나는 내 손에 반항기를 마치 할머니네 진입로에 핀 분홍 장미처럼 쥐여 준다. 내 몸에 싫어 하는 표시를 크게 길러 낸다. 그것이 여러 시간대로, 여러 버전의 내게로 퍼져 나가도록 허락한다. 내가 트랜스젠더의 유년기를 보낸 것은 그것이 내 것이기 때문이었으며 그것은 아직 끝나지 않았다. 지금 내가 자신을 보호하는 법을 배울 때 나는 매번 그때의 나도 보호하는 셈이다. 미래에 새로운 버전의 나들이 존재할 공간을 만드는 셈이다. 내 삶을 영원히 확장하고 재창조하는 셈이다.

물론 허점이 있다. 허점은 늘 있다. 불사해파리는 원하는 때에 언제든 되살 수 있는 게 아니라 다른 선택지가 없을 때만 그럴 수 있다. 아마도 제 촉수 커튼에 만족하며 살고 있을 건강한 불사해파리가 스스로 원하는 때에 아무 때나 화학 신호를 켬으로써 나이를 거꾸로 먹기 시작할 수는 없다. 트라우마는 재생의 여러 촉매 중 하나가 아니라 유일한 촉매다.

불사해파리의 재생을 연구하는 과학자들은 이 사실을 안다. 한 연구의 표현을 빌리자면, 그래서 "회춘을 유도하기" 위한 고문 방법을 갖가지로 개발해 두었다. 해파리에게 트라우마를 안기는 표준 기법 중 하나는 무색의 염인 염화세슘 용액에 생물체를 담그는 것이다. 그 대안은 이른바 바늘 요법으로, 스테인리스스틸 바늘로 해파리의 진득한 우산을 마구 찌르는 것이다. 어떤 과학자들은 바늘로 해파리의 몸을 찌른 뒤 낙서하듯이 휘젓다가 터진 세포들이 적운처럼 뭉치기 시작할 때에야 바늘을 뗀다. 또 어떤 과학자들은 반복적으로, 한 마리당 최대 50번씩 찌른다. 해파리에게 열 쇼크를 가하는 방법도 있고, 이때는 주변 수온을 100도 가까이 높인다. 혹은 그냥 굶기는 방법도 있다.

해파리가 감당하지 못할 정도로 트라우마를 가하지 않는 한 해파리는 결코 재성장을 시작하지 않는다. 만약 배양 접시에 염화세슘이 충분하지 않으면 혹은 바늘로 찌른 횟수가 부족하거나 열이 너무 낮으면 불사해파리는 계속 성체인 채 계속 살아 있을 것이다. 그러니 스트레스와 트라우마가 충분히 가해지도록 확실히 해야만 한다.

구보타 신(久保田信)이라는 일본 과학자는 불사해파리 한 무리를 무한 반복으로 재생시키면서 기르고 있다. 그 해파리들은 나이 들었다가 도로 어려지기를 2년에 열 번까지도 반복한다. 구보타 박사가 오키나와 앞바다에서 채집한 야생 해파리의 후손인 그 해파리들은 그 외에는 이상적인 환경에서 산다. 바닷물이 지속적으로 공급되며 직사광선을 피한 곳에 놓인 용기에 담겨 있기 때문이다. 해파리 연구에 평생을 바친 구보타 박사는 불사해파리를 계속 재생시키며 살려 두는 일에 관한 한 세계 최고의 전문가일 것이다. 그가 보살피던 불사해파리가 죽은 경우도 있지만 그것은 바늘 때문이 아니라 조류 증식 때문이었다.

불사해파리가 야생에서도 재생하는지, 한다면 어떻게 하는지 관찰한 연구는 하나도 없다. 이 생물은 너무 작고, 우리 눈에 거의 보이지 않고, 발견하기가 너무 어렵다. 하지만 불사해파리가 실험실에서 스스로 어떻게 재생하는지 알아본 연구도 없기는 마찬가지다. 과학자들은 이 생물을 쿡쿡 찔러서 폴립 상태로 되돌릴 수 있을 때에만 이 생물을 연구하고 싶어 한다. 우리가 간섭하지 않는 조건에서 해파리를 살펴보는 것은 시간이 너무 많이 들고, 돈이 너무 많이 들고, 인간의 이익에 별로 중요하지 않은 일일 것이다. 그래서 우리는 우리가 관리하는 소수의 개체가 삶을 무한히 반복하도록 강제한다. 그들은 자연적 트라우마나 바다의 위험 때문이 아니라 우리가 그들이 거꾸로 나이 먹는 걸 보고 싶고 그렇게 만들 수단도 갖고 있다는 이유 때문에 삶을 살다 말고 다시 살고, 또다시 산다. 우리는 그들이 다시 사는 걸 보고 싶다는 이유에서 그들이 두 번째, 세 번째, 다섯 번째, 일곱 번째 성인기를 내처 살지 못하게 막았다. 그런데도 해파리는 소금 목욕을 당하거나 바늘에 찔린 뒤에 매번 다시 살아나고 그 몸으로 오래된 청사진을 다시 좇기 시작한다. 그들은 달리 어쩔 수가 없다.

삶#12: 제피어

열두 살 때 나는 돌돌 말아서 차고에 매단 카펫을 임시 샌드백 삼아서 싸우는 법을 배운다. 남부의 더위에 끈적해진 피부로 나를 가르치는 사람은 우리 아버지다. 오후 네 시여서 아버지는 아직 취하지 않았다. 나는 몇 년이 지나서야 받아치는 법을 익히고, 내가 그렇게 하자, 학교의 남자아이가 알루미늄 쟁반처럼 구겨진다. 하지만 나는 그 시점에 이르기 전에 다른 아동기를 꿈꾼다. 다른 나는 더 퀴어스러운 헤어스타일을 하고 있고, 후회는 없다. 그는 모든 것을 잘게 썰면서 10대를 보낸다. 랜치 하우스*의 가구들을 잘게 썰어서 더 작은 가구로 만든다. 내 아버지를 잘게 썰어서 더 상냥한 아버지로 만든다.

만약 내가 그때로 돌아가서 폭력을 작게 줄일 수 있다면 그것은 어떤 모습이 될까? 내 피부의 멍이 사라진다. 내 근육은 공격의 언어를 알지 못한다. 우리 집 재활용품 수거함에는 이제 아버지가 상자째 사던 프란지아 와인 병이 담겨 있지 않다.

---
* ranch house, 지붕 물매가 가파르지 않은 단층집.

나는 한때 사랑했던 모든 친구와 함께 패스쿼탱크 강둑 풀밭에 앉고, 어쩌면 우리의 손이 닿아 있다. 혹은 곧 그렇게 될 것이다. 내가 견딘 폭력으로 정의되지 않을 때 내 퀴어성에서는 무엇이 남을까? 카펫은 거실 바닥에 깔려 있다. 진흙탕 강물에 반사된 우리의 피부는 희망처럼 빛난다.

삶 #13: T

호세 무뇨스(José Muñoz)는 퀴어성을 하나의 이상이라고 본다. 그것이 지금 이곳을 넘어선 다른 장소와 시간에 존재한다는 뜻이다. 저 멀리 지평선을 향해 아득히 뻗는 갈망, 이것은 아름다운 이미지다. 아름다운 것이 대개 그렇듯이 이것은 또한 엄청나게 슬프다. 무뇨스의 퀴어성은 늘 손 뻗으면 닿을 듯하지만 닿지 않는 약속이다. 만약 우리가 삶을 거듭 다시 살 수 있다면 무뇨스의 이 공식은 뭔가 전혀 다른 것으로 변형되지 않을까? 그렇다면 퀴어성은 어디에도 존재하지 않는 것이 아니라 무한한 다중적 현재 속에서 모든 곳에 동시에 존재하는 것이 될지도 모른다.

불사해파리가 전 세계를 장악하는 중이라는 사실을 알면 당신은 놀라겠는가? 게다가 그것은 우리 잘못이다. 애초에 그 사실을 나쁜 일로 여긴다면 그렇다는 말이다. 불사해파리는 우리의 선박 바닥에 붙어서 전 세계 바다로 침투해 들어갔다. 그들은 이제 파나마, 일본, 이탈리아, 스페인, 뉴질랜드, 태즈메이니아, 그리고 이상한 생물들이 가서 번성하는 것으로 유명한 플로리다 앞바다에서도 촉수를 깜박거리고 있다. 우리는 일부러 그들을 찾아보고서야 비로소 그들의 존재를 알아차렸다. 바닷물을 샅샅이 뒤져서 어둠보다 좀 더 투명한 것, 유리 골무처럼 보였다 안 보였다 깜박깜박하는 것을 찾아보았다. 그러다가 저렇게 서로 멀리 떨어진 장소들에서 그들의 존재를 확인하면 그들이 조용한 침입을 감행했다고 선언했다. 우리가 이전에는 그 사실을 전혀 알지 못했다는 점에서 조용했다는 것이고, 그들이 와 있으리라고 예상하지 않았던 곳에 그들이 와 있었다는 점에서 침입이라는 것이다. 어쩌면 우리는 그들이 샘나기 때문에 침입자라고 부르는지도 모른다.

사실은 많은 생물에게 자신을 재생하는 능력이 있다. 영원*은 팔다리를 다시 기를 수 있고 불가사리도 팔을 다시 기를 수 있다. 제브라피시는 지느러미, 척수, 망막, 그리고 심장의 대부분을 재생시킬 수 있다. 이것은 불멸이 아니라 제2의 기회다. 가끔은 온몸을 찢어발기지 않고도 다시 시작할 수 있다. 변신이 늘 전신에 적용되는 현상은 아니다.

우리가 1988년에 불사해파리의 부활 능력을 처음 관찰한 이래 다른 해파리들도 다양한 재생 능력을 속속 드러냈다. 이탈리아에서는 우주비행사 헬멧 미니어처럼 생긴 반투명 해파리가 실험실에서 제2의 삶을 선보였다. 원래 과학자들이 라오디케아 운둘라타(*Laodicea undulata*)라는 학명의 그 해파리를 수집한 것은 그들이 어떻게 태어나고 살고 죽는가 하는 생애주기를 재구성하기 위해서였다. 실험실의 새끼 라오디케아들은 폴립에서 생성된 뒤 2주가 채 못 되게 살다가 깜박깜박 죽어 갔다. 하지만 한 마리만은 예외였다. 이 마지막 라오디케아는 두 개를 제외한 촉수 전부를 잃었다. 그다음에 수조 바닥으로 가라앉았고 몇 시간 만에 공 모양으로 변했다. 그러고는 이제 우

* 蝶螈, 도롱뇽목의 동물.

리도 잘 아는 단계가 시작되었다. 주근 조직이 뾰족뾰족 솟았고 거기에 폴립 싹이 하나 돋더니 이어서 더 많이 돋았으며, 마침내 폴립으로부터 어린 메두사 세 마리가 떨어져 나와서 같은 수조 속을 까딱까딱 헤엄치기 시작했다.

중국의 한 대학원생은 1년 넘게 함께 지낸 보름달물해파리와 헤어지기 싫은 나머지 그 시체 조각을 모아서 새 수조에 넣었다. 두 달여가 흐른 뒤 그는 해파리 시체에서 혹 같은 촉수 세 개를 지닌 폴립 하나가 솟은 것을 발견했다. 이후 며칠간 폴립이 점점 더 많이 솟았고 그는 바지런히 그것들을 모아서 새 수조로 옮겨 주었는데, 그러자 폴립들은 그곳에서 자리 잡고 성숙해 메두사를 피워 냈다. 보름달물해파리도 종종 침입자로, 해류에 떠밀려 다니다가 대서양과 태평양에서 어마어마한 규모로 대량 증식하곤 한다. 보름달물해파리는 세상에서 가장 많이 연구된 해파리 중 하나이지만 그럼에도 불구하고 누군가 그들에게 충분한 시간과 그들이 다시 자랄 수도 있다는 믿음을 제공하기 전에는 아무도 그들의 재생능력을 알아차리지 못했던 것이다. 어쩌면 모든 해파리에게 그런 변형 능력이 있는지도 모른다.

그러니 나는 당신에게 다시 묻겠다. 당신은 어떻게 다시 자라겠는가? 얼마나 많은 방식으로?

삶 #14~19: 에이미, 커스틴, 카밀, 게이브, 다시, 마사

······내가 나를 위해서 떠올리는 '꿈의 유년기'가 썩 화려하진 않다. 그 속에서 나는 여전히 트랜스젠더인데 왜냐하면 그 사실이 없는 세상이란 상상조차 할 수 없기 때문이다. 다만 나는 그 결론에 더 일찍, 훨씬 더 일찍 도달하고, 그 사실을 마음껏 탐구

하도록 허락된다. 만약 여덟 살의 나에게 원피스를 준다면 과연 어떻게 될까?……

……사랑했던 사람과 나란히 누워 대화할 때 그가 "아내"라는 단어를 쓰는 걸 처음 들었던 순간으로 돌아간다. 내 심장이 세상에서 사라지고 싶어 한다는 걸 알아차린 듯 흉곽이 반응해 나를 침대에서 끌어낸다. 내 두 팔이야 상대를 단단히 붙들고 있다고 생각하든 말든……

……나 자신을 훨씬 더 많이, 훨씬 더 일찍 사랑할 수도 있었다고 생각하면 너무 슬프다……

……그다음 날 아침에 나는 집으로 돌아가지 않는다. 세 블록 내내 캔을 발로 차면서 돌아가지 않는다. 대신 나는 그의 침대에서 깨고 기억의 조각들을 음미한다. 유월절 매니셰비츠 와인의 찌꺼기, 우리가 부엌에 퍼지르고 누워서 대화할 때 내 가슴에 얹혔던 그의 머리, 내 몸에 거침없이 다가붙던 그의 벗은 몸…… 학교에서 아무도 우리를 놀리지 않는다. 그리고 두어 달 뒤에 테스토스테론이 효과를 발휘하기 시작하면 나는 여느 남자아이처럼 보일 것이다……

……나 자신에게 숨 쉴 공간을 준다. 남들 눈에 띄지 않을 공간을 준다. 나는 해안가 웅덩이 속에 있다. 따뜻한 햇살을 느끼고 있다. 해초 틈에 둥둥 떠 있다. 이곳이 내가 안전하다고 느끼는 곳이다……

……나는 훔친 고기 옷을 몰고 다니는 유령 같다고 느끼는 대신 내 몸 안에서 성장한다. 작은 촉수들이 뻗어 나와서 나 자신의 방치된 공간들에 가닿고 그것들을 단단히 움켜쥔다. 그리하여 마침내 나는 온전해진다……

한국 남해안에는 최근 들어 더 자주 급증식하는 해파리들을 솎아 낼 임무를 맡은 제로스(JEROS)라는 이름의—해파리 퇴치 로봇 군집(Jellyfish Elimination RObotic Swarm)의 약자다—자율주행 로봇이 있다. 이 로봇들은 제트스키 위에 삼각대를 얹은 듯한 모양으로 수면을 떠다니는데, 각자 카메라와 GPS(지피에스)와 물 밑에 잠긴 격자형 철선을 갖고 있다. 제로스는 카메라와 GPS 덕분에 바다에서 목표물을 수색할 수 있고 일단 해파리를 감지하면 마치 사냥에 나선 범고래 떼처럼 해파리들을 한 지점으로 몬다. 해파리가 통증을 느끼지 않는 것이 다행이다. 일단 해파리들을 구석으로 모는 데 성공한 제로스는 해파리를 빨아들인 뒤에 그 살점을 잘 가르도록 설계된 가는 철사로 분쇄하기 때문이다. 로봇들은 시간당 1톤 가까이 해파리를 찢어발길 수 있고, 그러면 후두두 쏟아진 젤라틴성 물질이 바다 바닥을 덮는다. 과학자들은 원자력발전소의 취수관을 막고, 물고기 알과 플랑크톤을 먹어 치워서 상업적 어족 자원을 고갈시키고, 달갑지 않게도 바다에 떼 지어 다니는 해파리 무리를 효율적으로 제거할 방법이 제로스라고 말한다. 제로스는 성가신 해파리에 대항하고자 개발한 최고의 방어책이라는 것이다.

하지만 해파리 생물학자 리베카 헬름(Rebecca Helm)은 그들이 모르는 사실이 있다고 지적한다. 가령 커튼원양해파리 같은 몇몇 해파리를 찢어발기는 것은 도리어 산란을 촉진하는 짓이라는 것이다. 해파리 대학살을 꾀한 조치가 오히려 육신 없는 난교를 일으킬 수 있으니 해파리의 알과 정자가 회오리처럼 동시에 죄 터져 나오기 때문이다. 그 모든 생식세포가 만나서 배아가 되고, 배아는 가라앉아서 바닥에 자리 잡은 뒤 폴립으로 자라며, 폴립은 클론 수백 마리를 생산하고, 그 클론 각각이 또 해파리 수백 마리를 생산한다.

그 과학자들이 또 모르는 사실은 해파리가 연약해 보이는 이름에도 불구하고 뜻밖에 아주 튼튼한 종류도 있다는 것이다. 지름이 2미터까지 자라고 무게가 사자만큼 나갈 수도 있는 거대한 노무라입깃해파리는 피부가 어찌나 질긴지 칼날을 튕겨낸다. 이 해파리는 해파리를 찢어발기는 로봇에도, 발전소 취수관의 날카로운 거름망에도 끄떡없다. 이 해파리를 으스러뜨리기는 사실상 불가능하다.

그 과학자들이 또 모르는 사실은 만약 불사해파리라고도 불리는 작은 해파리들이 로봇의 칼날에 잘게 찢긴다면 바다 밑으로 가라앉으리라는 것, 잘린 몸 조각으로 바닥을 젤리 카펫처럼 덮으리라는 것, 그로부터 다시 삶을 시작하리라는 것이다. 그 일에 모든 해파리가 성공하는 건 아니겠지만, 성공한 해파리는 키틴질 외피로 자신을 감쌀 것이다. 뿌리 같은 혹들이 솟기를 기다릴 것이다. 하나의 폴립으로 자랄 것이고, 그다음에는 더 많은 폴립으로 자랄 것이고, 몇 달 뒤에는 진주 모자를 쓴 새끼 메두사가 폴립으로부터 떨어져 나가서 하늘로 빙글빙글 날아오를 것이다. 그 모습을 위에서 보면, 바다에 타피오카 펄이 가득한 것처럼 보일지도 모른다. 바다 전체에, 시선이 닿는 한 어디까지나, 새끼 메두사들이 있다. 가장자리에 부드러운 광륜을 두른 반투명 클로버들이, 흡사 땅에 떨어졌으나 다시 나무와 하나가 되려고 하는 꽃잎들처럼, 일제히 솟아오른다. 여름이 거꾸로 펼쳐진다. 우리 모두가 삶을 향해 움직인다. 우리 모두가 죽기를 거부한다.

감사의 말

이 책의 제목은 바다를 수심에 따라 몇 개의 층으로 나누는 데서 왔는데, 이때 빛이 얼마나 깊이 미치는가가 바로 해수층을 나누는 기준이다. 유광층이라고 불리는 층은 해수면으로부터 수심 200미터까지로, 이 지대의 물에는 햇빛이 충분히 비치기 때문에 생물들이 빛으로 영양분을 만들 수 있다. 그 아래의 박광층은 수심 약 1000미터까지 내려가고 빛이 스미긴 하지만 거의 감지하기 어려운 정도라서 광합성을 하기에는 부족하다. 마지막은 무광층으로, 바다의 90퍼센트를 차지하는 이 지대는 영원한 어둠에 잠겨 있다.

하나의 책이 하나의 바다라고 한다면 마지막 감사의 말 대목은 유광층과 비슷한 것 같다. 자료 조사, 사랑, 책에 기여한 사람들이 담긴 작은 일부라는 점에서 그렇다. 그러니 나는 이 책이 탄생하도록 도운 사람들의 애정이 어린 심해에 비유적 원격 조종 탐사선의 조명등을 비춰서 밝혀 보고자 한다.

내가 소개한 생물들의 다양한 삶의 방식에 빛을 비춘 모든 과학자에게 한없이 고맙다. 참고 문헌에서도 그 이름들을 언급했지만, 내 글에 직접 영향을 미친 연구를 한 분들에게는 특별히 감사를 전하고 싶다. 브루스 로비슨, 브래드 세이벨, 제프리 드레이즌이 《PLoS ONE》에 발표한 논문, 즉 53개월 동안 알을 품었던 그라넬레도네 보레오파키피카에 관한 논문은 과학 논문 중에서 처음으로 내 닫혔던 마음을 살짝 열었으며 내가 그 관련성에 관해서 글을 쓸 수도 있겠다고 생각하게 만든 논문이었다. 고래 낙하에 관한 크레이그 R. 스미스의 광범위한 연구는 죽음이 죽은 존재뿐 아니라 산 존재도 변화시킬 수 있다는 것을 잘 보여 준다. 킴 마티니는 한 상징적인 벌레의 문제적 이름을 폐기함으로써 성폭력 생존자에게 연대하자고 과학계에 요청했다. 로저 핸런의 면밀한 갑오징어 연구는 바다에서 가장 마법적인 변신 중 하나인 갑오징어의 변신을 이해하게 한다. 불사해파리에 대한 구보타 신의 심취는 우리 필멸자들도 그 해파리에게 심취할 수 있게 해 주었다.

알렉산드라 옐바캰이 과중한 저널 구독료를 전복하고자 하는 사이트 사이허브(Sci-Hub)를 만들지 않았다면 나는 앞서 언급한 논문 중 대부분을 접할 수 없었을 것이다. 학계가 모두를 위한 오픈 액세스를 향해 나아가기를 바란다.

이 책에 소개된 생물들 중 일부를 내게 처음 알린 과학 저술가들과 기자들이 없었다면 나는 이런 연구를 찾아볼 생각조차 떠올리지 못했을 것이다. 자연계의 어떤 경이를 포착한 뒤 그것을 나처럼 공식 과학교육을 받지 않은 사람들을 위해서 해설하는 글이란 선물과도 같다. 페이니 인의 야생 금붕어 기사, 제이슨 비틀의 중국철갑상어 기사와 설인게 기사, 탈레콰의 애도 기간을 몇 주에 걸쳐서 보도한 린다 V. 메이프스, 불사해파리의 가능성에 관한 줄리 버월드의 특집 기사에 감사한다. 문어와 고래와 설인게와 살파와 갑오징어에 대해서 쓰고 그 모든 친절함을 베풀어 준 에드 용에게는 고래만 한 감사를 전한다.

열 번째 글 「영원한 우리」에 인용된 말들을 제공한 분들의 너그러움과 상상력에 경의를 표한다. 내가 무턱대고 보낸 이메

일이나 트위터에 띄운 황당한 요청에도 답장해 주고 그 꿈들을 공유해 준 제피어 리소스키, CV 사이스, 에번 실버, 알렉시스 아세베스 가르시아, C 테일러, 후타바 시오다, 로지 하투니언 앨럼보, T 장, 에이미 잭슨, 게이브리얼 슈타인보덴하이머, 커스틴 밀크스, 카밀 베레직, 다시 커웬, 마사 하비슨에게 고맙다.

잡지 《캐터펄트》에서 나를 처음 담당한 편집자 메가 마줌다르가 아니었다면 이 책은 꿈도 꾸지 못했을 것이다. 메가는 내 칼럼 기획안을 투고의 심연에서 건져 내고 이 글들이 가장 어린 유생 단계일 때 돌봐 주었다. 메가의 세심하고 전문가다운 시선 덕분에 내 칼럼은 자줏빛 문어에 관한 글 한 편으로부터 다양한 수준으로 성공을 거둔 다채로운 시도로 확장되었고 진정한 의미에서 에세이가 될 수 있었다. 메가와 《캐터펄트》가 없었다면 나는 그 글들이 그 이상이 될 수도 있음을 생각지도 못했을 것이다.

책의 일부를 읽고 조언, 정보, 감정, 지혜를 제공한 사람들에게, 그렇게 시간을 할애해 준 데에 깊이 감사한다. 아이오와 작가 워크숍 단체 채팅방(아이오와 작가 워크숍과 공식 제휴된 모임은 아니다)의 엘리너 커민스와 매리언 르노에게, 탁월한 사이러스 시모노프가 이끄는 나의 틴 하우스 워크숍에게, 빛나는 메러디스 탈루산과 함께하는 나의 캐터펄트 워크숍에게 특히 고맙다.

지난 몇 년간 이 집필 작업을 지원한 단체들에게도 빚을 졌다. '잭 존스 문예 리트리트'의 키마 존스, 라토야 왓킨스 박사, 앨리슨 코너, 그리고 펠로들에게, 그런 마법적인 공간을 함께 누리며 당신들의 작업을 지켜볼 수 있어서 영광이었습니다. 알렉산더 지에게, 이대업(Yi Dae Up) 펠로십 기금을 마련해 나를 비롯한 많은 이에게 너그럽게 베푼 것에 감사합니다. 당신의 할머님을 기리며 글을 쓸 수 있었던 것은 영광이었습니다. 요티 나타라잔, 야스민 아델 마지드, 그리고 아시안 아메리칸 작가 워크숍, 특히 마진스 펠로인 애비게일 사비치-루, 아만다 아잠파르, 유시 린에게, 여러분의 보살핌과 믿음과 공동체에 감사합니다. 밀레이 아츠, 안드레아 페레스 베신, 애니 리언타스, 더숀 워싱턴, 루커스 바이슈, 페그 해리건에게, 여러분과 함께 글 쓰며 함께 봄을 음미하여 즐거웠습니다. 패러그래프NY의 라이언 대븐포트, '카페 로얄 문화 재단'의 크리스토퍼 데푸타토에게도 고맙습니다.

나는 책의 대부분을 전업 기자로 일하는 동안 밤이나 주말에 썼다(추천하지 않습니다!). 하지만 담당 편집자들과 동료들이 베푼 감정적 지지에 감사한다. 특히 집필 마지막 단계에 친절과 지지를 제공한 대니얼 A. 그로스, 에밀리 안테스, 앨런 버딕, 캐서린 J. 우, 아리야 순다람, 줄리아 헤이워드에게 고맙다.

해나 서를 위해서라면 나는 바다를 몇 번이라도 건너겠다. 시인이자 교열자인 해나는 초고에서 크고 작은 실수를 정말 많이 잡아 주었다. 그의 질문들은 나 혼자는 상상할 수 없었을 만큼 책을 확장시키고 풍성하게 만들었으며, 그의 시적 감수성은 과학을 잘못 재현하지 않는 한도 내에서 비유를 한껏 활용하는 데에 긴요하게 기여했다.

사이먼 밴이 책을 위해서 그린 그림들만큼 근사한 그림은 달리 상상할 수 없었으리라(인스타그램 계정 @squids.ink에서 그의 타투 작품을 구경하시길 바란다). 사이먼, 이 생물들을 이토록 섬세하고 우아하게, 그러면서도 충실하게 묘사해 줘서 고맙습니다. 당신의 그림은 언어가 할 수 없는 방식으로 책을 살려 주었어요.

뭐라고 범주화해 설명하긴 어려워도 내 마음 깊이 와닿은 지지를 제공한 이들에게도 고맙다. 20년 가까이 우정을 나눈 미미와 네아카. 함께 여행해 준 손. 아름다운 몇 주를 만들어 준 루카와 메이메이. 그리고 소중한 친구이자 훌륭한 작가로서 늘 굳은 지지와 지혜와 가십을 제공한 일레인 셰 저우와 셰일라 로즈에게는 사랑과 사랑과 더 많은 사랑을 전한다.

이 책에 등장하는 친구들과 가족에게, 내 삶에 빛을 안겨 줘서 고맙고, 여러분에 관해서 글을 써도 좋다는 허락을 선물해 줘서 고맙습니다.

헌신적인 에이전트 아이샤 파네에게, 이 작업을 믿어 주고 내가 가장 멀리까지 나아가도록 밀어 줘서 고맙습니다. 나와 내 책을 더 잘 대변할 사람은 상상할 수 없고 함께 일할 수 있어서 정말 운이 좋다고 느낍니다.

담당 편집자 진 가넷에게, 당신이 없었다면 이 책은 버려졌거나 못 읽을 것이 되었을 거예요. 내가 마감이란 마감은 다 어겨도 끝까지 함께 일해 줘서 어마어마하게 고맙습니다. 일이 제대로 되어 가지 않을 때 솔직하게 말해 줘서 고맙습니다. 일주일 동안 당신의 집에 나를 초대하여 작업을 마무리하게 해 줘서 고맙습니다. 세심하고, 너그럽고, 더없이 친근하게 대해 줘서 고맙습니다. 혼자서는 혹은 다른 편집자와는 이 책을 쓸 수 없었을 거예요. 그리고 언젠가 나도 당신처럼 쓸 수 있기를 바랍니다!

엄마, 아빠, 소피아에게, 모든 것이 고마워요. 내가 우리 가족의 일원이라는 것은 행운이고, 우리 가족의 보살핌으로 빚어진 존재라는 것은 영광이에요. 할머니와 할아버지, 두 분의 존재와 두 분이 겪은 일들을 그저 존경합니다. 제가 두 분에게 자랑스러운 손주가 되기를 매일 바란답니다.

마지막으로 팅, 우주 같은 사랑과 보살핌에 고마워. 넌 일일이 이름 붙일 수 없을 만큼 다양한 방식으로 내내 이 작업을 지지해 주었는데 그중 몇 가지라도 구체적으로 말해 보고 싶어. 내가 무너질 때마다 내 말을 들어주고 위로해 줘서 고마워. 내 머릿속이 일 생각뿐일 때도 참아 줘서 고마워(그리고 약속할게, 다시는 그렇게 바쁘지 않을 거야). 네 의견 덕분에 책의 모든 글이 더 풍성하고 정직해졌어. 네 윤리와 마음은 내가 쓰는 글의 많은 부분에 영향을 미치고 있어. 우리 귀염둥이 세서미와 멜론과 함께 네 곁에서 살 수 있는 건 내게 기쁨이야. 우리가 함께하는 인생이 고마워. 이건 내가 꿈꿀 수 있었던 것 그 이상이야.

옮긴이의 말

비인간 생물을 소개하는 과학 저널리즘에서 생물의 삶에 인간의 삶을 겹쳐 보는 것은 금기에 가깝다. 생물의 행동에서 인간의 의도를 읽어 내는 것이 생물을 이해하는 데 도움이 되기보다는 방해가 되기 때문이다. 진화의 가지가 가까운 포유류라면 또 모를까, 친연 관계가 먼 다른 분류군의 생물에게는 특히 더 그렇다.

《뉴욕타임스》《애틀랜틱》 등에 비인간 생물에 관한 기사를 쓰면서 이름을 알린 과학 저널리스트 사브리나 임블러는 첫 책 『빛은 얼마나 깊이 스미는가』에서 그 금기를 태연하게 깨뜨린다. 열 가지 해양생물의 신기한 생태를 소개한 열 편의 글마다 자신의 자전적 키워드를 하나씩 짝지어서 마치 해양생물의 전기와 자신의 자서전을 동시에 써 나가는 것처럼 두 삶을 병치한 것이다. 4년 동안 아무것도 먹지 않고 알을 품는 어미 문어 이야기는 마른 몸에 대한 강박을 물려준 어머니와의 복잡한 관계와 나란히 놓이고, 잡종이라는 이유로 과학자들의 관심을 끌지만 영원히 자신만의 이름은 가질 수 없는 나비고기 이야기는 백인 아버지와 중국인 어머니의 자식으로서 평생 '넌 어떤 조합을 통해서 세상에 존재하게 되었니' 하는 질문을 질리도록 받아 온 자신의 혼혈성 탐구와 나란히 놓인다.

이것은 물론 위험할 수 있는 시도다. 하지만 임블러는 비인간 생물에게 인간의 가치를 덮어씌우는 것이 아니라 오히려 거꾸로 함으로써, 그러니까 비인간 생물의 가치를 인간에게까지 확장해 상상해 봄으로써 놀랍도록 신선한 방식으로 두 세계를 연결한다. 임블러에게는 이 해양생물들이 인간과 다르다는 점이야말로 매혹의 근원이고 동경의 근거다. 갑오징어에게 피부의 무늬와 질감을 자유자재로 변형할 수 있는 능력이 있음을 부러워할 때, 빛 한 줄기 닿지 않는 심해에서 오아시스처럼 간간이 솟아난 열수분출공 주변에 다닥다닥 붙어 살아가는 설인게의 공동체를 부러워할 때, 임블러는 우리 인간이 그 생물들을 이해하는 것은 불가능하지만 그 미지와 차이 자체에 감탄하는 것은 얼마든지 가능하다는 사실을 잘 보여준다.

혹시 이 특별한 시각에는 저자의 정체성이 영향을 미쳤을까? 당연히 그럴 것이다. 이성애자 여성으로 살(려고 노력하)다가 자신이 퀴어임을 깨닫고 "두 번째 사춘기"를 겪었다는 임블러는 더 나아가 넌바이너리(여성과 남성의 이분법적 성 구별에 속하지 않는다는 뜻)로 자신을 정체화한다[그래서 이 책의 원서에서는 자신을 "그녀(she/her)"라는 대명사 대신 "그들(they/them)"로써 지칭한다]. 많은 혼란과 실수를 통해 자신의 정체성과 세상 속 위치를 알아 가는 과정이 삶의 큰 줄기였던 만큼 해양생물들에게서도 어떻게 그들이 적대적 환경에서 자신을 바꾸고 적응하고 공동체를 이루며 살아가는지 유심히 살펴보게 되는 것이다. 임블러가 아닌 다른 어느 과학 저널리스트가 과학계에서 그저 귀찮은 젤라틴 덩어리로만 여기는 피낭동물 살파를 두고 이렇게 감동적인 에세이를 쓸 수 있을까? 세상 사람들이 해변에 좌초한 고래에게 집중하고 감정이입을 할 때 그 옆에 조용히 밀려와 누워 있는 살파를 궁금해하는 이 시선은 이 책의 가장 아름답고 귀중한 특징이다.

그래서 이 책은 과학책 서가에 꽂혀야 할까, 문학 서가에 꽂혀야 할까? 십진분류법에 따라 어느 한쪽으로든 결정해야 할 테지만…… 이 답은 나도 정말로 모르겠다. 해양생물을 소개하는 과학책과 일종의 성장담에 해당하는 자전적 회고록이 교차하는 지점이야말로 이 책이 놓인 자리이기 때문이다. 하지만 이 교차는 범위를 줄이는 교집합이 아니라 넓히는 합집합이므로, 바라건대 양쪽의 독자 모두가 이 속에서 함께할 수 있으면 좋겠다. 평소 객관적 서술이 과학 저널리즘의 금과옥조라고 여겼던 과학책 독자는 그 믿음이 기분 좋게 전복되는 경험을 할 테고, 개인의 정체성 탐색과 성장의 고백적 기록을 즐겨 읽었던 독자는 그 탐색이 내면으로 향하기는커녕 바깥으로 또한 자연으로 확장되어서 심지어 다른 종의 생물을 들여다보는 일에서도 얼마든지 이뤄질 수 있다는 것을 목격할 것이다. '나/우리와 다른 존재'에 대한 지극한 관심과 연민이 삶을 끝끝내 살게 하는 동기이자 과학 저널리즘의 자세이기도 하다는 임블러의 메시지가 중요할 뿐, 분류 따위가 뭐가 중요하겠는가.

참고 문헌

제사
Hahn, Kimiko. *Resplendent Slug*. Massapequa, NY: Ghostbird Press, 2016.

1장
Baker, Harry. "Do Goldfish Really Have a 3-Second Memory?" Live Science, May 22, 2021. https://www.livescience.com/goldfish-memory.html.

Brunhuber, Kim. " 'Nobody Has That Much Money': One Sinking City's Fight Against Rising Sea Levels." CBC News, July 2, 2018. https://www.cbc.ca/news/world/rising-sea-levels-sfo-foster-city-1.4711621.

Clarke, Chris. "San Francisco Bay's Lost World: The Saltmarsh." KCET, June 30, 2015. https://www.kcet.org/redefine/san-francisco-bays-lost-world-the-saltmarsh.

Goyal, Nikhil. "After a String of Suicides, Students in Palo Alto Are Demanding a Part in Reforming Their School's Culture." Vice, September 8, 2015.

Milliken, Randall, Laurence H. Shoup, and Beverly R. Ortiz. *Ohlone/Costanoan Indians of the San Francisco Peninsula and Their Neighbors, Yesterday and Today*. San Francisco: National Park Service; Golden Gate National Recreation Area, 2009.

Morgan, D. L., and S. J. Beatty. "Feral Goldfish (*Carassius auratus*) in Western Australia: A Case Study from the Vasse River." *Journal of the Royal Society of Western Australia* 90, no. 3 (2007): 151-156.

Morgan, David L., and Stephen J. Beatty. *Fish Fauna of the Vasse River and the Colonisation by Feral Goldfish (Carassius auratus)*. Murdoch, Western Australia: Centre for Fish and Fisheries Research, Murdoch University, 2004.

"Ohlone Land." Centers for Educational Justice & Community Engagement, University of California, Berkeley, n.d. https://cejce.berkeley.edu/ohloneland.

Rodriguez, F., E. Durán, J. P. Vargas, et al. "Performance of Goldfish Trained in

Allocentric and Egocentric Maze Procedures Suggests the Presence of a Cognitive Mapping System in Fishes." *Animal Learning & Behavior* 22, no. 4 (1994): 409-420.

Rosin, Hanna. "The Silicon Valley Suicides." *The Atlantic*, December 2015.

Shirzaei, M., and R. Bürgmann. "Global Climate Change and Local Land Subsidence Exacerbate Inundation Risk to the San Francisco Bay Area." *Science Advances* 4, no. 3 (2018).

Thompson, Terry. "Fish and Game Kills Thousands of Invasive Goldfish." *Idaho State Journal*, September 26, 2020.

Tweedley, James, Stephen Beatty, Alan Lymbery, et al. "Salty Goldfish? Goldfish Can Use Wetlands as 'Bridges' to Invade New Rivers." Paper presented at the 10th Annual Wetland Management Conference, Perth, Western Australia, January 31, 2014.

Wingerter, Kenneth. "Can You Actually Keep Fish in Bowls?" PetMD, February 11, 2016. https://www.petmd.com/fish/care/evr_fi_fish-that-can-live-in-a-bowl.

Yarlagadda, Tara. "Fact-Checking the Minnesota Goldfish Mystery: Scientists Explain." Inverse, July 15, 2021. https://www.inverse.com/science/why-are-these-fish-so-big.

Yin, Steph. "In the Wild, Goldfish Turn from Pet to Pest." *New York Times*, September 22, 2016.

2장

Anderson, R. C., J. B. Wood, and R. A. Byrne. "Octopus Senescence: The Beginning of the End." *Journal of Applied Animal Welfare Science* 5, no. 4 (2002): 275-283.

Bush, S. L., H. J. Hoving, C. L. Huffard, et al. "Brooding and Sperm Storage by the Deep-Sea Squid *Bathyteuthis berryi* (Cephalopoda: Decapodiformes)." *Journal of the Marine Biological Association of the United Kingdom* 92, no. 7 (2012): 1629-1636.

Cosgrove, J. "No Mother Could Give More." *BCnature* 50, no. 4 (Winter 2012): 12-13.

Courage, Katherine Harmon. "Mother Octopus Sets Longest Egg-Tending Record: More than 4 Years on Baby Watch." *Scientific American*, July 30, 2014. https://www.scientificamerican.com/article/mother-octopus-sets-longest-egg-tending-record-more-than-4-years-on-baby-watch/.

Courage, Katherine Harmon. "Octopus Babies Hatch by the Thousands, Captured on Video." *Scientific American*, September 19, 2013. https://

blogs.scientificamerican.com/octopus-chronicles/octopus-babies-hatch-by-the-thousands-captured-on-video-video/.

Cowles, Dave. "*Neognathophausia ingens* (Dohrn, 1870)." Rosario Beach Marine Laboratory, Walla Walla University, 2006. https://inverts.wallawalla.edu/Arthropoda/Crustacea/Malacostraca/Eumalacostraca/Peracarida/Lophogastrida/Neognathophausia_ingens.html.

Dunham, Will. "Octopus Mom Protects Her Eggs for an Astonishing 4-1/2 Years." Reuters, July 30, 2014. https://www.reuters.com/article/us-science-octopus/octopus-mom-protects-her-eggs-for-an-astonishing-4-1-2-years-idUSKBN0FZ2K920140730.

Forsythe, J. W. "*Octopus joubini* (Mollusca: Cephalopoda): A Detailed Study of Growth Through the Full Life Cycle in a Closed Seawater System." *Journal of Zoology* 202, no. 3 (1984): 393-417.

Fulton-Bennett, Kim. "Feast and Famine on the Abyssal Plain." Monterey Bay Aquarium Research Institute, November 11, 2013. https://www.mbari.org/feast-and-famine-on-the-abyssal-plain.

Lartey, Jamiles. "Pierre Dukan, Inventor of Controversial Dukan Diet, Sued for Fraud." *The Guardian*, July 13, 2017. https://www.theguardian.com/us-news/2017/jul/13/pierr-dukan-diet-sued-fraud.

McClain, C. "An Empire Lacking Food." *American Scientist* 98, no. 6 (2010): 470.

McClain, C. R., A. P. Allen, D. P. Tittensor, et al. "Energetics of Life on the Deep Seafloor." *Proceedings of the National Academy of Sciences of the USA* 109, no. 38 (2012): 15366-15371.

O'Toole, Thomas. "Octopus Surgery Has a Surprising End: Longer Life." *Washington Post*, December 1, 1977. https://www.washingtonpost.com/archive/politics/1977/12/01/octopus-surgery-has-a-surprising-end-longer-life/a8fabbce-0d76-400f-a9b4-e95b8b93094e/.

Robison, B., B. Seibel, and J. Drazen. "Deep-Sea Octopus (*Graneledone boreopacifica*) Conducts the Longest-Known Egg-Brooding Period of Any Animal." *PLoS ONE* 9, no. 7 (2014): e103437.

Seibel, B. A., B. H. Robison, and S. H. D. Haddock. "Post-Spawning Egg Care by a Squid." *Nature* 438, no. 7070 (2005): 929.

Smith, K. L., H. A. Ruhl, M. Kahru, et al. "Deep Ocean Communities Impacted by Changing Climate over 24 Y in the Abyssal Northeast Pacific Ocean."

Proceedings of the National Academy of Sciences of the USA 110, no. 49 (2013): 19838-19841.

Voight, J. R. "A Deep-Sea Octopus (*Graneledone* cf. *boreopacifica*) as a Shell-Crushing Hydrothermal Vent Predator." *Journal of Zoology* 252, no. 3 (2000): 335-341.

Wang, Z. Y., and C. W. Ragsdale. "Multiple Optic Gland Signaling Pathways Implicated in Octopus Maternal Behaviors and Death." *Journal of Experimental Biology* 221, pt. 19 (2018): jeb185751.

Yong, Ed. "Octopus Cares for Her Eggs for 53 Months, Then Dies." *National Geographic*, July 30, 2014. https://www.nationalgeographic.com/science/article/octopus-cares-for-her-eggs-for-53-months-then-dies.

3장

"Ancient Sturgeon in China's Yangtze 'Nearly Extinct.' " BBC News, September 15, 2014. https://www.bbc.com/news/world-asia-china-29201926.

Bittel, Jason. "After 140 Million Years, the Chinese Sturgeon May Soon Be Extinct." *onEarth*, National Resources Defense Council, November 20, 2018. https://www.nrdc.org/onearth/after-140-million-years-chinese-sturgeon-may-soon-be-extinct.

Cronin, John. "Sturgeon Moon." Earthdesk, August 22, 2013. https://earthdesk.org/sturgeon-moon/.

Fumei, Jiang. "Chinese Sturgeon — Aquatic Panda." *China Today*, July 10, 2018. http://www.chinatoday.com.cn/ctenglish/2018/sl/201807/t20180710_800134891.html.

Funk, Anna. "Bad News for the Already Endangered Chinese Sturgeon." *Discover*, November 1, 2018. https://www.discovermagazine.com/planet-earth/bad-news-for-the-already-endangered-chinese-sturgeon.

Hu, J., Z. Zhang, Q. Wei, et al. "Malformations of the Endangered Chinese Sturgeon, *Acipenser sinensis*, and Its Causal Agent." *Proceedings of the National Academy of Sciences of the USA* 106, no. 23 (2009): 9339-9344.

Huang, Z. "Drifting with Flow Versus Self-Migrating — How Do Young Anadromous Fish Move to the Sea?" *iScience* 19 (2019): 772-785.

Huang, Z., and L. Wang. "Yangtze Dams Increasingly Threaten the Survival of the Chinese Sturgeon." *Current Biology* 28, no. 22 (2018): 3640-3647.

Kirkpatrick, Nick. "Why Did This River in China Turn Red?" *Washington Post*, July 26, 2014. https://www.washingtonpost.com/news/morning-mix/wp/2014/07/29/why-did-this-river-in-china-turn-red/.

Knight, Tim. "Neglected Species: 'Living Fossil' Sturgeon on the Brink of Extinction." Phys.org, March 23, 2021. https://phys.org/news/2021-03-neglected-species-fossil-sturgeon-brink.html.

Lin, Xiaoyi. "10,000 Chinese Sturgeons Released into Yangtze River, the First Since Hubei Recovered from COVID-19 Epidemic." *Global Times*, April 10, 2021. https://www.globaltimes.cn/page/202104/1220690.shtml.

Long, Ben. "Extinction — by the Clock." *High Country News*, September 29, 2003.

Lovgren, Stefan. " 'Living Fossil' Fish Making Last Stand in China." *National Geographic*, August 14, 2007. https://www.nationalgeographic.com/animals/article/giant-sturgeon-last-stand-china.

Peplow, Mark. "Why Has the Yangtze River Turned Red?" *News Blog, Nature*, September 11, 2012. http://blogs.nature.com/news/2012/09/why-has-the-yangtze-river-turned-red.html.

Peterson, D. L., P. Vecsei, and C. A. Jennings. "Ecology and Biology of the Lake Sturgeon: A Synthesis of Current Knowledge of a Threatened North American Acipenseridae." *Reviews in Fish Biology and Fisheries* 17, no. 1 (2006): 59-76.

"Reference: Jurassic Period." *National Geographic*, accessed May 3, 2021. https://www.nationalgeographic.com/science/article/jurassic.

"Second Sino-Japanese War: 1937-1945." *Encyclopædia Britannica*, accessed April 15, 2022. https://www.britannica.com/event/Second-Sino-Japanese-War.

"Sturgeon More Critically Endangered than Any Other Group of Species." International Union for Conservation of Nature, March 18, 2010. https://www.iucn.org/content/sturgeon-more-critically-endangered-any-other-group-species.

Sulak, Kenneth J., and Michael T. Randall. *The Gulf Sturgeon in the Suwannee River — Questions and Answers*. Report: General Information Product 72. Reston, VA: US Geological Survey, 2009.

Top China Travel, "Yichang Attractions: Chinese Sturgeon Museum." Accessed April 15, 2022. https://www.topchinatravel.com/china-attractions/the-chinese-sturgeon-museum.htm.

"Toxicant Is Accelerating Demise of Fossil Fish." *Science*, May 27, 2009. https://

www.science.org/content/article/toxicant-accelerating-demise-fossil-fish.

Williams, Ted. "Atlantic Sturgeon: An Ancient Fish Struggles Against the Flow." *Yale Environment 360*, February 12, 2015. https://e360.yale.edu/features/atlantic_stu rgeon_an_ancient_fish_struggles_against_the_flow.

Zanon, Sibélia. "Dams Drove an Asian Dolphin Extinct. They Could Do the Same in the Amazon." Mongabay, April 21, 2021. https://news.mongabay.com/2021/04/ dams-drove-an-asian-dolphin-extinct-they-could-do-the-same-in-the-amazon/.

Zhuang, P., F. Zhao, T. Zhang, et al. "New Evidence May Support the Persistence and Adaptability of the Near-Extinct Chinese Sturgeon." *Biological Conservation* 193 (2016): 66-69.

4장

Bryce, Emma. "Why Was Whaling So Big in the 19th Century?" Live Science, February 22, 2020. https://www.livescience.com/why-whaling-nineteeth-century.html.

Constantino, Grace, Nick Pyenson, and Alex Boersma. "In Search of the White Whale: A Legend, a Fossil, a Living Mammal." *Biodiversity Heritage Library Blog*, December 9, 2015. https://blog.biodiversitylibrary.org/2015/12/in-search-of-white-whale-legend-fossil.html.

Copeland, Jane, George Morrison, Douglas McGovern, et al. *Imprint of the Past: Ecological History of New Bedford Harbor*. Narragansett, RI: OAO Corp.; US EPA, 2011.

Dahlgren, T. G., A. G. Glover, A. Baco, et al. "Fauna of Whale Falls: Systematics and Ecology of a New Polychaete (Annelida: Chrysopetalidae) from the Deep Pacific Ocean." *Deep Sea Research Part I: Oceanographic Research Papers* 51, no. 12 (2004): 1873-1887.

Ebersole, Rene. "Why Whale Watching Is Having a Moment — in New York City." Travel. *National Geographic*, January 5, 2021. https:// www.nationalgeographic.com/travel/article/why-whale-watching-is-having-a-moment-in-new-york-city.

Ellis, Richard. "Giants of the Deep." *Los Angeles Times*, April 21, 2002.

Forde, Kaelyn, and Janet Weinstein. "Why Whales Are Returning to New York City's Once Polluted Waters 'by the Ton.' " ABC News, August 29, 2017. https:// abcnews.go.com/US/yorks-fight-bring-back-whales/story?id=49213546.

Fulton-Bennett, Kim. "Whale Falls — Islands of Abundance and Diversity in the Deep Sea." Monterey Bay Aquarium Research Institute, December 20, 2002. https://www.mbari.org/whale-falls-islands-of-abundance-and-diversity-in-the-deep-sea/.

Goodyear, Sheena. "Orcas Now Taking Turns Floating Dead Calf in Apparent Mourning Ritual." *As It Happens*, CBC Radio, July 31, 2018. https://www.cbc.ca/radio/asithappens/as-it-happens-tuesday-edition-1.4768344/orcas-now-taking-turns-floating-dead-calf-in-apparent-mourning-ritual-1.4768349.

Hanson, Brad (Leader, Marine Mammal and Seabird Ecology Team, NWFSC). Incident report to NMFS, Office of Protected Resources, Permit and Conservation Division. *Permit 16163 Incident Report: Satellite Tag Attachment Breakage in a Southern Resident Killer Whale and Mortality of a Previously Satellite Tagged Southern Resident Killer Whale*. April 15, 2016.

Hume, Mark. "Orca Found Dead Five Weeks After Being Tagged." *Globe and Mail*, April 17, 2016. https://www.theglobeandmail.com/news/british-columbia/orca-found-dead-five-weeks-after-being-tagged/article29656863/.

Johnson, Mark. "Experts Unravel Mystery of Blue Whale's Death." *South Coast Today*, December 6, 1998.

Jonstonus, Joannes. *Historiae Naturalis de Quadrupetibus Libri: Cum Aeneis Figuris*. Amsterdam: J. J. Fil. Schipper, 1657.

"Kobo." New Bedford Whaling Museum, accessed April 15, 2022. https://www.whalingmuseum.org/learn/research-topics/whale-science/biology/skeletons-of-the-deep/kobo-2/.

Kwong, Emily. "What Happens After a Whale Dies?" *Short Wave*, NPR, November 7, 2019.

Law, M., P. Stromberg, D. Meuten, et al. "Necropsy or Autopsy? It's All About Communication!" *Veterinary Pathology* 49, no. 2 (2011): 271-272.

Little, Crispin T. S. "Life at the Bottom: The Prolific Afterlife of Whales." *Scientific American*, May 1, 2017. https://www.scientificamerican.com/article/life-at-the-bottom-the-prolific-afterlife-of-whales/.

MacEacheran, Mike. "The City That Lit the World." BBC Travel, July 20, 2018. https://www.bbc.com/travel/article/20180719-the-city-that-lit-the-world.

Mapes, Lynda V. "After 17 Days and 1,000 Miles, Mother Orca Tahlequah Drops Dead Calf, Frolics with Pod." *Seattle Times*, August 11, 2018.

Mapes, Lynda V. "Grieving Mother Orca Falling Behind Family as She Carries Dead Calf for a Seventh Day." *Seattle Times*, July 30, 2018.

Mapes, Lynda V. "A Mother Grieves: Orca Whale Continues to Carry Her Dead Calf into a Second Day." *Seattle Times*, July 25, 2018.

Mapes, Lynda V. "A Mother Orca's Dead Calf and the Grief Felt Around the World." *Seattle Times*, August 2, 2018.

Mapes, Lynda V. "Researchers Searched All Day for the Grieving Orca Mother. Then They Found Her, Still Clinging to Her Calf." *Seattle Times*, July 31, 2018.

Mapes, Lynda V. "Southern-Resident Killer Whales Lose Newborn Calf, and Another Youngster Is Ailing." *Seattle Times*, July 24, 2018.

Mapes, Lynda V. "UPDATE: Orca Mother Carries Dead Calf for Sixth Day as Family Stays Close By." *Seattle Times*, July 28, 2018.

Mascarelli, Amanda. "Dead Whales Make for an Underwater Feast." *Audubon*, November/December 2009.

"Osedax: Bone-Eating Worms." Monterey Bay Aquarium Research Institute, n.d. https://www.mbari.org/bone-eating-worms/.

Pugliares, Katie R., Andrea Bogomolni, Kathleen M. Touhey, et al. *Marine Mammal Necropsy: An Introductory Guide for Stranding Responders and Field Biologists*. Technical report WHOI-2007-06. Woods Hole, MA: Woods Hole Oceanographic Institution, 2007.

Smith, C. R., A. G. Glover, T. Treude, et al. "Whale-Fall Ecosystems: Recent Insights into Ecology, Paleoecology, and Evolution." *Annual Review of Marine Science* 7, no. 1 (2015): 571-596.

Smith, C. R., H. Kukert, R. A. Wheatcroft, et al. "Vent Fauna on Whale Remains." *Nature* 341, no. 6237 (1989): 27-28.

Smith, C. R., J. Roman, and J. B. Nation. "A Metapopulation Model for Whale-Fall Specialists: The Largest Whales Are Essential to Prevent Species Extinctions." *Journal of Marine Research* 77, no. 2 (2019): 283-302.

Stefani, Giulia C. S. Good. "Losing Killer Whale L95 and Trying to Find Hope." *Expert Blog*, National Resources Defense Council, October 7, 2016. https://www.nrdc.org/experts/losing-killer-whale-l95-and-trying-find-hope.

"Whales and Hunting." New Bedford Whaling Museum, accessed April 15, 2022. https://www.whalingmuseum.org/learn/research-topics/whaling-history/whales-and-hunting/.

Yong, Ed. "The Blue Whale's Heart Beats at Extremes." *The Atlantic*, November 25, 2019. https://www.theatlantic.com/science/archive/2019/11/diving-blue-whales-heart-beats-very-very-slowly/602557/.

Yong, Ed. "The Enormous Hole That Whaling Left Behind." *The Atlantic*, November 3, 2021. https://www.theatlantic.com/science/archive/2021/11/whaling-whales-food-krill-iron/620604/.

5장

Amos, Jonathan. "Humboldt Squid's Impressive Dives." BBC News, February 22, 2012. https://www.bbc.com/news/science-environment-17117200.

Ballard, R. D. "Notes on a Major Oceanographic Find." *Oceanus* 20, no. 3 (1977): 35-44.

Bittel, Jason. "New Species: Hairy-Chested Yeti Crab Found in Antarctica." *National Geographic*, June 24, 2015. https://www.nationalgeographic.com/science/article/150624-new-species-yeti-crab-antarctica-oceans.

Breusing, C., A. Biastoch, A. Drews, et al. "Biophysical and Population Genetic Models Predict the Presence of 'Phantom' Stepping Stones Connecting Mid-Atlantic Ridge Vent Ecosystems." *Current Biology* 26, no. 17 (2016): 2257-2267.

Brouwers, Lucas. "Yeti Crabs Grow Bacteria on Their Hairy Claws." *Scientific American*, December 5, 2011. https://blogs.scientificamerican.com/thoughtomics/yeti-crabs-grow-bacteria-on-their-hairy-claws/.

Chave, Alan D., and Sheri N. White. "ALISS in Wonderland." *Oceanus*, Woods Hole Oceanographic Institution, December 1, 1998. https://www.whoi.edu/oceanus/feature/aliss-in-wonderland/.

"Discovering Hydrothermal Vents: 1972 — The Trail Gets Hot." Woods Hole Oceanographic Institution, n.d. https://www.whoi.edu/feature/history-hydrothermal-vents/discovery/1972.html.

Donato, Claire. "Remembering Mark Baumer: Barefoot Walker, Poet, Climate Activist, Friend." Literary Hub, June 10, 2021. https://lithub.com/remembering-mark-baumer-barefoot-walker-poet-climate-activist-friend/.

"Early Clues: Red Sea 'Hot Brines.'" Woods Hole Oceanographic Institution, n.d. https://divediscover.whoi.edu/archives/ventcd/vent_discovery/earlyclues/evidence_redsea.html.

Fitzpatrick, Garret. "Earth Life May Have Originated at Deep-Sea Vents."

Space.com, January 25, 2013. https://www.space.com/19439-origin-life-earth-hydrothermal-vents.html.

Fuller, Thomas, Eli Rosenberg, and Conor Dougherty. "Fire at Warehouse Party in Oakland Kills at Least 9, with Dozens Missing." *New York Times*, December 3, 2016.

Fulton-Bennett, Kim. "Discovery of the 'Yeti Crab.'" Monterey Bay Aquarium Research Institute, March 2006. https://www.mbari.org/discovery-of-yeti-crab/.

"Hydrothermal Vents." Woods Hole Oceanographic Institution, n.d. https://www.whoi.edu/know-your-ocean/ocean-topics/seafloor-below/hydrothermal-vents/.

"Isotretinoin (Oral Route): Side Effects." Mayo Clinic, last modified February 1, 2022. https://www.mayoclinic.org/drugs-supplements/isotretinoin-oral-route/side-effects/drg-20068178.

Kusek, Kristen M. "Deep-Sea Tubeworms Get Versatile 'Inside' Help." *Oceanus*, Woods Hole Oceanographic Institution, January 12, 2007. https://www.whoi.edu/oceanus/feature/deep-sea-tubeworms-get-versatile-inside-help/.

Laidre, Kristin. "Narwhal FAQ." Staff website, Polar Science Center, University of Washington, n.d. https://staff.washington.edu/klaidre/narwhal-faq/.

Macpherson, E., W. Jones, and M. Segonzac. "A New Squat Lobster Family of Galatheoidea (Crustacea, Decapoda, Anomura) from the Hydrothermal Vents of the Pacific-Antarctic Ridge." *Zoosystema* 14, no. 4 (2005): 709-723.

Main, Douglas. "How the Hairy-Chested 'Hoff' Crab Evolved." Live Science, June 18, 2013. https://www.livescience.com/37532-yeti-crab-evolution.html.

Martin, Cassie. "Life in the Hot Seat." Oceans at MIT, February 26, 2016. http://oceans.mit.edu/news/featured-stories/life-in-the-hot-seat.html.

Meir, Jessica. "How Penguins & Seals Survive Deep Dives." Research news. National Science Foundation, July 31, 2009. https://www.nsf.gov/discoveries/disc_summ.jsp?cntn_id=115268.

Mullineaux, L. S., D. K. Adams, S. W. Mills, et al. "Larvae from Afar Colonize Deep-Sea Hydrothermal Vents After a Catastrophic Eruption." *Proceedings of the National Academy of Sciences of the USA* 107, no. 17 (2010): 7829-7834.

Nevala, Amy. "On the Seafloor, a Parade of Roses." *Oceanus*, Woods Hole

Oceanographic Institution, June 28, 2005. https://www.whoi.edu/oceanus/feature/on-the-seafloor-a-parade-of-roses/.

Night Crush (@night_crush). "night crush loves, we find ourselves in another situation where no words feel quite like the right words..." Instagram, December 3, 2016. https://www.instagram.com/p/BNk-zh2jcUU/.

Osterloff, Emily. "Hydrothermal Vents: Survival at the Ocean's Hot Springs." Natural History Museum (London), n.d. https://www.nhm.ac.uk/discover/survival-at-hydrothermal-vents.html.

Panko, Ben. "Our Oceans May Have Six Times as Many Hydrothermal Vents as Thought." *Science*, June 21, 2016. https://www.science.org/content/article/our-oceans-may-have-six-times-many-hydrothermal-vents-thought.

Pape, Allie. "San Francisco's Only Lesbian Bar, the Lexington Club, Is Closing." Eater San Francisco, October 24, 2014. https://sf.eater.com/2014/10/24/7059907/san-franciscos-only-lesbian-bar-the-lexington-club-is-closing.

Roterman, C. N., J. T. Copley, K. T. Linse, et al. "The Biogeography of the Yeti Crabs (Kiwaidae) with Notes on the Phylogeny of the Chirostyloidea (Decapoda: Anomura)." *Proceedings of the Royal Society B: Biological Sciences* 280, no. 1764 (2013): 20130718.

Roterman, C. N., W.-K. Lee, X. Liu, et al. "A New Yeti Crab Phylogeny: Vent Origins with Indications of Regional Extinction in the East Pacific." *PLoS ONE* 13, no. 3 (2018): e0194696.

Rubenstein, Steve. "Oakland Fire Victim Nick Gomez-Hall: Musician and Bowler Was a 'Muse to Many.'" SFGATE, last modified December 8, 2016. https://www.sfgate.com/news/article/Oakland-fire-victim-Nick-Gomez-Hall-musician-10766724.php.

Schultz, Colin. "In Defense of the Blobfish: Why the 'World's Ugliest Animal' Isn't as Ugly as You Think It Is." *Smithsonian*, September 13, 2013. https://www.smithsonianmag.com/smart-news/in-defense-of-the-blobfish-why-the-worlds-ugliest-animal-isnt-as-ugly-as-you-think-it-is-6676336/.

Scruggs, Gregory. "Seattle's Re-Bar, Marking 30 Years of Music and Weirdness, May Be Living on Borrowed Time." *Seattle Times*, February 21, 2020. https://www.seattletimes.com/entertainment/seattle-nightlife-institution-re-bar-celebrating-30-years-of-music-and-weirdness-may-now-be-living-on-borrowed-time/.

Smith, Sable Elyse. "Ecstatic Resilience." Recess, July 2016. https://www.recessart.org/sableelysesmith/.

Suzuki, K., K. Yoshida, H. Watanabe, et al. "Mapping the Resilience of Chemosynthetic Communities in Hydrothermal Vent Fields." *Scientific Reports* 8, no. 1 (2018): 9364.

Thatje, S., L. Marsh, C. N. Roterman, et al. "Adaptations to Hydrothermal Vent Life in *Kiwa tyleri*, a New Species of Yeti Crab from the East Scotia Ridge, Antarctica." *PLoS ONE* 10, no. 6 (2015): e0127621.

Thurber, A. R., W. J. Jones, and K. Schnabel. "Dancing for Food in the Deep Sea: Bacterial Farming by a New Species of Yeti Crab." *PLoS ONE* 6, no. 11 (2011): e26243.

"Trump's Record of Action Against Transgender People." National Center for Transgender Equality, August 20, 2020. https://transequality.org/the-discrimination-administration.

Weintraub, Karen. "Beaked Whales Are the Deepest Divers." *New York Times*, February 7, 2019. https://www.nytimes.com/2019/02/07/science/beaked-whales-dive.html.

Woods Hole Oceanographic Institution. "New Hydrothermal Vent Sites Found, Original Vent May Have Been Covered by Volcanic Eruption." News release. June 4, 2002. https://www.whoi.edu/press-room/news-release/new-hydrothermal-vent-sites-found-original-vent-may-have-been-covered-by-volcanic-eruption/.

Wortham, Jenna. "The Joy of Queer Parties: 'We Breathe, We Dip, We Flex.' " *New York Times*, June 26, 2019.

Yong, Ed. "Yeti Crab Grows Its Own Food." *Nature*, December 2, 2011. https://www.nature.com/articles/nature.2011.9537.

Zambelich, Ariel, and Alyson Hurt. "3 Hours in Orlando: Piecing Together an Attack and Its Aftermath." *The Two-Way*, NPR, June 26, 2016. https://www.npr.org/2016/06/16/482322488/orlando-shooting-what-happened-update.

6장

Anolik, Lili. "Lorena Bobbitt's American Dream." *Vanity Fair*, June 28, 2018.

Arkin, Daniel. "Lorena Bobbitt Was a Late-Night Punchline. She's Finally Getting Her

Due." NBCNews.com, June 23, 2018. https://www.nbcnews.com/news/crime-courts/lorena-bobbitt-was-late-night-punchline-she-s-finally-getting-n885721.

Baker, Katie J. M. "Here's the Powerful Letter the Stanford Victim Read to Her Attacker." BuzzFeed News, June 3, 2016. https://www.buzzfeednews.com/article/katiejmbaker/heres-the-powerful-letter-the-stanford-victim-read-to-her-ra.

Baker, Katie J. M. "Meet the Professor Who Says Sex in a Blackout Isn't Always Rape." BuzzFeed News, August 7, 2017. https://www.buzzfeednews.com/article/katiejmbaker/meet-the-expert-witness-who-says-sex-in-a-blackout-isnt.

Bates, Mary. "Praying Mantis Looks Like a Flower — and Now We Know Why." *National Geographic*, December 8, 2016. https://www.nationalgeographic.com/animals/article/orchid-mantises-evolution-insects.

Black, Riley. "Giant Predatory Worms Lurked Beneath the Ancient Seafloor, Fossils Reveal." *National Geographic*, January 21, 2021. https://www.nationalgeographic.com/science/article/giant-predatory-worms-lurked-beneath-the-ancient-seafloor-fossils-reveal.

Chozick, Amy. "You Know the Lorena Bobbitt Story. But Not All of It." *New York Times*, January 30, 2019.

"Coral Reefs," episode 3 of *Blue Planet II*, series 1. First aired February 3, 2018, on BBC One.

Cormier, Zoe. "Snapping Death Worms Can Hide Undetected for Years." BBC Earth, accessed April 17, 2022. https://www.bbcearth.com/news/snapping-death-worms-can-hide-undetected-for-years.

Crew, Bec. "This Hell Worm Dragging Prey into Its Underground Lair Is Giving Us Anxiety." ScienceAlert, January 16, 2017. https://www.sciencealert.com/this-hell-worm-dragging-prey-into-its-underground-lair-is-giving-us-anxiety.

Crew, Becky. "Eunice Aphroditois Is Rainbow, Terrifying." *Scientific American*, October 22, 2012. https://blogs.scientificamerican.com/running-ponies/eunice-aphroditois-is-rainbow-terrifying/.

"Devonian Period." *National Geographic*, May 3, 2021. https://www.nationalgeographic.com/science/article/devonian.

Donegan, Moira. "I Started the Media Men List. My Name Is Moira Donegan." The Cut, January 10, 2018. https://www.thecut.com/2018/01/moira-donegan-i-started-the-media-men-list.html.

Dunham, Will. "Unique Anatomy Helps the African Wild Dog Sustain Its Life on the Run." Reuters, September 8, 2020. https://www.reuters.com/article/us-science-dogs/unique-anatomy-helps-the-african-wild-dog-sustain-its-life-on-the-run-idUSKBN25Z33G.

Effron, Lauren, and Sean Dooley. "John Bobbitt Speaks Out 25 Years After Wife Infamously Cut Off His Penis: 'I Want People to Understand... the Whole Story.'" ABC News, January 4, 2019. https://abcnews.go.com/US/john-bobbitt-speaks-25-years-wife-infamously-cut/story?id=60023049.

Eriksson, M. E., L. A. Parry, and D. M. Rudkin. "Earth's Oldest 'Bobbit Worm' — Gigantism in a Devonian Eunicidan Polychaete." *Scientific Reports* 7, no. 1 (2017): 43061.

Fauchald, K., and P. A. Jumars. "The Diet of Worms: A Study of Polychaete Feeding Guilds." *Oceanography and Marine Biology Annual Review* 17 (1979): 193-284.

Finkel, Jori. "Chanel Miller's Secret Source of Strength." *New York Times*, August 5, 2020.

Fleming, P. A., D. Muller, and P. W. Bateman. "Leave It All Behind: A Taxonomic Perspective of Autotomy in Invertebrates." *Biological Reviews of the Cambridge Philosophical Society* 82, no. 3 (2007): 481-510.

Georgiou, Aristos. "Seal Escapes Killer Whale Attack by Climbing Rocks in TenseVideo." *Newsweek*, January 4, 2021. https://www.newsweek.com/seal-killer-whale-attack-rocks-video-1558772.

Imbler, Sabrina. "It's Not So Easy to Rename a Species with a Problematic Moniker." Atlas Obscura, May 13, 2019. https://www.atlasobscura.com/articles/how-to-rename-a-species.

Kashino, Marisa M. "The Definitive Oral History of the Bobbitt Case, 25 Years Later." *Washingtonian*, June 27, 2018. https://www.washingtonian.com/2018/06/27/definitive-oral-history-of-the-bobbitt-case-25-years-later/.

Lachat, J., and D. Haag-Wackernagel. "Novel Mobbing Strategies of a Fish Population Against a Sessile Annelid Predator." *Scientific Reports* 6, no. 1 (2016): 33187.

Mah, Chris. "Who Named the Bobbit Worm (*Eunice* sp.)? And WHAT Species Is It... Truly??" *The Echinoblog*, September 17, 2013. http://echinoblog.blogspot.com/2013/09/who-named-bobbit-worm-eunice-sp-and.html.

Martini, Kim. "This Marine Worm Is Called the Sand Striker." *Deep Sea News*, February 20, 2019. https://www.deepseanews.com/2019/02/this-marine-worm-is-called-the-sand-striker/.

Mitoh, S., and Y. Yusa. "Extreme Autotomy and Whole-Body Regeneration in Photosynthetic Sea Slugs." *Current Biology* 31, no. 5 (2021): R233-234.

Odum, Maria E. "Marine Records on Abuse May Figure in Bobbitt Trial." *Washington Post*, January 7, 1994.

Owen, James. "Mystery Solved? How Butterflies Came to Look Like Dead Leaves." *National Geographic*, December 13, 2014. https://www.nationalgeographic.com/animals/article/141210-butterflies-evolution-darwin-leaves-mimicry-science-animals.

Pan, Y.-Y., M. Nara, L. Löwemark, et al. "The 20-Million-Year Old Lair of an Ambush-Predatory Worm Preserved in Northeast Taiwan." *Scientific Reports* 11, no. 1 (2021): 1174.

Simon, Matt. "Absurd Creature of the Week: 10-Foot Bobbit Worm Is the Ocean's Most Disturbing Predator." *Wired*, September 6, 2013. https://www.wired.com/2013/09/absurd-creature-of-the-week-bobbit-worm/.

Simon, Roger. "Was Lorena Bobbitt's Act 'an Irresistible Impulse'?" *Baltimore Sun*, January 11, 1994.

Smith, Jonathan. "Blue Planet II: Filming Bobbit Worms in the Dark." BBC One, accessed April 17, 2022. https://www.bbc.co.uk/programmes/articles/1zzBxvhrqQRR4gpj7YG5ZjW/filming-bobbit-worms-in-the-dark.

Sokolow, Brett, and Brian Van Brunt. *Blackouts and Consent*. Online training. NCHERM Group, 2015.

Uchida, H., H. Tanase, and S. Kubota. "An Extraordinarily Large Specimen of the Polychaete Worm *Eunice aphroditois* (Pallas) (Order Eunicea) from Shirahama, Wakayama, Central Japan." *Kuroshio Biosphere* 5 (2009): 9-15.

7장

Bittel, Jason. "The 'Narluga' Is a Strange Hybrid. But It's Far from Alone." *Washington Post*, June 27, 2019.

"Fishes of Kaloko-Honokohau National Historical Park: Kikakapui and Lauhau, or Butterflyfishes." *Park Species List — NPSpecies Summary Report*, December 15, 2008, accessed April 17, 2022. http://www.botany.hawaii.edu/basch/

uhnpscesu/htms/kahofish/family/chaetond.htm.

Greenfield, D. W. "John E. Randall." *Copeia* 2001, no. 3 (2001): 872-877.

Helfand, Jessica. "Darwin, Expression, and the Lasting Legacy of Eugenics." *Scientific American*, August 13, 2020. https://www.scientificamerican.com/article/darwin-expression-and-the-lasting-legacy-of-eugenics/.

Johnson, Akemi. "Who Gets to Be 'Hapa'?" *Code Switch*, NPR, August 8, 2016. https://www.npr.org/sections/codeswitch/2016/08/08/487821049/who-gets-to-be-hapa.

Johnson, Norman A. "Hybrid Incompatibility and Speciation." *Nature Education* 1, no. 1 (2008): 20. https://www.nature.com/scitable/topicpage/hybrid-incompatibility-and-speciation-820/.

"Lifestyle, Travel: Lizard Island." *Sydney Morning Herald*, February 8, 2004.

"Lizard Island National Park: Nature, Culture, and History." Queensland Government, Department of Environment and Science, Parks and Forests, last modified April 16, 2020. https://parks.des.qld.gov.au/parks/lizard-island/about/culture.

Montanari, Stefano R. "Causes and Consequences of Natural Hybridisation Among Coral Reef Butterflyfishes (Chaetodon: Chaetodontidae)." PhD diss., James Cook University, 2018.

NCC Staff. "On This Day: Supreme Court Rejects Anti-Interracial Marriage Laws." *Constitution Daily* (blog), National Constitution Center, June 12, 2021. https://constitutioncenter.org/blog/today-in-supreme-court-history-loving-v-virginia.

Ngai, Sianne. *Ugly Feelings*. Cambridge, MA: Harvard Univ. Press, 2007.

Nojima, Stacy. "Mixed Race Capital: Cultural Producers and Asian American Mixed Race Identity from the Late Nineteenth to Twentieth Century." PhD diss., University of Hawai'i at Mānoa, May 2018.

Online Etymology Dictionary. "Hybrid (n.)." Accessed April 17, 2022. https://www.etymonline.com/word/hybrid.

Park, R. E. "Mentality of Racial Hybrids." *American Journal of Sociology* 36 (1931): 534-551.

Randall, J. E. "Reminiscing..." *Atoll Research Bulletin* 494, no. 3 (2001): 23-52.

Randall, J. E., G. R. Allen, and R. C. Steene. "Five Probably Hybrid Butterflyfishes of the Genus Chaetodon from the Central and Western Pacific." *Records of the Western Australian Museum* 6, no. 1 (1977): 3-26.

Rocha, L. A., A. Aleixo, G. Allen, et al. "Specimen Collection: An Essential Tool."

Science 344, no. 6186 (2014): 814-815.

Roth, Annie. "Scientists Accidentally Bred the Fish Version of a Liger." *New York Times*, July 15, 2020.

Rowlett, Joe. "A Brief Review of Hybrid Butterflyfishes and Their Evolutionary Significance." Reefs.com, July 8, 2016. https://reefs.com/2016/07/08/brief-review-hybrid-butterflyfishes-evolutionary-significance/.

Schwartz, John. "John E. Randall, Ichthyologist Extraordinaire, Dies at 95." *New York Times*, May 29, 2020.

Turner, Ben. " 'Pizzly' Bear Hybrids Are Spreading Across the Arctic Thanks to Climate Change." Live Science, April 23, 2021. https://www.livescience.com/pizzly-bear-hybrids-created-by-climate-crisis.html.

Uyehara, Mari. "The Roots of the Atlanta Shooting Go Back to the First Law Restricting Immigration." *The Nation*, March 22, 2021. https://www.thenation.com/article/society/atlanta-shooting-history/.

Verchot, Manon. "Global Warming Spawns Hybrid Species." *Scientific American*, June 1, 2015. https://www.scientificamerican.com/article/global-warming-spawns-hybrid-species/.

"Who Was Liannaeus?: His Career and Legacy." Linnean Society of London, accessed April 17, 2022. https://www.linnean.org/learning/who-was-linnaeus/career-and-legacy.

Wilcox, Christie. "Dr. Fish." *Hakai Magazine*, March 15, 2016. https://hakaimagazine.com/features/dr-fish/.

8장

Boero, F., G. Belmonte, R. Bracale, et al. "A Salp Bloom (Tunicata, Thaliacea) Along the Apulian Coast and in the Otranto Channel Between March-May 2013." *F1000Research* 2 (2013): 181.

Chawkins, Steve. "Diablo Canyon Reactor Gets Unwelcome Guests." *Los Angeles Times*, April 26, 2012.

Colgrove, James. *Epidemic City: The Politics of Public Health in New York*. New York: Russell Sage Foundation, 2011.

Condon, R. H., W. M. Graham, C. M. Duarte, et al. "Questioning the Rise of Gelatinous Zooplankton in the World's Oceans." *BioScience* 62, no. 2 (2012): 160-169.

Dowling, Robert M. *Slumming in New York: From the Waterfront to Mythic Harlem*. Urbana: Univ. of Illinois Press, 2009.

Durkin, Colleen. "Identifying Fecal Pellets from Gelatinous Zooplankton: Pyrosomes and Salps." Plankton Ecology and Biogeochemistry, Durkin Lab at Moss Landing Marine Laboratories, San José State University, February 1, 2019. https://mlml.sjsu.edu/cdurkin/2019/02/01/identifying-fecal-pellets/.

"11 Men Arrested at Riis Park as U.S. Begins a Crackdown." *New York Times*, July 23, 1974.

Everett, J. D., M. E. Baird, and I. M. Suthers. "Three-Dimensional Structure of a Swarm of the Salp *Thalia democratica* Within a Cold-Core Eddy off Southeast Australia." *Journal of Geophysical Research: Oceans* 116, no. C12046 (2011).

Gay, Ross. "Joy Is Such a Human Madness." In *The Book of Delights: Essays*. Chapel Hill, NC: Algonquin Books, 2022.

Greenberg, Joel, Kate Madin, and Lonny Lippsett. "Salps Catch the Ocean's Tiniest Organisms." *Oceanus*, Woods Hole Oceanographic Institution, August 13, 2010. https://www.whoi.edu/oceanus/feature/salps-catch-the-oceans-tiniest-organisms/.

Henschke, N., J. D. Everett, A. J. Richardson, et al. "Rethinking the Role of Salps in the Ocean." *Trends in Ecology & Evolution* 31, no. 9 (2016): 720-733.

"The Hospital Story [from series of same title]." *The Wave*, May 17, 1956.

Kaufman, Rachel. "Mysterious Balls of Goo Are Rolling onto American Beaches." *National Geographic*, July 22, 2015. https://www.nationalgeographic.com/animals/article/150722-salp-beaches-oceans-animals-science?loggedin=true.

Klein, Joanna. "It's Better to Swim Alone, Yet Together, If You're a Salp." *New York Times*, August 4, 2017.

Law, Tara. "Ms. Colombia, Beloved Jackson Heights LGBT Figure, Found Dead." *Jackson Heights Post*, October 4, 2018.

Li, Gege. "Jellyfish Push Off a Pocket of Water Under Their Bell to Swim Faster." *New Scientist*, January 6, 2021. https://www.newscientist.com/article/2264056-jellyfish-push-off-a-pocket-of-water-under-their-bell-to-swim-faster/.

Lorch, Donatella. "Giving Riis, the Forgotten Park, a Better Image." *New York Times*, September 7, 1991.

Madin, Kate. "Transparent Animal May Play Overlooked Role in the Ocean." *Oceanus*, Woods Hole Oceanographic Institution, June 30, 2006. https://

www.whoi.edu/oceanus/feature/transparent-animal-may-play-overlooked-role-in-the-ocean/.

Madin, L. P., P. Kremer, P. H. Wiebe, et al. "Periodic Swarms of the Salp *Salpa aspera* in the Slope Water off the NE United States: Biovolume, Vertical Migration, Grazing, and Vertical Flux." *Deep Sea Research Part I: Oceanographic Research Papers* 53, no. 5 (2006): 804-819.

Maisel, Todd. "See It: 35-Foot Humpback Whale Washes Up on Rockaway's Riis Park." amNY.com, April 1, 2020. https://www.amny.com/new-york/queens/see-it-35-foot-humpback-whale-washes-up-on-rockaways-riis-park/.

"Marine Mammal Health and Stranding Response Program." NOAA Fisheries, last modified April 6, 2022. https://www.fisheries.noaa.gov/national/marine-life-distress/marine-mammal-health-and-stranding-response-program.

Mizokami, Kyle. "China's Aircraft Carriers Have a Menace: Jellyfish Swarms." *Popular Mechanics*, December 4, 2017. https://www.popularmechanics.com/military/navy-ships/a14017901/china-aircraft-carriers-jellyfish-swarms/.

"New Home for Aged Dedicated by City." *New York Times*, September 1, 1961.

New York City Dyke March website. https://www.nycdykemarch.com/.

O'Dwyer, Katie. "Meet Phronima, the Barrel-Riding Parasite That Inspired the Movie Alien." *The Conversation*, February 2, 2014. https://theconversation.com/meet-phronima-the-barrel-riding-parasite-that-inspired-the-movie-alien-22555.

Purcell, J. E., and L. P. Madin. "Diel Patterns of Migration, Feeding, and Spawning by Salps in the Subarctic Pacific." *Marine Ecology Progress Series* 73 (1991): 211-217.

Purnick, Joyce. "Koch Won't Put AIDS Patients in Queens Site." *New York Times*, September 4, 1985.

"Riis Park Beach." NYC LGBT Historic Sites Project, accessed April 17, 2022. https://www.nyclgbtsites.org/site/beach-at-jacob-riis-park/.

Rosen, Marty. "300 Stranded as City Shuts Health Center." *New York Daily News*, October 2, 1998.

Sample, Ian. "Earth May Have Been a 'Water World' 3bn Years Ago, Scientists Find." *The Guardian*, March 2, 2020. https://www.theguardian.com/science/2020/mar/02/earth-may-have-been-a-water-world-3bn-years-ago-scientists-find.

Stukel, M. R., M. Décima, K. E. Selph, et al. "Size-Specific Grazing and Competitive Interactions Between Large Salps and Protistan Grazers." *Limnology and Oceanography* 66, no. 6 (2021): 2521-2534.

"Sun Bath Treatment for Tuberculous Children." *Brooklyn Daily Eagle*, July 21, 1912.

Thompson, Andrea. "Oldest Known Jellyfish Fossils Found." Live Science, October 30, 2007. https://www.livescience.com/1971-oldest-jellyfish-fossils.html.

"Urge City Use Neponsit Site." *The Wave*, January 13, 1955.

Vick, Rachel. "Beached Whale Gets Sandy Burial in Rockaway." *Queens Daily Eagle*, April 2, 2020. https://queenseagle.com/all/beached-whale-gets-sandy-burial-in-rockaway.

"The Watery World of Salps." Woods Hole Oceanographic Institution, n.d. https://www.whoi.edu/know-your-ocean/ocean-topics/polar-research/polar-life/the-watery-world-of-salps/.

Weisberger, Mindy. "1.5 Billion-Year-Old Earth Had Water Everywhere, but Not One Continent, Study Suggests." Live Science, March 2, 2020. https://www.livescience.com/waterworld-earth.html.

Williams, E. H., and L. Bunkley-Williams. "Life Cycle and Life History Strategies of Parasitic Crustacea." *Parasitic Crustacea* 3 (2019): 179-266.

Yong, Ed. "Mysterious Ocean Blobs Aren't So Mysterious." *The Atlantic*, September 26, 2016. https://www.theatlantic.com/science/archive/2016/09/these-people-can-id-the-weird-ocean-blobs-that-baffle-everyone-else/501503/.

9장

Allen, J. J., L. M. Mäthger, A. Barbosa, et al. "Cuttlefish Use Visual Cues to Control Three-Dimensional Skin Papillae for Camouflage." *Journal of Comparative Physiology A* 195, no. 6 (2009): 547-555.

Bates, Mary. "Secrets of the Flamboyant Cuttlefish's Display." *Wired*, August 27, 2014. https://www.wired.com/2014/08/secrets-of-the-flamboyant-cuttlefishs-display/.

Boal, J., N. Shashar, M. M. Grable, et al. "Behavioral Evidence for Intraspecific Signaling with Achromatic and Polarized Light by Cuttlefish (Mollusca: Cephalopoda)." *Behaviour* 141, no. 7 (2004): 837-861.

"Breeding Programs: Dwarf Cuttlefish." California Academy of Sciences, accessed April 18, 2022. https://www.calacademy.org/about-us/sustainability-in-action/breeding-programs/dwarf-cuttlefish.

Brett, C. E., and S. E. Walker. "Predators and Predation in Paleozoic Marine Environments." *Paleontological Society Papers* 8 (2002): 93-118.

Carnall, Mark. "Why Do Cephalopods Produce Ink? And What's Ink Made of, Anyway?" *The Guardian*, August 9, 2017. https://www.theguardian.com/science/2017/aug/09/why-do-cephalopods-produce-ink-and-what-on-earth-is-it-anyway.

Cartron, L., L. Dickel, N. Shashar, et al. "Maturation of Polarization and Luminance Contrast Sensitivities in Cuttlefish (*Sepia officinalis*)." *Journal of Experimental Biology* 216, pt. 11 (2013): 2039-2045.

Cronin, T. W., and J. Marshall. "Patterns and Properties of Polarized Light in Air and Water." *Philosophical Transactions of the Royal Society B: Biological Sciences* 366, no. 1565 (2011): 619-626.

"Cuttlefish Males Fool Rivals by Imitating Opposite Sex." Video clip from *Nature*, season 34, episode 9, "Natural Born Hustlers: Sex, Lies & Dirty Tricks." First aired January 1, 2016, on PBS. https://www.pbs.org/wnet/nature/natural-born-hustlers-cuttlefish-males-fool-rivals-by-imitating-opposite-sex/13719/.

Ebert, J. "Cuttlefish Win Mates with Transvestite Antics." *Nature*, January 19, 2005.

Fiore, G., A. Poli, A. Di Cosmo, et al. "Dopamine in the Ink Defence System of *Sepia officinalis*: Biosynthesis, Vesicular Compartmentation in Mature Ink Gland Cells, Nitric Oxide (NO)/cGMP-Induced Depletion and Fate in Secreted Ink." *Biochemical Journal* 378, pt. 3 (2004): 785-791.

Geggel, Laura. "500 Million-Year-Old Fossil Is the Granddaddy of All Cephalopods." Live Science, March 30, 2021. https://www.livescience.com/ancient-octopus-relative-fossil.html.

Gilmore, Ryan. "Cephalopod Camouflage: Cells and Organs of the Skin." *Nature Education* 9, no. 2 (2016). https://www.nature.com/scitable/topicpage/cephalopod-camouflage-cells-and-organs-of-the-144048968/.

Gonzalez-Bellido, P. T., A. T. Scaros, R. T. Hanlon, et al. "Neural Control of Dynamic 3-Dimensional Skin Papillae for Cuttlefish Camouflage." *iScience* 1 (2018): 24-34.

Greenwood, Veronique. "The Cuttlefish, a Master of Camouflage, Reveals a New Trick." *New York Times*, February 15, 2018.

Hanlon, R. T., and G. McManus. "Flamboyant Cuttlefish Behavior: Camouflage Tactics and Complex Colorful Reproductive Behavior Assessed During Field Studies at Lembeh Strait, Indonesia." *Journal of Experimental Marine Biology and Ecology* 529 (2020): 151397.

Hanlon, R. T., M.-J. Naud, P. W. Shaw, et al. "Transient Sexual Mimicry Leads to

Fertilization." *Nature* 433, no. 7023 (2005): 212.

Jiang, M., C. Zhao, R. Yan, et al. "Continuous Inking Affects the Biological and Biochemical Responses of Cuttlefish *Sepia pharaonis*." *Frontiers in Physiology* 10 (2019): 1429.

" 'Kings of Camouflage': Anatomy of a Cuttlefish." *Nova*, created March 2007. Episode first aired April 3, 2007, on PBS. https://www.pbs.org/wgbh/nova/camo/anat-nf.html.

Kröger, B., J. Vinther, and D. Fuchs. "Cephalopod Origin and Evolution: A Congruent Picture Emerging from Fossils, Development and Molecules." *BioEssays* 33, no. 8 (2011): 602-613.

Langridge, K. V., M. Broom, and D. Osorio. "Selective Signalling by Cuttlefish to Predators." *Current Biology* 17, no. 24 (2007): R1044-1045.

Leibach, Julie. "Secrets of Cephalopod Camouflage." Science Friday, June 17, 2016. https://www.sciencefriday.com/articles/secrets-of-cephalopod-camouflage/.

Max-Planck-Gesellschaft. "Elucidating Cuttlefish Camouflage." News release. October 17, 2018. https://www.mpg.de/12363924/1017-hirn-080434-elucidating-cuttlefish-camouflage.

Max-Planck-Gesellschaft. "Passing Clouds in Cuttlefish." News release. August 1, 2014. https://www.mpg.de/8336540/colour-waves-cuttlefish.

Monks, N. "Half a Billion Years of Floating Slugs and Racing Snails: Fossil Cephalopods FAQs." The Cephalopod Page, n.d. http://www.thecephalopodpage.org/FosCephs.php.

Nuwer, Rachel. "Biologists Are Biased Toward Penises." *Smithsonian*, May 6, 2014. https://www.smithsonianmag.com/science-nature/biologists-are-biased-toward-penises-180951347/.

Otaka, Randy. "Capture the Iridescence of Camouflaging Cephalopod Skin." Science Friday, June 14, 2019. https://www.sciencefriday.com/educational-resources/capture-the-iridescence-of-camouflaging-cephalopod-skin/.

Palmer, M. E., M. R. Calvé, and S. A. Adamo. "Response of Female Cuttlefish *Sepia officinalis* (Cephalopoda) to Mirrors and Conspecifics: Evidence for Signaling in Female Cuttlefish." *Animal Cognition* 9, no. 2 (2006): 151-155.

Pappas, Stephanie. "Tricky Cuttlefish Put on Gender-Bending Disguise." Live Science, July 3, 2012. https://www.livescience.com/21374-cuttlefish-gender-bending-disguise.html.

Shashar, N., P. Rutledge, and T. Cronin. "Polarization Vision in Cuttlefish in a Concealed Communication Channel?" *Journal of Experimental Biology* 199, pt. 9 (1996): 2077-2084.

St. Fleur, Nicholas. "Figuring Out When and Why Squids Lost Their Shells." *New York Times*, March 6, 2017.

Tanner, A. R., D. Fuchs, I. E. Winkelmann, et al. "Molecular Clocks Indicate Turnover and Diversification of Modern Coleoid Cephalopods During the Mesozoic Marine Revolution." *Proceedings of the Royal Society B: Biological Sciences* 284, no. 1850 (2017): 20162818.

Temple, S. E., V. Pignatelli, T. Cook, et al. "High-Resolution Polarisation Vision in a Cuttlefish." *Current Biology* 22, no. 4 (2012): R121-122.

Thompson, Helen. "Flamboyant Cuttlefish Save Their Bright Patterns for Flirting, Fighting, and Fleeing." *Science News*, September 1, 2020. https://www.sciencenews.org/article/flamboyant-cuttlefish-video-mating-defense-camouflage.

Von Bubnoff, Andreas. "Playing Music Through a Squid." Science Friday, January 2, 2013. https://www.sciencefriday.com/articles/playing-music-through-a-squid/.

Yong, Ed. "Cuttlefish Tailor Their Defences to Their Predators." *National Geographic*, May 6, 2010. https://www.nationalgeographic.com/science/article/cuttlefish-tailor-their-defences-to-their-predators.

Yong, Ed. "Cuttlefish Woos Female and Dupes Male with Split-Personality Skin." *National Geographic*, July 3, 2012. https://www.nationalgeographic.com/science/article/cuttlefish-woos-female-and-dupes-male-with-split-personality-skin.

Zucker, I., and A. K. Beery. "Males Still Dominate Animal Studies." *Nature* 465, no. 7299 (2010): 690.

Zych, Ariel. "Model the Texture — Changing Structures of Cuttlefish Skin: Papillae." Science Friday, June 21, 2018. https://www.sciencefriday.com/educational-resources/model-the-shape-changing-structures-of-cuttlefish-skin-papillae/.

10장

Azevedo, A. S., B. Grotek, A. Jacinto, et al. "The Regenerative Capacity of the Zebrafish Caudal Fin Is Not Affected by Repeated Amputations." *PLoS ONE* 6, no. 7 (2011): e22820.

Bavestrello, G., C. Sommer, and M. Sarà. "Bi-Directional Conversion in *Turritopsis nutricula* (Hydrozoa)." *Aspects of Hydrozoan Biology* 56, no. 2-3 (1992): 137-140.

Berwald, Juli. "The Immortal Jellyfish." *Discover*, November 9, 2017. https://www.discovermagazine.com/planet-earth/the-immortal-jellyfish.

Boero, Ferdinando. "Everlasting Life: The 'Immortal' Jellyfish." *The Biologist* (Royal Society of Biology) 63, no. 3 (2016): 16-19. https://thebiologist.rsb.org.uk/biologist-features/everlasting-life-the-immortal-jellyfish.

Carla', E. C., P. Pagliara, S. Piraino, et al. "Morphological and Ultrastructural Analysis of *Turritopsis nutricula* During Life Cycle Reversal." *Tissue and Cell* 35, no. 3 (2003): 213-222.

De Vito, D., S. Piraino, J. Schmich, et al. "Evidence of Reverse Development in Leptomedusae (Cnidaria, Hydrozoa): The Case of *Laodicea undulata* (Forbes and Goodsir 1851)." *Marine Biology* 149, no. 2 (2006): 339-346.

Gaskill, Melissa. "No Brain? For Jellyfish, No Problem." *Nature*, PBS.org, November 20, 2018. https://www.pbs.org/wnet/nature/blog/no-brain-for-jellyfish-no-problem/.

Gill-Peterson, Jules. *Histories of the Transgender Child*. Minneapolis: Univ. of Minnesota Press, 2018.

He, J., L. Zheng, W. Zhang, et al. "Life Cycle Reversal in *Aurelia* sp.1 (Cnidaria, Scyphozoa)." *PLoS ONE* 10, no. 12 (2015): e0145314.

Helm, R. R. "Jelly Killing Machine Tested in Korea." Deep Sea News, October 3, 2013. https://www.deepseanews.com/2013/10/jelly-killing-machine-tested-in-korea/.

Kim, D., J.-U. Shin, H. Kim, et al. "Design and Implementation of Unmanned Surface Vehicle JEROS for Jellyfish Removal." *Journal of Korea Robotics Society* 8, no. 1 (2013): 51-57.

Kramp, P. L. "Synopsis of the Medusae of the World." *Journal of the Marine Biological Association of the United Kingdom* 40 (1961): 7-382.

Kubota, S. "Repeating Rejuvenation in *Turritopsis*, an Immortal Hydrozoan (Cnidaria, Hydrozoa)." *Biogeography* 13 (2011): 101-103.

Martell, L., S. Piraino, C. Gravili, et al. "Life Cycle, Morphology, and Medusa Ontogenesis of *Turritopsis dohrnii* (Cnidaria: Hydrozoa)." *Italian Journal of Zoology* 83, no. 3 (2016): 390-399.

Matsumoto, Y., S. Piraino, and M. P. Miglietta. "Transcriptome Characterization of Reverse Development in *Turritopsis dohrnii* (Hydrozoa, Cnidaria)." *G3*

Genes|Genomes|Genetics 9, no. 12 (2019): 4127-4138.

Matsumoto, Yui. "Transdifferentiation in *Turritopsis dohrnii* (Immortal Jellyfish): Model System for Regeneration, Cellular Plasticity, and Aging." Master's thesis, Texas A&M University, 2017.

Miglietta, M. P., and H. A. Lessios. "A Silent Invasion." *Biological Invasions* 11, no. 4 (2009): 825-834.

Miglietta, M. P., S. Piraino, S. Kubota, et al. "Species in the Genus *Turritopsis* (Cnidaria, Hydrozoa): A Molecular Evaluation." *Journal of Zoological Systematics and Evolutionary Research* 45, no. 1 (2006): 11-19.

Mims, Christopher. "Korea's Plan to Shred a Jellyfish Plague with Robots Could Spawn Millions More." Quartz, October 7, 2013. https://qz.com/132609/koreas-plan-to-shred-a-jellyfish-plague-with-robots-could-spawn-millions-more/.

Osterloff, Emily. "Immortal Jellyfish: The Secret to Cheating Death." Natural History Museum, n.d. https://www.nhm.ac.uk/discover/immortal-jellyfish-secret-to-cheating-death.html.

Piraino, S., F. Boero, B. Aeschbach, et al. "Reversing the Life Cycle: Medusae Transforming into Polyps and Cell Transdifferentiation in *Turritopsis nutricula* (Cnidaria, Hydrozoa)." *Biological Bulletin* 190, no. 3 (1996): 302-312.

Rich, Nathaniel. "Can a Jellyfish Unlock the Secret of Immortality?" *New York Times Magazine*, November 28, 2012.

Schmich, J., Y. Kraus, D. De Vito, et al. "Induction of Reverse Development in Two Marine Hydrozoans." *International Journal of Developmental Biology* 51, no. 1 (2007): 45-56.

Tanaka, H. V., N. C. Y. Ng, Z. Y. Yu, et al. "A Developmentally Regulated Switch from Stem Cells to Dedifferentiation for Limb Muscle Regeneration in Newts." *Nature Communications* 7, no. 1 (2016): 11069.

Than, Ker. " 'Immortal' Jellyfish Swarm World's Oceans." *National Geographic*, January 28, 2009. https://www.nationalgeographic.com/animals/article/immortal-jellyfish-swarm-oceans-animals.

빛은 얼마나 깊이 스미는가

1판 1쇄 발행 2025년 5월 14일		출판등록	2000년 5월 6일
1판 2쇄 발행 2025년 7월 16일			제406-2003-061호
		주소	(10881) 경기도 파주시 회동길 201(문발동)
지은이	사브리나 임블러		
옮긴이	김명남	대표전화	031-955-2100
펴낸이	김영곤	팩스	031-955-2151
펴낸곳	(주)북이십일 아르테	이메일	book21@book21.co.kr
책임편집	김지영 이종배	ISBN 979-11-7357-241-8 (03400)	
기획편집	장미희 최윤지		
디자인	오늘의풍경	◦	
		책값은 뒤표지에 있습니다.	
영업	정지은 한충희 장철용 강경남 황성진 김도연 이민재	◦ 이 책 내용의 일부 또는 전부를 재사용하려면 반드시 (주)북이십일의 동의를 얻어야 합니다.	
해외기획	최연순 소은선 홍희정		
제작	이영민 권경민		
		◦ 잘못 만들어진 책은 구입하신 서점에서 교환해 드립니다.	

(주)북이십일 | 경계를 허무는 콘텐츠 리더

북이십일 채널에서 도서 정보와 다양한 영상 자료,
이벤트를 만나세요!

홈페이지
arte.book21.com
book21.com

인스타그램
instagram.com/21_arte
instagram.com/jiinpill21

페이스북
facebook.com/21_arte
facebook.com/jiinpill21

포스트
post.naver.com/staubin
post.naver.com/21c_editors

유튜브
youtube.com/@아르테
youtube.com/@book21pub

과학적 지식과 인간사의 연결성을 사려 깊게 조사해, 열 가지 바다 생물로 비춘 삶을 유기적으로 엮어 냈다. 저자는 바다 생물들을 통해 가족, 정체성, 생존에 대한 우리의 상상을 얼마만큼 열어 보일 수 있는지 섬세하게 살핀다.
─ 《타임》 '2022년 10대 논픽션'

해양생물학에 관한 생생한 산문과 사려 깊고도 내밀한 회고록이 혼합되어 있다. 임블러는 캘리포니아 교외에서의 삶에 적응하고 그것을 넘어 성장하기 위한 자신의 투쟁과 그가 사랑하는 생물들의 이야기 사이의 연결 고리를 그리며 개인 서사를 기록한다.
─ 《와이어드》 '2022년 최고의 책 12'

린네식 분류법에서부터 해변에 밀려온 투구게의 껍데기까지, 모든 주제에서 매혹적이고도 절절한 의미를 끌어내는 재능에 감탄하지 않을 수 없다. 과학과 감정 사이의 균형을 맞추며 인간화에 기대지 않는다. 일부 독자는 은유의 한쪽(과학적 기록, 혹은 자기 고백적 서사)에 열렬한 찬사를 보낼 수도 있겠지만, 우리가 주목해야 할 점은 하나가 다른 하나 없이 존재할 수 없다는 점이다. 우리의 매혹적이고도 신비로운 '세계', 우리의 매혹적이고도 신비로운 '자아'. 저자는 이 둘을 연결하며 더 많은 것을 드러낸다.
─ 《뉴욕타임스》 '올해 가장 기대되는 책'

예술이 과학과 결합한다면 이런 모습일까? 잔인한 솔직함과 우아한 은유로『빛은 얼마나 깊이 스미는가』는 오늘날 우리가 발 딛고 선 곳과 진정으로 포용적인 세계 사이를 연결해 그 간격을 극명히 드러낸다. 그렇게 함으로써, [이 책은] 그 구멍을 메운다. 또한 예술과 과학이 서로를 증폭시키는 미래의 윤곽을 그린다.
─ 《사이언스》

해양생물학, 문화비평, 그리고 회고록이 이 감각적인 글에서 혼합되었다. '순식간에' 외모를 변신하는 갑오징어처럼, 이 책은 변화무쌍한 특성을 가지고 있다. 임블러는 과도하게 인간화하지 않고 '대안적인 생활 방식'을 살아가는 생물들에게 주의를 기울인다. 매우 윤리적이다.
─ 《뉴요커》

거의 이해할 수 없을 정도로 이질적인 세계를 묘사하는 능력이 천부적이다. 심해를 통해 우리가 앞으로 나아갈 길을 상상하는 데 참조할 무수한 존재 방식을 제안하는 그의 글쓰기 방식에서, 위안과 희망 모두를 발견할 수 있다.
─ 《워싱턴포스트》

저자의 삶을 심해를 통해 굴절시킨 부드럽고 명료한 시선이 인상적이다. 수중 동물들의 신비로운 삶에 대한 매혹적인 묘사는 종종 육지에서의 삶에 대한 탐구의 관문으로 작용한다. 자줏빛 어미 문어의 굶주림, 설인게(키와 푸라비다)의 활기차지만 일시적인 해저 공동체, 갑오징어의 지속적인 변신에 대한 묘사는 억지스러운 인간 중심적 은유가 아니라, 가족과 인종, 젠더와 성정체성, 관계에 대한 탐구의 출발점으로 작동한다. 이토록 우아한 종 간 분석은 '복잡한 두뇌를 지닌 생물'로서의 기쁨과 책임을 조명한다.
─ 《사이언티픽아메리칸》

매혹적인 데뷔작이다. 과학 저널리스트 사브리나 임블러는 지구에서 가장 척박한 곳에 사는 신비한 바다 생물에 빛을 비추고, 생물들과 저자 자신 사이에서 적응과 생존에 관한 유사성을 도출한다. 과학 저널리즘과 솔직한 개인적 계시를 균형 있게 조화시키는 임블러의 능력은 인상적이며, 반짝이는 서정성은 감동을 선사한다. 그의 다음 행보가 기대된다.
─ 《퍼블리셔스위클리》